NOUVEAU

MANUEL DE CHIMIE

SIMPLIFIÉE

PRATIQUE & EXPÉRIMENTALE

SANS LABORATOIRE

MANIPULATIONS, PRÉPARATIONS, ANALYSES

CONTENANT

1° DESCRIPTION DES USTENSILES, APPAREILS ET PROCÉDÉS D'OPÉRATION LES PLUS FACILES

2° PRINCIPES DE LA CHIMIE; PRÉPARATION, ÉTUDE ET USAGE DES CORPS MINÉRAUX ET ORGANIQUES, AVEC LES NOMS ANCIENS ET NOUVEAUX. — EXPÉRIENCES, PROCÉDÉS, RECETTES D'ÉCONOMIE DOMESTIQUE ET INDUSTRIELLE, ETC.

3° PRÉCIS D'ANALYSE; ESSAIS; RECHERCHE DES FALSIFICATIONS

PAR

ÉMILE TOURNIER

DEUXIÈME ÉDITION, REVUE ET AUGMENTÉE

Avec 300 figures gravées par l'auteur, et intercalées dans le texte

Simplifier; c'est progresser.

E. DE GIRARDIN.

PARIS

LIBRAIRIE F. SAVY | L'AUTEUR

boulevard St-Germain, 77. | 58, rue Notre-Dame-de-Nazareth.

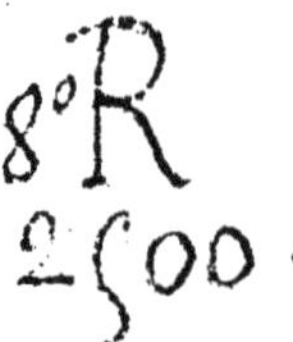

TABLE DES MATIÈRES

(1) Pour abréger la table, on n'a mentionné que les composés métalliques connus sous des noms vulgaires. Les noms selon la nomenclature se trouvent à la suite de chaque métal. Ainsi, il faudra chercher *sulfure de fer*, *carbonate de plomb*, etc., aux articles *fer*, *plomb*, etc.

AVANT-PROPOS

> On a beaucoup fait avant nous ; mais on n'a pas tout fait ; il reste, et il restera toujours beaucoup à faire.
>
> SÉNÈQUE.

« La chimie, comme l'a dit Fourcroy, est la science universelle. » Outre les merveilleux phénomènes révélés par les expériences, elle touche à tous les arts, trouve chaque jour des applications inconnues, et crée des industries nouvelles. Cependant, malgré son attrait, et son utilité immense et incontestée, la chimie est une des sciences les moins répandues. Il y a d'excellents traités, des cours nombreux, de savants professeurs (trop savants peut-être); mais cela est loin de suffire. L'audition, la lecture, la réflexion, les calculs, permettent d'étudier fructueusement différentes sciences ; mais la chimie, étant éminemment pratique, nécessite des expériences très-variées, et ce n'est qu'en opérant soi-même, qu'en manipulant, qu'on peut faire de sérieuses études chimiques. Ce qui le prouve, c'est que beaucoup de personnes, ayant des connaissances théoriques assez étendues, se trouvent souvent fort embarrassées pour faire les opérations les plus simples.

Depuis quelque temps, des écrivains ont pris à tâche de répandre, ou, comme on dit assez improprement, de *vulgariser* la science. Ils ont expliqué la théorie aussi clairement que possible, et décrit les appareils les plus compliqués ; mais, ce qui serait le plus essentiel, ils ne mettent pas leurs lecteurs en mesure de s'en passer. On pense même généralement qu'il est impossible d'opérer sans les appareils volumineux qui servent dans les cours, et qui figurent dans les traités. On est effrayé à la vue de ce coûteux matériel, et on recule devant l'étude d'une science si attrayante, si utile, mais qui nécessiterait des dépenses considérables et un spacieux local.

Nous oserons répéter ici l'opinion d'un savant anglais ; c'est que la simplicité des appareils ne satisfait pas la vanité de certains professeurs, toujours habiles à s'entourer d'objets qui donnent une haute idée de leurs talents ; ce qu'on appelle généralement les appareils *élégants*. C'est cependant un travers que d'illustres savants n'ont pas eu. Wollaston, auquel on demandait la faveur de visiter son laboratoire, montra un chalumeau, quelques verres de montre, et une petite balance, qui lui avaient suffi pour faire ses précieuses découvertes. Priestley créa, pour ainsi dire, la chimie pneumatique, sans posséder d'appareils. Davy étudiait avec des casseroles, des fioles et des pots de pharmacie. Faraday, qui fut d'abord ouvrier relieur, plus tard si haut placé dans la science, expérimenta d'abord avec des ustensiles de cuisine. Scheele, Black, Bergmann, Lémery, Lebaillif, les Rouelle, les Macquer, etc., n'avaient rien de ce qui constitue aujourd'hui un laboratoire. Le plus illustre des chimistes, Berzélius, se servait toujours d'appareils très-simples.

Autorisé par ces exemples, nous pourrons facilement prouver que le coûteux matériel des laboratoires est loin d'être indispensable, et nous indiquerons la manière de le remplacer par des ustensiles et appareils très-simples, que chacun peut construire, ou se procurer, à peu-près sans dépense. On pourra se convaincre, en parcourant notre *Manuel*, qu'on peut étudier et enseigner la chimie sans faire de coûteuses acquisitions. Nous pouvons citer, comme preuve, notre laboratoire portatif qui figura à l'Exposition universelle, et qui contient, pour un prix très-modique, les ustensiles et substances suffisants pour les études chimiques ordinaires.

Nous n'avons donné sur la théorie que les notions nécessaires; par contre, nous avons indiqué de nombreux procédés de préparation des corps, et beaucoup de choses qu'on ne trouve pas dans la plupart des ouvrages de chimie: expériences curieuses ou amusantes, applications, recettes, procédés utiles, dans les arts, l'agriculture, l'économie domestique, etc.; opérations qu'on peut facilement exécuter, sans avoir recours aux appareils des laboratoires ou de la grande industrie. Persuadé qu'un petit dessin vaut mieux souvent qu'une page d'explications, nous avons mis beaucoup de figures, et toutes dans le texte, car c'est là seulement qu'elles sont véritablement utiles. Pour rester dans le cadre modeste que nous nous étions imposé, nous avons sacrifié les deux tiers des matériaux rassemblés, et nous nous sommes efforcé d'obéir à l'ancien axiôme : « Pour être clair, soyez bref ». Il va sans dire que nous n'avons aucune prétention littéraire, et les lignes qui précèdent expliquent suffisamment notre but.

Nous voudrions pouvoir mentionner tous les ouvrages qui nous ont été utiles, sous différents rapports; mais ce serait faire, en quelque sorte, une bibliographie chimique, car nous avons consulté la plupart des auteurs, et approprié à nos études de simplification tout ce qui nous a paru pouvoir s'y adapter.

Cette nouvelle édition, augmentée de près d'un tiers, a été mise au courant des progrès de la science, et a reçu diverses modifications. Espérons qu'elle recevra du public un accueil aussi favorable que la précédente, qui était épuisée depuis quelque temps.

NOUVEAU

MANUEL DE CHIMIE

SIMPLIFIÉE

PREMIÈRE PARTIE

MANIPULATIONS CHIMIQUES

USTENSILES, APPAREILS, RÉACTIFS

> Un chimiste doit savoir scier avec une vrille et faire un trou avec une scie.
>
> FRANKLIN.

Contrairement aux idées généralement répandues, le nombre des objets indispensables à l'étude de la chimie est très-restreint. En suivant nos indications, on pourra exécuter soi-même, ou se procurer, à peu de frais, les ustensiles, appareils et produits suffisants pour exécuter la plupart des opérations et expériences ordinaires.

Nous mentionnerons, d'ailleurs, non-seulement les objets qui sont absolument nécessaires, mais ceux aussi qui sont simplement utiles, et qu'il est facile de construire ou de se procurer.

Dispositions et indications générales. Si on veut s'occuper sérieusement d'études chimiques, il est bon d'opérer dans une pièce éclairée et bien aérée, avec cheminée, ou mieux encore avec un fourneau de cuisine surmonté d'une hotte. — On dispose des rayons pour placer les flacons, ballons, verres, creusets, capsules, etc., et on plante des clous droits et à crochets, pour poser ou suspendre les tubes, cornues, supports, fils de fer, de cuivre, etc — Certains outils sont très-utiles ; ainsi : un étau, deux marteaux, dont l'un peut servir d'enclume, des ciseaux, couteaux, scies, limes, râpes, poinçons, barreau aimanté, etc. — Les réactifs et les produits habituels doivent être placés à portée, et, autant que possible, dans une armoire, surtout les substances dangereuses.

Si on ne peut consacrer une chambre spéciale aux études chimiques, il faut, tout au moins, réunir les réactifs, appareils ou ustensiles, dans des boites ou des coffrets à compartiments. — On place une table dans l'endroit le plus éclairé, et on la fixe bien, afin d'éviter les oscillations. On met dans les tiroirs les papiers à filtres, bouchons, spatules, et divers menus objets.

Il faut toujours avoir à sa disposition de l'eau dans des bouteilles, ou mieux dans une fontaine.

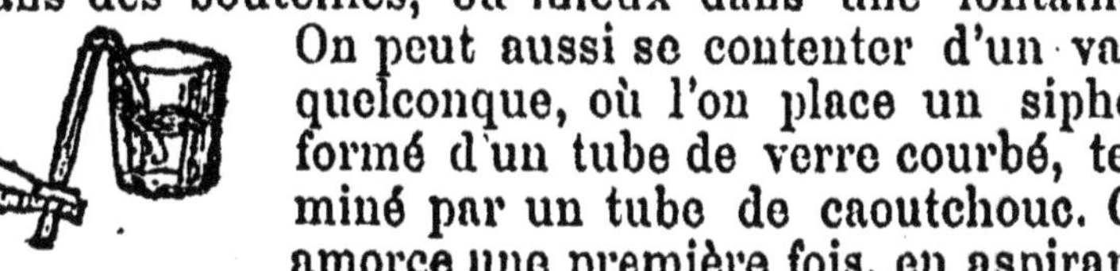

On peut aussi se contenter d'un vase quelconque, où l'on place un siphon formé d'un tube de verre courbé, terminé par un tube de caoutchouc. On amorce une première fois, en aspirant, et lorsqu'on veut faire cesser l'écoulement de l'eau, on presse le caoutchouc avec une pince, ou autrement, ce qui forme une sorte de robinet. — Aussitôt qu'on s'est servi des verres, flacons, tubes, entonnoirs, etc., il faut les plonger dans l'eau ; on les lave dès qu'on a le temps, puis on les fait égoutter, et on les remet en place, renversés ou bouchés, afin d'éviter la poussière. Pour faire égoutter, on peut se servir d'une planche verticale accrochée au mur, dans laquelle on a planté obliquement des chevilles de bois ou de longs clous, qu'on vernit ou qu'on peint à l'huile.

Tous les produits doivent être étiquetés avec le plus grand soin. On prépare pour cela des bandes de papier gommé, qu'on découpe avec des ciseaux. On trouve aussi, chez les papetiers, des étiquettes gommées de toutes grandeurs. Pour soustraire les étiquettes à l'action des substances corrosives, lorsqu'elles sont collées, on les recouvre d'une couche de gomme, puis d'une couche de vernis ou de paraffine. On peut aussi écrire sur le verre avec de la couleur à l'huile, ou de l'encre de Chine épaisse. — Il est bon de préparer soi-même la plupart des produits, et non les acheter, d'abord, par raison d'économie, quelquefois ; ensuite pour être bien sûr de la substance sur laquelle on opère ; mais surtout afin d'acquérir l'habitude des manipulations et de la construction des appareils. — Lorsqu'on manipule avec le mercure, il ne faut porter ni toucher aucun bijou, ou matière d'or ou d'argent, qui seraient altérés par le contact de ce corps.

Règles à suivre. Quand on fait une opération pour la première fois, il est bon de lire, non-seulement les prescriptions qui lui sont spéciales, mais encore les articles relatifs aux substances désignées, et surtout les indications générales. Ainsi, si on veut étudier l'hydrogène, on se reportera d'abord à l'article *gaz ;* si c'est le sulfate de potasse, à l'article *sels*, etc. ; de même pour les opérations ou appareils. — Le plus ordinairement, les substances solides doivent être pulvérisées avant d'être traitées, et nous dirons lorsqu'il doit en être autrement. — A moins qu'il ne soit indiqué spécialement, lorsque nous parlons d'un sel, c'est à l'état de dissolution dans l'eau, s'il n'est pas parlé d'autre liquide. — Pour obtenir des produits purs, c'est de l'eau distillée qu'il faut employer dans les opérations. — A part les circonstances où nous indiquons les proportions des substances en volumes, ce sont toujours des parties en poids. Ainsi, lorsque nous disons 2 parties (ou 2 p.), cela veut dire 2 décigrammes, 2 grammes, 2 kilogrammes, etc., suivant les proportions sur lesquelles on opère. — Lorsqu'une innovation quelconque se présente à l'esprit, il est bon de se mettre de suite à l'exécuter, afin de juger sa valeur. On évite ainsi d'oublier une conception qui peut être heureuse, et, en cas de non réussite, on abandonne une idée fausse. — Il est utile d'avoir un cahier où l'on écrit la marche de chaque opération et les résultats obtenus. — Il est important de placer chaque objet toujours au même endroit, afin d'éviter les recherches, les tâtonnements, et surtout les erreurs, qui peuvent, non-seulement compromettre les opérations, mais encore occasionner divers accidents. Dans la pratique de la chimie, on doit toujours observer l'ancien adage : une place pour chaque chose, et chaque chose à sa place.

Précautions. Certaines opérations chimiques présentent parfois des dangers, surtout d'explosion. Pour s'en préserver, on emploie des lunettes ou un masque ; mais le plus simple est de placer, devant

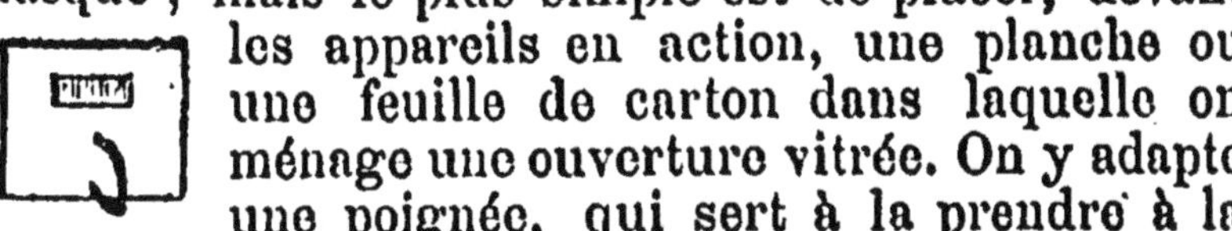

les appareils en action, une planche ou une feuille de carton dans laquelle on ménage une ouverture vitrée. On y adapte une poignée, qui sert à la prendre à la main et à la faire tenir debout. — Lorsqu'on veut voir de près une substance chauffée fortement, il faut regarder au travers d'un verre à vitre, dont on garnit de papier les bords, pour ne pas se couper. — Pour exécuter quelques expériences, surtout celles où il se dégage des gaz toxiques, il est prudent d'opérer à l'air libre, comme dans une cour, sur une terrasse ou sous un hangar.

Pesées. Il est utile d'avoir deux balances, dont une pour les quantités très-petites, et toutes deux bien *sensibles*, c'est-à-dire qu'un poids minime doit faire pencher le fléau. Les instruments d'un prix élevé peuvent être remplacés par d'autres plus simples. Avec du gros fil de fer on peut imiter une balance ordinaire, qu'on suspend à une tige recourbée, fixée dans une planche. On peut aussi opérer de la manière suivante : on prend une règle, ou planchette, mince et bien régulière, d'environ 25 cent. de long, 1 cent. 1/2 de large, et 3 mill. d'épaisseur ; c'est le fléau. Bien au milieu, on fixe à plat, en travers, une aiguille qui forme l'axe de suspension. Pour support, on courbe deux fois, à angle droit, une lame de ferblanc, dont les deux extrémités doivent être bien unies et d'égale hauteur. A chaque bout du fléau, on suspend deux plateaux, formés d'un fil de laiton, contourné d'un bout en crochet, de l'autre en anneau, sur lequel on place un rond en carte. Si l'un des *bras*, ou côtés du fléau, est plus pesant que l'autre, on diminue son épaisseur en râclant le bois avec du verre, jusqu'à ce que l'équilibre soit bien établi. Une balance ne doit être ni *folle* ni *paresseuse*, c'est-à-dire que le fléau, dérangé de son équilibre, doit y revenir de lui-même, et s'y maintenir après quelques oscillations. — Pour peser des fractions de gramme, on peut faire le fléau avec une paille bien régulière, et deux fines aiguilles, dont l'une sert d'axe de suspension, et l'autre, placée perpendiculairement détermine la sensibilité, en l'enfonçant plus ou moins.

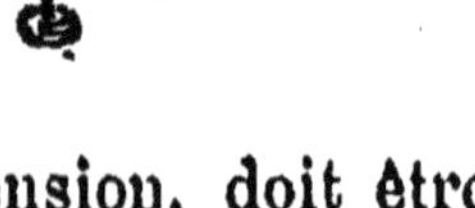

On peut aussi faire une balance *romaine* avec une petite planchette, comme celle dont nous avons parlé. On perce un trou vers le quart de la longueur, pour placer la suspension. On adapte un plateau suspendu à l'extrémité du petit bras. On fixe un poids à un anneau plat, destiné à glisser le long du grand bras. Ce poids, placé près du point de suspension, doit être suffisant pour faire équilibre au plateau vide ; on marque 0 à cet endroit. On met un poids connu sur le plateau, par exemple 10 gr. ; on éloigne le poids mobile jusqu'à ce qu'il y ait équilibre ; on marque 10 gr. en cet endroit, puis on divise en 10 partie avec un compas, l'espace compris entre les deux points, et on prolonge des divisions égales jusqu'à l'extrémité du bras. Chaque division indique 1 gr., et peut être subdivisé en décigrammes.

En général, la sensibilité d'une balance augmente avec la longueur du fléau, dont les deux bras doivent être de la même grandeur. Elle est juste lorsqu'on peut changer de plateau deux corps qui s'équilibrent, et que le fléau reste dans la même position. — Cependant, avec une balance sensible, mais qui n'est pas juste, on peut obtenir des poids précis, en opérant par *double pesée.* Si, par exemple, on veut avoir 10 gr. d'une substance quelconque, on place ce poids dans un des plateaux, on lui fait équilibre, dans l'autre, au moyen d'objets divers, clous, grains de plomb, sable, etc. ; puis, retirant le poids, on le remplace par la matière à peser, jusqu'à ce que l'équilibre soit rétabli. Pour déterminer le poids d'un objet, on le place dans un des plateaux, on lui fait équilibre avec du plomb ou du sable, puis on l'enlève, et on le remplace par des poids qui représentent la pesanteur de l'objet. On peut aussi employer le mode de la double pesée en se servant d'une romaine. — Il est utile de tarer, à l'avance, les vases d'opération dans lesquels on doit peser les liquides. On écrit le poids sur chaque vase, avec un diamant ou un silex. Parfois, on pèse la substance avec le vase, ensuite on pèse le vase à part, et on déduit le poids du total. — Les balances de précision doivent être enfermées dans des boîtes. Il est bon même de ne pas les en sortir pour peser, afin d'éviter les courants d'air.

Les pièces de monnaie neuves, ou non usées ni oxydées, peuvent servir de poids. Un centime pèse 1 gramme ; 2, 5 et 10 cent. pèsent 2, 5 et 10 gr.

Les pièces de 20 cent., en argent, pèsent 1 gr.; 25 cent. 1 gr. 1/4; 50 cent. 2 gr. 1/2; 1 fr. 5 gr.; 2 fr. 10 gr.; 5 fr. 25 gr. Pour les poids plus petits, on coupe une feuille métallique bien laminée et très-égale; on en pèse 1 gr., puis on le divise avec un compas en deux parties, qu'on sépare, et qui pèsent 5 décig. chacune; on divise une des deux en cinq parties égales; on détache trois lames d'un décig., une de deux décig. et ainsi de suite. Les poids minimes doivent être maniés avec des pinces. Le cuivre mince, qu'on nomme *paillon*, et surtout l'aluminium, sont très-propres à faire des poids minimes, qu'on marque avec une pointe émoussée, en appuyant, sans enlever de matière. — Il est bon de dire que, si, dans certaines opérations, l'*analyse*, par exemple, les pesées doivent être faites avec une grande précision, souvent elle n'est pas nécessaire, et on peut opérer par approximation.

Il arrive parfois, notamment en voyage, qu'on n'a pas de balances à sa disposition. On pourrait les remplacer, jusqu'à un certain point, par différents moyens. Nous avons imaginé un appareil très-simple, composé d'un fil de caoutchouc supportant un plateau en carton, sur lequel on place des monnaies, pour servir de poids. Le fil étant fixé contre un mur, une planche, etc., on marque le point jusqu'où le plateau descend par l'allongement du fil; puis on enlève les poids et on met la substance à peser sur le plateau, jusqu'à ce qu'il arrive au point marqué. En appliquant le fil contre un mètre, l'opération serait plus facile. — On pourrait aussi employer un ressort d'acier, une baleine, une baguette, fixées par une extrémité, et que des poids font infléchir de l'autre bout.

Densité ou pesanteur spécifique. Poids d'un corps comparé à celui d'un égal volume d'eau distillée, pris pour unité des corps solides et des liquides. Les diverses méthodes employées sont basées sur ce fait qu'un corps pesé dans l'eau perd de son poids autant que pèserait un volume d'eau égal au sien. Lors donc qu'on pèse dans l'eau un poids en verre, suspendu à un crin ou à un cheveu, puis qu'on le pèse dans le liquide à essayer, la différence de perte éprouvée dans les deux liquides indique la pesanteur spécifique du liquide qu'on voulait connaître. — Si on pèse le bloc de verre d'abord dans l'air, ensuite dans l'eau, on en déduit la pesanteur spécifique du verre.

On peut encore opérer autrement. On pèse un flacon vide et sec, d'environ un litre; on le pèse ensuite après y avoir mis un litre d'eau, et on fait un trait au goulot, pour marquer le niveau du liquide. Si, au lieu d'eau, on met un pareil volume d'huile d'olive ou d'acide sulfurique, on trouve alors qu'un litre d'eau pèse 1,000 gr., 1 litre d'huile, 915 gr., 1 litre d'acide sulfurique, 1,841 gr. La pesanteur spécifique est donc 1,000 pour l'eau, 915 pour l'huile d'olive et 1,841 pour l'acide sulfurique; proportions qui seront toujours les mêmes, quelles que soient les quantités employées. On peut opérer sur un décilitre, et alors on multiplie par 10, en ajoutant un zéro au nombre de grammes obtenu.

Le flacon d'épreuve peut aussi servir à déterminer la pesanteur spécifique d'un corps solide; par exemple, celui d'un lingot d'or. On pèse d'abord le lingot seul; puis, le lingot avec le flacon d'eau sur le même plateau, et ensuite le lingot dans le flacon, en retirant toute l'eau qui dépasse le trait. Le dernier poids retranché du second donne le poids du volume d'eau égal au volume du lingot. Il ne reste plus qu'à diviser le poids du lingot par celui du volume d'eau déplacé.

La densité des gaz se détermine par rapport à l'air, pris pour unité, à la température de 0°, et à la pression barométrique de 76 cent.; elle est exprimée par 1,000. On opère avec un ballon, qu'on pèse après y avoir fait le vide, puis après la rentrée de l'air, et ensuite avec le gaz dont on cherche la densité. Un litre d'air pesant 1 gr. 3 décigr. 1 litre d'hydrogène, 89 milligr. L'unité de densité de l'air étant 1,000, celle de l'hydrogène sera 0,69, ou environ 14 fois et demie moindre.

Aréomètres. On détermine ordinairement la pesanteur relative des liquides au moyen des *aréomètres* ou *densimètres*; ceux qu'on trouve dans le commerce sous le nom de *pèse-esprits*, *pèse-acides*, *pèse-sels*, etc., sont rarement justes. Pour faire un aréomètre, on prend un tube à boule, dans lequel on introduit des grains de plomb par le bout, et s'il s'agit d'un pèse-acide ou pèse-sels, on le plonge dans l'eau distillée, et on marque 0° au point où vient affleurer le liquide. On fait ensuite dissoudre 15 p. sel de cuisine dans 85 p. eau, on y plonge l'instrument, on marque 15° au point d'affleurement, puis on divise l'intervalle en 15 parties, et on prolonge des divisions égales jusqu'au bas de la tige. Ces divisions se nomment degrés. — Pour les *pèse-esprits*, *éthers*, *huiles*, etc., on les plonge dans une dissolution de 90 p. eau et 10 p. sel; on marque 0° au point d'affleurement, puis on plonge dans l'eau, on marque 10° où elle vient affleurer, on divise en 10 degrés, et on prolonge les divisions jusqu'en haut de la tige. On obtient l'affleurement au point voulu, au moyen de grains de plomb, en plus ou moins grande quantité, introduites dans le tube.

L'*alcoomètre* de Gay-Lussac, ou *volumètre*, diffère des précédents instruments. Il doit plonger dans l'alcool absolu jusque vers le haut de la tige, où on marque 100°, et s'arrêter dans l'eau pure, à un point vers le bas, où on marque 0°.

On divise ensuite l'intervalle en 100 parties, vérifiées à l'aide de mélanges d'eau et d'alcool en proportions connues. Les divisions obtenues sont inégales, et indiquent la quantité d'alcool absolu en volumes. On doit opérer à la température de + 15°, ou y ramener le liquide, soit en rafraîchissant le vase, soit en le chauffant avec la main. (V. *Alcool.*)

Mesurage. Au lieu de peser les liquides à la balance, le plus souvent on les mesure, dans les usages ordinaires. On peut employer pour cela des verres, flacons, tubes, pipettes, burettes, etc., sur lesquelles on marque des traits indiquant des quantités déterminées de liquides.

Pour cela, on se sert de la balance ; chaque gramme d'eau donnant un volume d'un centimètre cube ou un millilitre.

Burettes. Servent principalement pour les essais ou analyses en volumes. Celles qu'on emploie ordinairement sont très-fragiles. Nous en construisons de très-simples qui n'ont pas cet inconvénient. On prend un tube fermé, bien calibré d'un bout à l'autre, à l'intérieur. On le tare sur une balance, on y met, avec une pipette, 1 gramme d'eau distillée, on marque un trait à l'encre, puis on met un second gramme, et ainsi de suite, jusqu'en haut. Si le tube est bien régulier, après le premier gramme, on ajoute l'eau de 10 en 10 grammes; on divise les quantités avec un compas, sur une bande de papier, où on marque les divisions à l'encre ; on trace ensuite les traits sur le verre avec un diamant, un silex, ou avec l'acide fluorhydrique, ainsi que nous l'indiquerons en parlant de ce corps ; puis on ajuste un bouchon ciré auquel on a adapté deux petits tubes courbés, l'un tourné en haut, l'autre en bas. Le liquide peut être introduit dans les burettes en retirant le bouchon ; on peut aussi placer l'ouverture du tube inférieur dans le liquide, et en aspirant avec la bouche par le tube supérieur, il entre dans la burette, sans pouvoir arriver à la bouche. Pour verser, on incline la burette, et le liquide s'écoule tant qu'on ne ferme pas l'autre tube avec le doigt.

Pipettes. La plus simple est un tube ouvert, effilé d'un bout, qui sert à prendre, à mesurer et à verser des quantités arbitraires ou déterminées de liquide. Dans ce dernier cas, les pipettes doivent être graduées comme les burettes, après avoir bouché l'ouverture inférieure avec de la cire. — Les pipettes possèdent très-souvent en bas une boule ou une partie plus évasée, afin de contenir plus de liquide. Cette disposition s'obtient en soufflant, comme nous le verrons plus loin. On peut aussi faire une pipette de deux parties, avec un gros tube effilé, dans lequel vient s'adapter un tube étroit au moyen d'un bouchon ciré ou d'un disque de gutta-percha. Pour se servir d'une pipette, on plonge le bout effilé dans le liquide, jusqu'à l'endroit où on veut le faire arriver; puis on bouche avec l'index, on enlève, et le liquide ne sort que lorsqu'on soulève le doigt. On peut aussi ne mettre dans le liquide que la pointe de la pipette, et aspirer par la grande ouverture pour le faire monter ; mais il faut éviter d'aspirer les liquides dangereux ou corrosifs. Pour cela, on peut employer une disposition analogue à celle d'une seringue, en ayant soin qu'il y ait toujours de l'air entre le liquide et le piston.

Nous avons adopté aussi pour les essais une autre disposition : c'est un bouchon traversé par un fragment de tuyau de pipe, et fermé par une bande de caoutchouc, qui intercepte l'air lorsqu'elle n'est pas soulevée. Dans l'usage des pipettes, burettes, tubes, éprouvettes, etc., lorsqu'on opère sur des quantités comparatives égales, mais arbitraires,

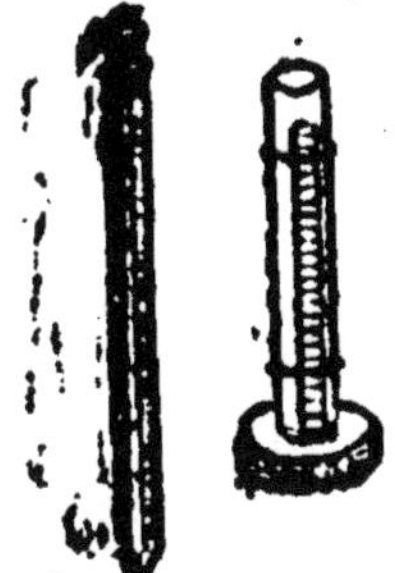

au lieu de marquer sur le verre, on peut y appliquer une règle divisée en centimètres et millimètres, maintenue au moyen de deux anneaux en caoutchouc, permettant de l'enlever à volonté. Des anneaux semblables pourront être adaptés aux tubes et éprouvettes, et on les fait glisser pour marquer des volumes quelconques de liquide.

Les instruments bien gradués avec l'eau, indiquent des quantités d'eau identiques, en poids et en volumes, chaque centimètre d'eau pesant un gramme. Mais il n'en est pas de même si on y mesure d'autres liquides; car, alors, chaque centimètre cube pèsera plus ou moins d'un gramme. Si donc on emploie souvent certains liquides, par quantités en poids, pour éviter les pesées, on pourra graduer différents vases à la balance, en indiquant sur chacun d'eux le liquide employé.

Division. La pulvérisation des corps solides facilite généralement les actions chimiques. On se sert

pour cela des *mortiers*, qu'on peut remplacer par des godets ou des tasses en porcelaine à parois épaisses et fond arrondi. On fait le pilon en bois et on y colle une bille d'agathe ou de silex. Afin d'éviter les projections de matière, on couvre le mortier avec un carton percé d'un trou, pour passer le pilon. — Pour obtenir des poudres fines, on pulvérise peu de matière à la fois. — Pour séparer les poudres on les tamise. On peut faire un tamis avec un cylindre de bois ou de carton, ou avec quatre planchettes réunies en châssis, sur lesquels on tend une étoffe plus ou moins serrée, qu'on fixe à la colle ou avec une ficelle. Les poudres impalpables s'obtiennent en *porphyrisánt*, c'est-à-dire en broyant à la molette.

Le silex et certaines pierres ne se pulvérisent bien

qu'après avoir été rougies au feu, puis plongées brusquement dans l'eau ; c'est ce qu'on nomme *étonner*, Le charbon de bois se pulvérise mieux à chaud qu'à froid. La gomme à réduire en poudre doit être bien sèche. Le camphre ne se pulvérise bien que si on met quelques gouttes d'alcool sur le pilon ; le zinc en fusion se réduit en poudre si on le triture jusqu'au refroidissement.

On obtient encore des poudres très-fines par le lavage ou *lévigation*. On délaie la matière avec de l'eau, puis on laisse un peu reposer, et on décante la partie supérieure. Les particules fines restent seules en suspension, et on peut les réunir sur un filtre. — On sépare aussi, par cette méthode, des substances de densités différentes. On l'emploie pour l'extraction de l'or des sables aurifères.

Certains corps pulvérisés sont parfois moins solubles qu'en gros fragments ; tels sont le sucre, la gomme, l'acide arsénieux, etc.

Diverses substances peuvent être divisées à l'aide d'une râpe.— Souvent, il suffit de briser la matière avec un marteau. Pour éviter les pertes, on peut envelopper la substance dans un papier, ou l'entourer d'une bande de carton contournée en anneau. — On obtient les métaux à l'état de *larmes* ou *grenailles*, en versant lentement, et de haut, la matière en fusion dans un vase plein d'eau, ou à travers un balai mouillé.

Dissolution. Dissoudre, c'est incorporer dans un liquide des corps solides, liquides ou gazeux. Pour faire à froid les dissolutions et précipitations, on emploie différentes sortes de vases, mais principalement les verres coniques à pied, très-commodes par leur forme, qui permet aux précipités de se rassembler, et par le bec pour verser les liquides. On agite les liquides avec des tiges ou des baguettes de verre cylindriques ou, faute de mieux, avec des lames étroites de verre à vitres. — En général, les dissolutions sont plus complètes et plus rapides à l'aide de la chaleur. Lorsqu'on emploie des dissolvants *neutres*, ceux-ci ne modifient pas les propriétés chimiques des corps ; tels sont l'eau distillée, l'alcool, l'éther, etc. Pour s'assurer si une substance solide est soluble dans un liquide quelconque, on l'agite quelque temps avec le liquide ; puis, après l'avoir laissé déposer, on met une goutte du liquide éclairci sur une lame de verre, et on la chauffe légèrement ; s'il y a eu dissolution, la substance solide reste sur le verre, après évaporation du liquide.

Lixivation ou lessivage. Lorsqu'on veut extraire les parties solubles d'une substance solide, on prend un entonnoir dont on ferme imparfaitement la douille avec un peu de coton ou d'amiante, puis on met la substance pulvérisée, on verse sur le tout le dissolvant, et le liquide s'écoule peu à peu, en entraînant les parties solubles. On peut le faire passer plusieurs fois sur la substance à dissoudre. En faisant évaporer le liquide, on obtient la matière à l'état solide. — Lorsqu'on opère sur de petites quantités, on met la matière divisée dans une sorte de pipette, qu'on place ensuite sur un flacon, sans le fermer complètement ; on verse le liquide, puis on ferme la pipette avec un bouchon. Après avoir laissé séjourner un peu le liquide, on retire le bouchon pour le faire écouler. On nomme cette disposition *appareil de déplacement*, et on l'emploie surtout pour extraire les principes solubles des plantes.— On peut faire aussi cette extraction dans des vases ordinaires, par *décoction*, en faisant bouillir la substance avec le liquide ; par *infusion*, en versant de l'eau bouillante sur la matière ; par *digestion*, en la laissant séjourner dans un dissolvant tiède ; par *macération*,

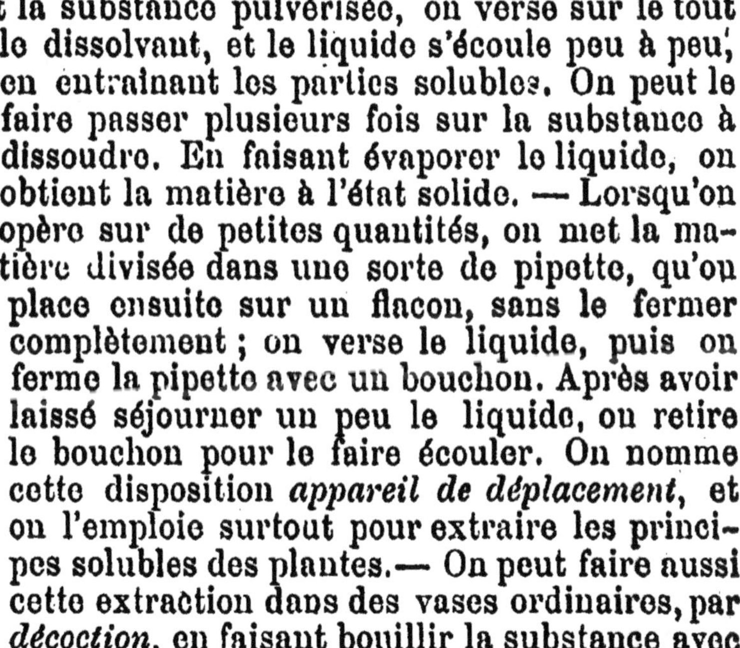

ou digestion à froid. — Un liquide est *saturé* d'une substance lorsqu'il ne peut plus en dissoudre davantage.

Décantation. Pour séparer une dissolution des matières non dissoutes qui y sont mélangées, on opère au moyen d'un *filtre*, ou par *décantation*, ce qui est préférable, toutes les fois qu'on peut le faire. La plus simple manière de décanter, c'est de laisser déposer la substance solide, puis de pencher le vase de façon à laisser écouler le liquide éclairci. On peut aussi enlever le liquide avec un siphon, une pipette, une seringue, etc. — On fait un petit siphon très-simple, et qui n'a pas besoin d'être amorcé, avec une sorte de mèche en papier à filtre replié plusieurs fois ; on fait ainsi lentement écouler le liquide d'un vase dans un autre placé un peu plus bas.

Filtration. Les filtres les plus ordinairement employés sont ceux en papier blanc non collé. Pour les opérations délicates, il est bon de les laver à l'avance avec 15 p. eau et 1 p. acide chlorhydrique, puis avec de l'eau distillée. — Le papier gris contient ordinairement de la laine, et ne doit pas être employé pour les dissolutions alcalines. — On peut faire les filtres à plis et sans plis. Pour les premiers, on coupe une feuille de papier en rond ; on la plie en deux, puis en quatre ; on fait ensuite

d'autres plis en sens opposé, puis on dispose en forme d'entonnoir, en arrondissant un peu la pointe avec le doigt. Le filtre uni se plie simplement en quatre, puis on ouvre, de manière à disposer en cornet. — Les rognures de filtres doivent être mises à part pour essuyer les vases. Les filtres sont généralement déposés sur des entonnoirs un peu plus grands.

Parfois il est bon de mettre un peu de papier, de toile ou de coton à la pointe du filtre, afin d'éviter sa rupture.

Lorsqu'on veut éclaircir un liquide, on se sert du filtre à plis ; si on veut laver un précipité, on emploie le filtre uni, en appliquant bien le papier contre l'entonnoir. — Les petits filtres d'un à deux cent. de profondeur se placent sur des goulots de flacons ou sur des tubes. — Les filtres étant posés, il est bon de les mouiller avant de s'en servir. — On peut peser les résidus avec le filtre, en ayant la précaution d'en mettre un semblable sur le plateau avec les poids. — Si on ne veut pas recueillir le précipité on peut simplement mettre dans la douille de l'entonnoir un peu de coton cardé, ou du papier à filtre légèrement tassé.

Il faut verser avec précaution le liquide sur les filtres, pour éviter de les crever ; on peut employer pour cela une baguette de verre sur laquelle on verse le liquide, et qui le dirige sur les parois. — Si tout le liquide ne peut tenir dans le filtre, on peut le mettre dans un flacon, dont on maintient le goulot plongé dans le liquide du filtre. Le niveau reste égal jusqu'à la fin ; car, à mesure que la filtration s'opère, l'air pénètre dans le flacon, et le liquide s'écoule. — Il est bon que le liquide filtré tombe sur les parois du vase récepteur, afin d'éviter des projections de matière. Cela, du reste, n'est pas à craindre, lorsque l'entonnoir est posé directement sur un flacon. Dans ce cas, afin que l'écoulement s'opère facilement, on place dans le goulot une

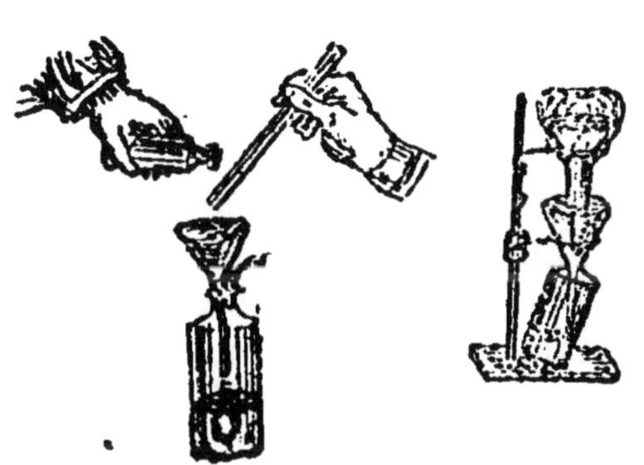

petite baguette ou une ficelle, qui permet la libre sortie de l'air. — On peut aussi se servir d'une rondelle de carton percée d'une ouverture au milieu, et qu'on place sur un vase. Les entonnoirs en verre sont préférables à tous autres. — Lorsqu'on filtre des substances volatiles, il est bon de couvrir l'entonnoir avec une plaque de verre. — Pour filtrer les acides et les alcalis concentrés, qui attaqueraient le papier, on met dans la douille de l'entonnoir un peu d'amiante, ou faute de mieux, du coton-poudre, qu'on recouvre de grès pulvérisé. — Lorsqu'on a à filtrer des quantités un peu fortes de liquide, on fait une espèce de châssis avec quatre baguettes ou bâtons, liés avec de la ficelle ; puis on y fixe une étoffe plus ou moins serrée. Pour les liquides alcalins, il faut éviter l'emploi des tissus de laine.

Précipitation. Séparation d'un corps à l'état solide, du liquide dans lequel il était dissout. Cette opération est très-fréquente, surtout dans l'analyse chimique et dans la préparation des sels par *double décomposition.* On opère quelquefois en plongeant une lame métallique dans la dissolution d'un sel, pour recueillir un métal qui se dépose. D'autres fois, on fait arriver dans le liquide un courant de gaz ; c'est ainsi, surtout, qu'on emploie l'acide sulfhydrique. Mais le plus souvent on mélange deux dissolutions de substances solubles, qui forment une substance insoluble, lorsqu'elles se trouvent en contact. Généralement, il ne faut mettre du liquide précipitant que juste la quantité nécessaire, et s'arrêter aussitôt qu'il ne se forme plus de précipité. — Si on ne veut que constater la présence d'un corps, on peut réunir ensemble une goutte de chaque liquide, avec des baguettes de verre, et on

regarde le précipité par transparence. On peut aussi mettre en contact deux gouttes de liquides différents sur une plaque de verre.

Neutralisation. Lorsqu'un liquide fait rougir le tournesol bleu, il est acide ; lorsqu'il bleuit le tournesol rouge, il est alcalin. Il est souvent nécessaire de *neutraliser*, c'est-à-dire d'ajouter un alcali si le liquide est acide, et un acide s'il est alcalin, de manière qu'il ne produise plus d'action sur le tournesol rouge et bleu. Il faut bien prendre garde de ne pas ajouter trop de réactif, car alors on tomberait dans l'excès contraire. C'est pour cela que, vers la fin du mélange, il ne faut verser le liquide que goutte à goutte, et en agitant. Du reste, si on a employé de l'ammoniaque ou de l'acide chlorhydrique en excès, il suffit de chauffer le liquide pour le ramener à l'état neutre. C'est pour cela qu'on doit employer ces deux corps toutes les fois que cela ne peut nuire à l'opération. Quelquefois il faut ajouter *un excès* de réactif ; cela ne veut pas dire qu'il en faut une grande quantité, mais simplement un peu plus qu'il ne serait nécessaire pour neutraliser le liquide.

Précipités. Dans le cours des opérations, il est bon de recueillir les précipités ou les dissolutions qu'on obtient comme produits secondaires, dont on n'a pas besoin pour le moment. On peut avoir ainsi des sulfates, chromates, oxalates, cyanures, des sels doubles, etc., qu'on conserve dans des tubes ou flacons étiquetés. — Lorsqu'un précipité est recueilli, il faut le laver, soit dans un vase, soit sur un filtre. Pour que l'eau arrive en petite quantité, et en jet continu, on emploie les *fioles à laver*. On peut ajuster dans un bouchon un petit tube de verre, ou un tuyau de pipe, et l'adapter sur un flacon contenant de l'eau. Lorsqu'on veut la faire écouler, on souffle dans le tube, on retourne vivement le flacon, et la pression de l'air produit un jet qu'on promène sur les différents points du précipité. On peut aussi faire une entaille dans le bouchon pour laisser entrer l'air, à mesure que l'eau s'écoule par un tube légèrement courbé. — On emploie plus ordinairement une autre disposition. On ajuste dans le bouchon deux tubes, dont un plonge au fond de la fiole, et se recourbe en bas, au sortir du bouchon; l'autre très-court, est simplement fixé dans le liége jusqu'à sa partie inférieure, et il est légèrement courbé en haut. Pour faire écouler l'eau, on souffle par le petit tube.

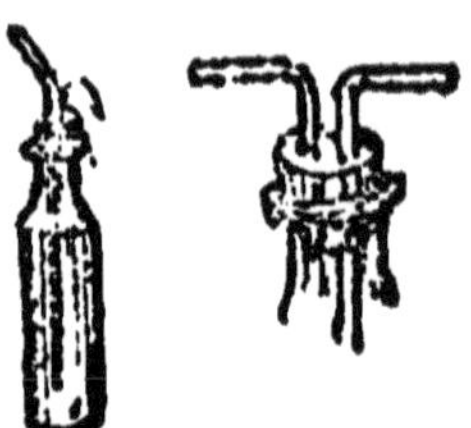

Les deux tubes peuvent aussi être courbés à angle droit.— Les précipités doivent être lavés avec beaucoup de soin et jusqu'à ce que le liquide reste clair et limpide.

Cristallisation. Les différentes formes que les corps affectent par la cristallisation sont de bons caractères pour les reconnaître; mais il faut, pour cela, une certaine expérience. Si on met dans un petit tube, ou sur une lame de verre, quelques gouttes d'une dissolution saline, on obtient promptement de petites cristallisations très-nettes. On peut aussi opérer en petit par sublimation, dans un tube, et les cristaux viennent se former dans la partie froide du tube. Les petits cristaux doivent être examinés à la loupe ou au microscope ; on peut aussi les étudier pendant l'évaporation, et on les voit se former d'une manière curieuse. — Certains corps cristallisent par voie de fusion à l'aide de la chaleur, tels que le bismuth et le soufre, comme nous le verrons plus tard. En résumé, la cristallisation s'obtient par refroidissement, évaporation, fusion, sublimation, agitation. Nous reviendrons sur ce sujet en nous occupant des sels et de diverses substances minérales et organiques.

Dessication. Les sels, et beaucoup d'autres corps, doivent être desséchés d'une manière plus ou moins complète, et cette opération a souvent une très-grande importance. On peut quelquefois faire la dessication à la température ordinaire, au soleil, ou dans un appartement chaud. On nomme *étuve* un appareil préparé spécialement pour la dessication. On peut facilement disposer une boîte en forme d'armoire, avec des rayons en tôle, et on place une lampe à la partie inférieure, en ayant soin de ménager la circulation de l'air. Le plus souvent, pour dessécher les filtres contenant les précipités, on les pose, avec quelques feuilles de papier, sur une plaque de tôle ou de ferblanc, placée au-dessus d'une veilleuse. — Si le précipité est abondant, on peut mettre sur la plaque une couche de craie, de plâtre ou de cendres, qui absorbent promptement l'eau. On peut aussi détacher la substance et la chauffer dans une capsule. Pour détacher le précipité, on plie le filtre en deux, en ramenant les deux moitiés du précipité l'une sur l'autre; on relève le papier; puis, on replie encore la moitié en deux, et on obtient ainsi une masse assez épaisse, qui se détache facilement.

Il faut couvrir avec un papier les vases dans lesquels on opère, pour éviter les poussières. Beaucoup d'opérations sont manquées faute d'avoir pris cette précaution. Les substances sont bien desséchées lorsqu'une lame de verre, placée froide sur la capsule chauffée, n'aura pas de traces de vapeur d'eau.— Lorsqu'on a à dessécher une petite quantité de matière, on l'introduit dans un tube, et si elle ne doit pas être chauffée directement, on place la lampe un

peu en avant, et le tube étant légèrement penché, il s'établit un courant d'air qui agit sur la substance. — On peut aussi opérer la dessication sans chauffer la matière, en l'exposant à côté ou au dessous d'un vase un peu large contenant un corps avide d'eau, acide sulfurique, potasse, chlorure de calcium ou chaux. On recouvre avec un verre, dont les bords sont enduits de suif, afin de fermer hermétiquement. On peut aussi se servir d'une assiette dont les bords sont graissés, et qu'on recouvre d'un verre à vitre. Au bout d'un temps plus ou moins long, la substance est complètement desséchée. La dessication à froid est très-prompte lorsqu'on opère avec de la chaux ou du chlorure de calcium mouillés d'éther.

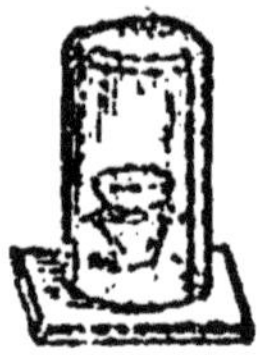

Chaleur. Agent indispensable pour de nombreuses opérations chimiques. On opère au moyen des lampes, du chalumeau, des forges et des fourneaux.

Lampes. Certaines lampes de ménage, dont on règle la flamme à volonté, peuvent servir à de nombreux usages. — On peut employer de petites *veilleuses*, formées d'un disque de liége, portant une petite mèche, et nageant dans un vase contenant de l'huile. — On peut aussi faire deux entailles dans une plaque de tôle mince, contourner la partie non séparée, relever les trois branches à angle droit, y fixer des morceaux de liége, puis placer une mèche en coton filé dans le cylindre du milieu. — Il est bon de recouvrir la lampe d'une plaque de ferblanc, avec une ouverture au centre, pour laisser passer la flamme, et des entailles à l'entour, pour la circulation de l'air. Pour servir de cheminée on place au centre un cylindre en ferblanc, de 3 à 5 c. de haut sur 2 à 3 c. de diamètre, suivant l'intensité de la flamme, qui ne doit pas produire de fumée.

La *lampe d'émailleur* est alimentée avec un chalumeau à soufflet ; elle peut être faite très-simplement d'un petit vase recouvert d'une plaque en ferblanc, avec une échancrure pour placer une grosse mèche, formée d'un faisceau de brins de coton. On y met de l'huile, et on la place dans une soucoupe, afin de recueillir ce qui pourrait s'écouler. Soumise à l'action du chalumeau, elle donne une très-forte chaleur, et sort pour travailler les tubes, ainsi que pour diverses opérations. — On peut aussi se servir d'un gros verre de lampe, dans lequel on ajuste, avec un bouchon mastiqué, un tube qui sert à introduire le vent, et sur lequel on fixe la mèche. Une lampe de ce genre, recouverte, alimentée par l'oxygène, et brûlant de l'essence, donne une température très-élevée, et capable de fondre le platine. L'objet à chauffer doit être placé dans le haut de la flamme, qui est la partie la plus chaude. On peut aussi employer un quinquet ordinaire, en introduisant dans le cylindre porte-mèche le tube destiné à injecter de l'air ou de l'oxygène, au moyen d'un soufflet ou d'une vessie, avec un tube en caoutchouc.

Pour faire une *lampe à alcool*, on prend un flacon plat ; on ajuste dans un bouchon un tube de verre et une rondelle de ferblanc; on y introduit une feuille mince contournée, de tôle ou de laiton, puis on y met une mèche formée de brins de coton, et lorsque l'alcool est dans le flacon, on y adapte le bouchon, ce qui constitue tout l'appareil. On rend la flamme plus forte lorsqu'on tire la mèche avec des pinces ou une épingle, et qu'on écarte les fils. — Les lampes à alcool ont l'avantage de s'allumer facilement, de donner une large flamme, et de ne pas produire de fumée; mais elles chauffent moins que les lampes à huile.

Avec les lampes, on règle très-facilement la température, soit en élevant ou abaissant la mèche, soit en éloignant, plus ou moins, la substance ou le vase à chauffer. Il est bon d'y adapter des cheminées en tôle, échancrées en haut, qui activent la combustion, et servent aussi de supports pour les vases à chauffer.

Gaz d'éclairage. On obtient une forte chaleur, en posant sur le bec un tube de cuivre de 8 à 10 cent. de haut, sur 1 et 1/2 de diamètre, dans lequel sont pratiquées en bas deux ouvertures pour le passage de l'air. On enflamme le gaz en haut du tube. — On peut obtenir, par une autre disposition, une chaleur beaucoup plus intense. On fait arriver de l'air dans un tuyau de cuivre long de 30 cent., par un tube qui y pénètre de 6 cent. Deux trous opposés sont percés sur le tuyau près de l'orifice du tube, lequel, à cet endroit, est entouré d'un tube plus large, alimenté par le gaz. L'arrivée de l'air est réglée par la pression, celle du gaz par un robinet. Si on dirige le dard enflammé dans une enveloppe réfractraire, sans entraîner d'air extérieur, on obtient une température capable de fondre le fer et la porcelaine en quelques minutes.

Fourneaux et forges. Lorsqu'on opère sur des quantités un peu fortes, il faut employer les *fourneaux*. Dans les grands laboratoires, il y en a de différentes espèces ; on les remplace par des fourneaux ordinaires de cuisine, certains pots à fleurs, dont l'un recouvre l'autre, ou avec de grands creusets percés de trous, et entourés de fils de fer. Au besoin, avec quelques briques, de

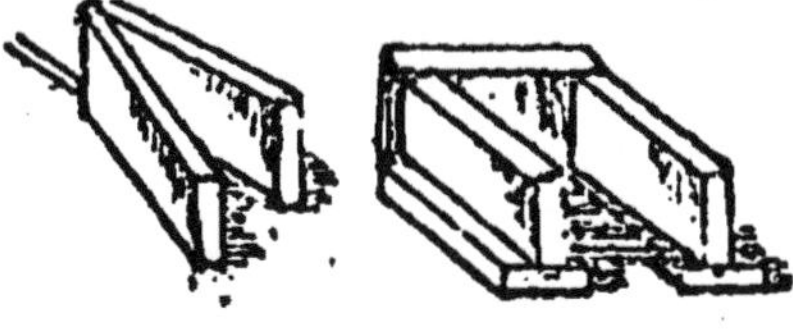

de l'argile et une grille, on peut construire différentes espèces de fourneaux. Souvent la grille n'est pas nécessaire, par exemple lorsque le feu est alimenté par un soufflet. Dans ce cas, on leur donne le nom de *forge*.

Avec de grands creusets réfractaires, on peut aussi faire des appareils d'un très-bon usage. On met dans l'intérieur une grille en fer, ou mieux on prend une brique mince en terre réfractaire, on la façonne à la lime ou sur un grès, puis on y pratique des trous et des échancrures, avec une pointe de fer, un ciseau ou une lime. On fait aussi un trou dans la paroi du creuset, pour faire entrer l'air. La grille étant posée, on place au milieu une *tourte* ou *fromage*, sorte de disque d'argile, qu'on pourrait remplacer par un morceau de brique, puis on pose par-dessus le creuset, afin qu'il soit bien placé dans la partie la plus chaude. On y met d'abord quelques charbons embrasés, puis une épaisse couche d'un mélange de coke et de charbon de bois en menus morceaux, ou du coke seul en fragments de 1 à 2 cent. On peut ensuite recouvrir le tout d'un creuset percé d'un trou, ou d'une cheminée en tôle, et on obtient ainsi une haute température. — Si on fait arriver de l'air par l'ouverture inférieure du creuset, au moyen d'un soufflet à double vent, on peut opérer rapidement la fusion de la fonte de fer. On peut faire une forge avec deux cylindres en tôle, l'un, intérieur, percé de 6 à 12 trous, à la hauteur où doit arriver le fond du creuset, et couvert d'une couche d'argile réfractaire; l'autre, extérieur, et destiné à chauffer l'air, qu'on introduit avec un soufflet par une ouverture latérale. Après l'opération, on retire le combustible, et on souffle sur la forge pour la refroidir et éviter de la détériorer.

On peut faire un fourneau à tubes en pratiquant, avec une scie ou une lime, deux échancrures aux bords des parois du creuset, de manière que le tube qu'on y place, puisse être bien chauffé. Pour les cornues, on fait une seule échancrure un peu plus grande.— On allume facilement les fourneaux avec un morceau de coke ou une pierre-ponce trempée dans l'essence minérale.

Moufles. Sortes de petits fours qu'on place dans un fourneau. On les fait avec de la pâte à creuset. Ils ont à peu près la forme d'une tuile creuse posée sur une tuile plate, avec des ouvertures pratiquées dans les parois. On fait aussi des moufles en tôle de deux pièces, la *voûte* et *l'aire*. C'est principalement pour la *coupellation* qu'on emploie les moufles; mais on peut aussi s'en servir pour griller ou calciner. Les substances chauffées se trouvent ainsi à l'abri des cendres. On peut remplacer les moufles par des creusets percés au fond et posés sur le côté, ou bien par des fragments de gros tubes.

Grillage. Calcination à l'air. On emploie ordinairement à cet usage des capsules d'argile, qu'on appelle *têts à rôtir;* on peut les placer dans des moufles et les retirer avec des pinces. Il faut remuer de temps en temps la substance avec un crochet de fer bien net, emmanché dans du bois.— Si la substance peut décrépiter, on la recouvre d'un autre têt, jusqu'à ce qu'il n'y ait plus de projection. Lorsqu'on opère sur de petites quantités, la calcination peut se faire à la lampe, dans des creusets, capsules, tubes de verre, droits ou courbés, ouverts ou fermés, suivant que l'air doit faciliter ou gêner l'opération.

Bains. Appareils servant à donner graduellement une température régulière, tant pour ne pas briser les vases, que pour favoriser le succès des opérations. — Le *bain de sable* est formé d'un vase dans lequel on met du sable fin ou des cendres. On y enfonce plus ou moins le ballon, la cornue ou la capsule, et l'on place le tout sur un fourneau. — Le *bain-marie* consiste en un vase contenant de l'eau, dans laquelle on plonge un autre vase des-

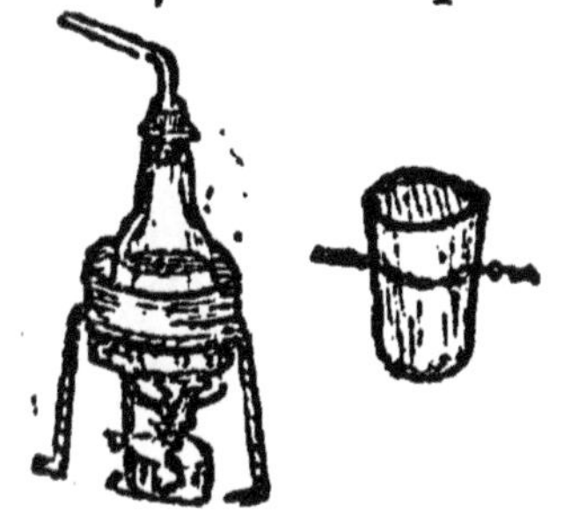

tiné à la substance qu'on veut chauffer. Les fonds des deux récipients ne doivent pas se toucher. A cet effet, on les isole, soit en suspendant le vase au moyen d'un fil contourné, soit avec des rondelles percées. — On peut aussi chauffer une bouteille ou un flacon ordinaire, placés sur une couche de paille ou de linge, qui baigne dans le liquide. — Dans le *bain de vapeur*,

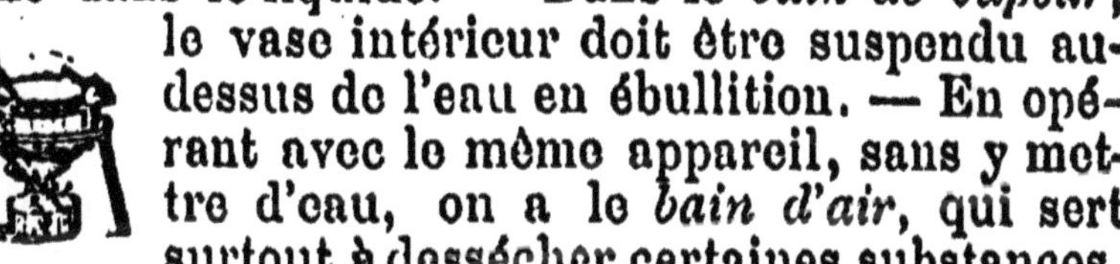

le vase intérieur doit être suspendu au-dessus de l'eau en ébullition. — En opérant avec le même appareil, sans y mettre d'eau, on a le *bain d'air*, qui sert surtout à dessécher certaines substances. — Les sels en dissolution dans l'eau retardent le point de son ébullition, et produisent, par là, une élévation de température. Ainsi, la dissolution saturée de sel marin bout à 108° ; celle de carbonate de potasse à 135° ; d'azotate de chaux à 151° ; de chlorure de calcium à 179°, etc. Au moyen des bains de cire, d'huile, de paraffine, on obtient des températures supérieures à 300°. Le chlorure de zinc hydraté, qui fond vers 100°, peut être chauffé au rouge.

Précautions. La chaleur doit toujours être appliquée graduellement, pour éviter la rupture des vases ; mais c'est surtout pour ceux en verre qu'il est nécessaire de prendre beaucoup de précautions. Lorsqu'on chauffe un liquide dans une fiole, un tube, ballon, matras, etc., il faut tenir le vase d'une main, et faire la flamme lui lécher les flancs, tout en agitant et déplaçant le liquide. On n'abandonne à l'ébullition sur un support que lorsque la chaleur se fait déjà sentir. — Si le ballon est déjà fixé à un support, il faut promener la flamme de la lampe pour le chauffer bien également. De temps en temps, il est bon d'essuyer le ballon extérieurement, avec un chiffon sec, surtout quand on chauffe au gaz d'éclairage. Lorsqu'on retire les ballons du feu, il ne faut pas les poser sur des corps froids, mais sur des *valets*, sortes de couronnes de paille, jonc, filasse ou papier tortillé.

Malgré leur fragilité, les vases de verre sont les plus commodes, car ils sont transparents ; ils peuvent supporter une assez forte chaleur, et ne sont pas attaqués par des corps qui détruiraient les métaux. — Les vases en verre mince et d'égale épaisseur sont ceux qui supportent le mieux la chaleur. Pour les rendre moins fragiles, on les emplit d'eau, on les fait chauffer dans un vase qui est aussi plein d'eau, et on laisse le tout lentement refroidir. Il vaut mieux encore opérer de même avec de l'huile. Les vases qu'on doit chauffer à peu près au rouge doivent être recouverts d'un *lut*, qui les empêche de s'affaisser, si le verre est ramolli par la chaleur.

Pendant l'ébullition de certains liquides, tels que l'acide sulfurique, l'alcool, l'esprit de bois, etc., il se produit des soubresauts, qu'on évite en mettant dans le vase une spirale de platine, ou des fragments de verre, charbon, etc., suivant les cas, qui établissent une sorte de conductibilité entre le fond du vase et la surface du liquide.

Chalumeau. Peut être considéré comme l'instrument le plus commode de la chimie. Par son moyen, on peut faire, en petit, avec promptitude et facilité, toutes les opérations de la voie sèche, qui nécessitent beaucoup de temps et de frais, lorsqu'on emploie les fourneaux. On a donné au chalumeau des formes différentes, mais qui reposent toutes sur le même principe. On les fait ordinairement en cuivre, mais nous préférons le ferblanc, qui ne communique aux doigts aucune odeur désagréable ; on peut faire un chalumeau avec un simple tube courbé, d'environ 25 cent. de long et un cent. de diamètre ; et on le termine par un bec d'argile fixé dans un bouchon.

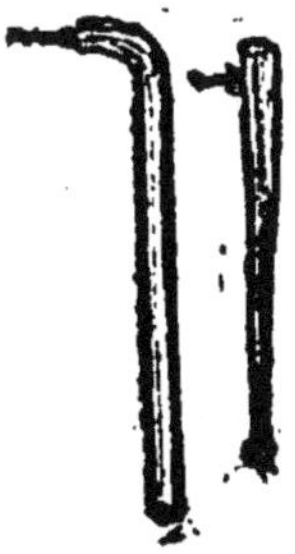

Pour faire les becs, on use sur un grès un fragment de tuyau de pipe d'environ 5 cent., de manière à le rendre conique à une extrémité, à laquelle on fixe une fine aiguille, avec de la pâte d'argile façonnée un peu en pointe. On retire ensuite l'aiguille, pour laisser une ouverture ; on fait sécher lentement, puis rougir au feu. Ces becs peuvent remplacer généralement ceux en platine. L'ouverture doit être ronde, et avoir 1 à 2/3 de mill., suivant l'effet à produire. — On fait parfois des chalumeaux avec des tubes de verre courbés et effilés, mais ils peuvent fondre à la flamme, à moins qu'on ne les termine par un bec d'argile. Faute de mieux, on peut se servir d'une pipe de terre, en soufflant par le fourneau, après avoir diminué l'ouverture du tuyau avec de l'argile.

Le chalumeau demande un certain exercice pour en tirer un bon parti. On met la grande ouverture à la bouche remplie d'air, et on souffle au moyen des joues, sans interrompre la respiration par le nez. Il n'est pas nécessaire de souffler très-fort. Le bec doit entrer un peu dans la flamme, et donner un courant d'air continu, de manière à produire, sans bruit, un dard immobile. Ce dard doit être dirigé, autant que possible, horizontalement sur l'objet qu'on veut chauffer. On obtient ainsi des températures supérieures à celles des meilleures forges. — L'insufflation modifie la flamme, qui possède une chaleur très-différente dans ses diverses parties ; il s'agit de s'en servir suivant l'effet qu'on veut obtenir. L'extrémité du dard est peu brillante ; on l'emploie pour l'*oxydation*, en éloignant le plus possible l'objet, tout en le maintenant au rouge naissant. La pointe brillante de la flamme bleue est la plus chaude; elle s'emploie pour la *réduction*, quelquefois pour la *volatilisation* et la *fusion*. La flamme intérieure est la plus froide ; elle s'emploie rarement.

Pour s'exercer à l'usage du chalumeau, on peut chauffer sur un charbon un grain d'étain. Il se conserve brillant à la flamme de réduction ; mais lorsque la chaleur diminue, et qu'on arrive à la flamme d'oxydation, l'étain se ternit. Il redevient brillant lorsqu'on augmente la chaleur, et on peut produire ainsi, alternativement, ces deux effets plusieurs fois de suite. — Il faut proportionner la flamme et l'ouverture du bec à la grosseur de l'objet sur lequel on opère. — Pour la réduction ou extraction du métal d'un minerai, on emploie un bec à petite ouverture, et on l'engage un peu dans la flamme brillante, de manière à chauffer la matière au rouge blanc.

Afin d'avoir plus de facilité dans les opérations, on peut maintenir le chalumeau serré dans un support fixé au bord de la table, et on y adapte un tube de caoutchouc avec une embouchure de verre, faite d'un morceau de tube. — Lorsqu'on veut se dispenser de l'insufflation continue par la bouche, on peut employer un soufflet à double vent, avec un tube de caoutchouc fixé à la tuyère. — On peut encore opérer autrement. On fait amollir dans l'eau une vessie bien dégraissée, et on adapte au col un goulot de bouteille avec un bouchon traversé par deux tubes, dont l'un est terminé par une petite soupape en peau mince, maintenue par deux épingles. C'est par là qu'on introduit l'air, soit avec la bouche, soit au moyen d'un soufflet. L'autre tube communique au chalumeau. On met une planche et un poids sur la vessie gonflée, afin de faire sortir l'air ; on peut aussi la presser sous le bras ou entre les jambes, et conserver les mains libres. En remplaçant la vessie par un ballon en caoutchouc, l'élasticité de la matière fait sortir l'air qu'on y introduit. Parfois, au lieu d'air on met dans la vessie de l'oxygène, afin d'obtenir les effets calorifiques dont nous avons parlé à propos des lampes.

Dans les opérations au chalumeau, on emploie divers moyens pour supporter les matières. Le plus employé est le charbon de bois. Il est bon de le tailler d'un côté et d'y pratiquer de petites cavités avec une pointe de fer. Avec le charbon, on peut chauffer au rouge blanc 2 ou 3 gr. de matière, et c'est ainsi qu'on réduit à l'état métallique la plupart des oxydes. — Lorsqu'on veut opérer avec une coupelle ou un petit creuset, on pratique dans le charbon une cavité un peu plus grande, et on place le vase au milieu, de manière que la flamme puisse l'envelopper. On peut faire des cavités cylindriques en creusant le charbon avec un tube de ferblanc. On pourrait aussi scier un charbon, le creuser de chaque côté, puis réunir les deux parties avec un fil de fer, après y avoir placé le creuset, et en laissant une ouverture pour l'introduction de la flamme.

Pour certains essais, on emploie un fil de platine recourbé en crochet, qu'on mouille un peu pour y faire adhérer la matière pulvérisée, souvent aussi une petite cuillère ou lame de platine, ou des pinces à bouts de platine. — On emploie encore des lames d'argile et de petites *coupelles* dont nous indiquerons la fabrication ; puis de petits tubes, ouverts, fermés, courbés, etc. — Lorsqu'on opère au chalumeau, il est bon de placer au-dessous de l'objet chauffé une feuille de papier blanc ou une assiette, afin de ne perdre aucune parcelle de la matière d'essai, dont on n'emploie souvent qu'un fragment de la grosseur d'une tête d'épingle.

Les lampes à huile, produisant plus de chaleur que celles à alcool, sont préférables pour le chalumeau. Les mèches plates sont ordinairement doubles. On les fend, de manière à former deux mèches qu'on sépare un peu, et on place dans l'intervalle le bec du chalumeau. Les chandelles donnent des flammes assez convenables ; mais elles ont le désagrément de couler. On évite cet inconvénient en les recouvrant d'un tube de ferblanc percé pour laisser passer la mèche.

Si on dispose autour du bec du chalumeau une sorte de récipient en forme d'entonnoir, en y plaçant un peu d'éponge arrosée d'essence minérale, on remplace ainsi la lampe et la bougie, et l'emploi est plus facile dans la plupart des opérations. — Les bougies ne donnent pas assez de chaleur, mais on peut en préparer de convenables. On fond une bougie ordinaire dans une capsule ; on divise la mèche

en 3 ou 4 longueurs égales ; on les réunit pour former une grosse mèche, qu'on fixe au centre d'un cylindre de fort papier ayant

4 cent. de diamètre, puis on y coule la stéarine provenant de la bougie.

Creusets. Vases ordinairement coniques, destinés à faire chauffer des substances solides. Il y en a en terre, porcelaine, graphyte, métal. On en fabrique avec de l'argile blanche, dite *terre de pipe*, qui ne doit pas bouillonner lorsqu'on la mouille avec des acides. L'argile doit être pulvérisée, tamisée, lavée, pour enlever les parties solubles, puis pétrie en pâte claire ou épaisse suivant les modes d'opérer. Si on veut faire des creusets réguliers, il faut les mouler. On prend un bouchon ayant la forme extérieure qu'on veut donner au creuset, puis on fait un moule avec du plâtre coulé dans un cylindre de papier ou de carton, et lorsqu'il est bien sec, on le scie en deux parties, qu'on peut réunir en les liant ensemble avec une ficelle. On place dans le moule une boule d'argile pétrie en pâte molle ; on l'aplatit avec le doigt, puis on y enfonce un noyau façonné de manière à contenir l'argile ; on enlève avec un couteau ce qui a débordé, et on retire le noyau, puis le creuset, lorsqu'il est assez ferme. On peut aussi remplir le moule avec de l'argile en bouillie claire, décanter un quart d'heure après, laisser un peu sécher, puis de nouveau vider, et réitérer jusqu'à ce que l'on ait l'épaisseur désirée, ensuite on laisse sécher et on retire du moule. Les creusets triangulaires ont l'avantage de donner des sortes de becs pour couler les substances fondues ; ils sont d'abord moulés comme les autres, et pendant qu'ils sont encore mous, on comprime un peu les bords, pour leur donner la forme voulue. — Pour les petits creusets, on peut encore aplatir la pâte ferme entre deux feuilles de papier, en roulant par-dessus un

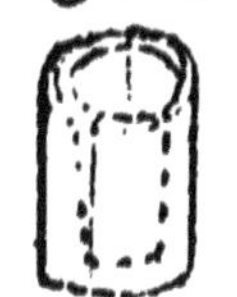

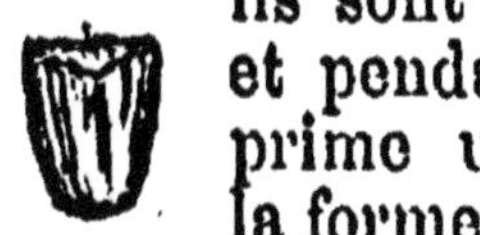

tube de verre, puis tailler des bandes sur des patrons préparés à l'avance, les contourner, les souder, en humectant les bords, et leur leur donner la forme ordinaire ou celle de cornets, d'environ un cent. de hauteur, et un millimètre d'épaisseur.

Les creusets sont souvent munis de couvercles ajustés, mais ne fermant pas hermétiquement. Même lorsqu'ils sont *lutés*, c'est-à-dire enduits d'une pâte d'argile au moment de s'en servir, il est bon de laisser de petites ouvertures pour l'échappement des gaz. Pour faire les couvercles des petits creusets, on taille des ronds ou des carrés dans des feuilles d'argile, et on rabat les bords.

Les parois des creusets doivent être d'une épaisseur uniforme. Si on y remarque des fissures ou des imperfections, on y remédie avec un peu de pâte argileuse. Ils doivent être séchés lentement, puis chauffés au rouge blanc ; et si, après la cuisson, les bords sont inégaux, on les frotte sur un grès fin pour les unir.— On peut aussi employer, comme creuset, le fourneau d'une pipe ordinaire, dont on bouche le trou avec de l'argile. Parfois on peut se servir de pots à fleurs. — Il faut faire une certaine provision de creusets, car, le plus souvent, ils ne peuvent servir qu'une fois, étant brisés pour vérifier le résultat des opérations.

Pour opérer sur d'assez grandes quantités de matière, et à de très-hautes températures, on emploie des creusets réfractaires, de diverses natures. On peut en faire avec des débris de creusets d'argile déjà cuite, pulvérisée, tamisée, et mélangée pour 3 p. avec une p. d'argile crue. On en fait une pâte, et on opère comme précédemment. — On fait aussi des creusets avec le graphyte des cornues à gaz, qu'on façonne au tour, ou avec un couteau.

On trouve dans le commerce des creusets dits *de*

Hesse, qui supportent une très-forte chaleur, et pouvent être plongés rouges dans l'eau sans se briser ; mais ils sont très-poreux, et sont traversés par certains corps en fusion. Les creusets dits de *Beaufaï* n'ont pas cet inconvénient, auquel, du reste, on peut remédier en *brasquant*. Pour cela, on prend du charbon pulvérisé et un peu mouillé ; on le tasse avec un tube formé de manière à bien garnir les parois. On peut aussi emplir le creuset de charbon mélangé d'argile, puis creuser dans la brasque sèche, et bien polir la cavité. Lorsqu'on y a placé la substance d'essai, on recouvre avec de la poudre de charbon bien tassée, puis on ferme le creuset.

On emploie aussi des creusets de platine ; on peut les faire avec une feuille mince de ce métal, façonnée en forme de cornet, en soudant les bords au chalumeau avec quelques parcelles d'or et un peu de borax. Les creusets de platine ne doivent être chauffés qu'à la flamme, ou dans un creuset de terre contenant de la magnésie. On emploie aussi des creusets d'argent, de cuivre et de fer. Les dés à coudre de ces métaux peuvent servir quelquefois. On peut aussi façonner la tôle en cornets.

Les creusets les plus petits sont les plus faciles à employer ; ils chauffent promptement et à peu de frais. Suivant les cas et la grandeur, on peut opérer au chalumeau, à la lampe ou au fourneau. Les creusets doivent être chauffés progressivement, et lorsque l'opération est terminée, il est bon de les placer sur du sable pour les laisser refroidir.

Coupelles. Petits vases employés pour faire les essais d'or et d'argent. On pulvérise des os calcinés bien blancs ; on lave ; puis, avec de l'eau et les cendres les plus fines, on fait une pâte, qu'on tasse dans un anneau de ferblanc ou une capsule, en pratiquant, à l'intérieur, une cavité arrondie au moyen d'une bille bien lisse. On fait ensuite sécher avec précaution. Pour de petites opérations, on pratique dans du charbon une cavité qu'on remplit de pâte de cendres d'os, avec un peu de carbonate de soude, et en arrondissant comme ci-dessus.

On fait aussi, pour l'usage du chalumeau, de petites coupelles d'argile de 5 à 10 mil. de diamètre. On pose une peau de gant sur de petites ouvertures circulaires, comme un goulot de flacon, un tube, etc., et on l'enfonce légèrement. On moule dans la cavité, avec le doigt, un peu d'argile en pâte épaisse, puis, en tendant la peau, la coupelle se détache ; on la fait sécher et ensuite rougir. Chauffées sur le charbon, pour les analyses, ces coupelles permettent de bien distinguer les colorations des substances traitées.

Cornues. Sortes de ballons dont le col est recourbé. Elles sont ordinairement en verre ou en grès, avec ou sans tubulures ; celles en verre peuvent être remplacées par des ballons ou des fioles, qu'on trouve à peu près partout. Les cornues s'emploient pour la distillation, la préparation des gaz, la réduction, etc. — On peut quelquefois remplacer une cornue par une pipe de terre, dont on ferme le fourneau avec une rondelle d'argile, lutée, après qu'on a placé dans l'intérieur les substances à chauffer.

Têts à rôtir. Sortes de capsules dont on se sert pour le grillage de certaines matières. On les fait avec de la pâte d'argile, de la même manière que les creusets, qui peuvent les remplacer dans beaucoup de cas.

Capsules. Vases peu profonds et de diverses dimensions, le plus ordinairement en porcelaine, mais il y en a aussi en verre, en grès, en métal. Celles en verre peuvent être faites avec les fioles ou les ballons fêlés. Pour les avoir assez régulières, on met de l'eau dans le ballon, qu'on incline plus ou moins de manière à la placer dans la partie qu'on veut utiliser. On suit les contours du liquide avec de l'encre ; puis on vide le ballon et on le fait sécher. Ensuite on fait un trait un peu fort avec une lime, sur une partie de la ligne marquée, puis on applique à l'extrémité, et un peu en avant du trait, un charbon pointu, allumé, ou un fer rougi ; le verre se fend un peu, on suit ainsi la ligne tracée à l'encre, en plaçant le charbon à quelque distance de l'extrémité de la fente, et dans la direction qu'on veut lui faire reprendre, si toutefois elle s'en écartait. On égalise ensuite les bords sur un grès. — Pour couper le verre, on peut employer de petits cylindres formés avec de la poudre de charbon et de l'eau gommée. On se sert aussi de baguettes de bois, bouillies dans une solution d'azotate de plomb. Elles brûlent vivement lorsqu'elles sont sèches.

Les verres de montres peuvent servir de capsules, mais il ne faut les chauffer qu'au bain-marie, car ils se brisent facilement.

Les capsules peuvent se faire aussi avec de l'argile en opérant comme pour les creusets moulés par la pression. Une bille peut servir d'abord pour faire un moule en plâtre, et ensuite pour tasser dans le moule l'argile en pâte.—De petites capsules allongées en forme de *nacelle*, en porcelaine, argile ou métal, sont très-utiles pour être placées dans les tubes, pour certaines opérations. On les fait sécher, puis cuire un peu, et ensuite pour les vernir, on les plonge rapidement dans une solution de borax, on fait sécher, puis rougir. On peut aussi les vernir au peroxyde de manganèse.

On peut fabriquer des tubes d'argile en moulant de la pâte à creuset sur un tube de verre, ou en coupant des bandes de pâte aplatie en feuille entre deux papiers, et en soudant les bords humectés. — On peut aussi tailler dans la feuille d'argile des lames pointues et d'autres légèrement creusées, en appuyant avec le doigt. Elles servent à fondre de petites quantités de matière à la flamme du chalumeau.

Les petits ustensiles de cuisine des jouets d'enfants forment des capsules très-convenables pour divers usages. On peut faire aussi des capsules de métal en forgeant, à froid ou à chaud, suivant les cas, avec le marteau, des lames de platine, d'argent, de cuivre, de plomb, de tôle, etc. Il vaut mieux les disposer en forme de cuillères. Celles en fer sont nécessaires pour certaines opérations. Les capsules de plomb ont l'avantage d'être peu fragiles; mais il faut éviter d'y évaporer à sec, car elles sont très-fusibles. On peut y faire beaucoup d'évaporations; elles ne sont guère attaquées que par les alcalis caustiques, ainsi que par les acides azotique et acétique. Il faut éviter d'y mettre des dissolutions métalliques qui sont précipitées par le plomb, comme celles de mercure et d'argent. — Au besoin, on peut faire des capsules en papier, qui peuvent servir à chauffer l'eau et divers liquides. — Les capsules servent pour évaporer, dissoudre, cristalliser, dessécher, etc. Lorsqu'on opère un peu en grand, on peut, le plus souvent, se servir des ustensiles de ménage, chaudières, casseroles, tasses, etc.

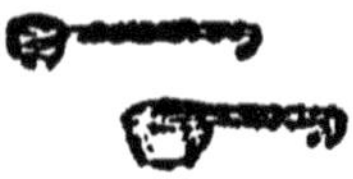

Tubes de verres. Employés très-fréquemment, surtout pour les appareils à gaz. Les plus utiles, dans ce cas, sont ceux en verre blanc, un peu épais, de 4 à 6 millim. de diamètre intérieur, et bien réguliers. Les tubes ordinaires se coupent facilement. Avec une lime ou un silex, on fait un trait, puis on tire de chaque côté, comme si on voulait plier, et le tube se sépare. On peut l'envelopper dans un linge, afin d'éviter les éclats. Pour couper les tubes gros ou épais, on fait une entaille plus profonde, et on y applique un charbon allumé, qui détermine la rupture. — On peut aussi employer une ficelle, qu'on fixe d'un bout à la muraille et de l'autre à la cuisse ; on fait un trait sur le tube, on enroule la ficelle autour, et quand elle est bien tendue, on fait avancer et reculer alternativement. Pour que la ficelle ne s'éloigne pas du point fixé, on peut attacher deux bandes de cuir autour du tube. Lorsque le tube est échauffé, on le mouille avec une goutte d'eau pour déterminer la rupture. Le même moyen peut s'employer pour couper les goulots, et même pour séparer les flacons par le milieu. Il est bon d'émousser les bords sur un grès ou à la lampe. On peut aussi scier le verre avec de l'émeri mouillé et une lame d'acier.— Pour couper les gros tubes, cloches, éprouvettes. On les emplit d'huile jusqu'un peu au-dessous de l'endroit où on veut couper ; puis on y plonge de 5 à 6 millim. un barreau de fer chauffé à blanc; on entend au bout d'un instant le bruit de la rupture, et on retire l'huile lorsqu'elle est refroidie.— Les tubes chauffés au rouge sombre peuvent se couper avec des ciseaux.

Les tubes ordinaires, de 4 à 8 millim. de diamètre, peuvent se courber facilement en les chauffant au rouge sombre, avec la lampe à alcool ordinaire. Pour les gros tubes, on emploie le chalumeau ou la lampe d'émailleur. Le tube doit être chauffé également dans tout son contour, à l'endroit où on veut effectuer la courbure, et un peu au-delà. Lorsque le verre est ramolli, ce qu'on sent en appuyant doucement sur les deux branches, on commence à le courber un peu, puis on déplace légèrement le centre chauffé, et on courbe encore, de manière à contourner en arc de cercle. Si la courbure était trop brusque, le verre, en se repliant, formerait un bourrelet et se briserait facilement. Les gros tubes ont une courbure plus régulière, lorsqu'on y tasse du sable très-fin, bien sec ; mais alors, il faut une plus forte chaleur, et on peut employer les fourneaux. — Il est prudent de noircir à la flamme d'une chandelle les gros tubes et de les laisser refroidir lentement. — En courbant les tubes, il faut avoir soin de maintenir les branches dans le même plan, ou de les y ramener, afin qu'il puissent être posés à plat sur une table.

Pour faire les tubes fermés, on chauffe, en tournant le tube constamment dans la flamme ; puis on tire à chaque extrémité ; le verre amolli diminue de diamètre, et finit par se séparer. On continue de chauffer, pour rassembler le verre, qui s'arrondit lorsqu'on souffle par l'extrémité ouverte. — Pour fermer des tubes séparés, on en chauffe deux en même temps, à une extrémité; on les soude ensemble, puis on peut opérer comme précédemment. On peut encore fermer un tube en rapprochant, avec des pinces, les bords amollis.

Pour faire les pipettes, on chauffe un tube, et lorsqu'il est amolli, on retire de la flamme et on allonge vivement, dans le sens de sa longueur ; il se produit un étranglement ; lorsqu'il est froid, on le brise, et on obtient ainsi deux pipettes.

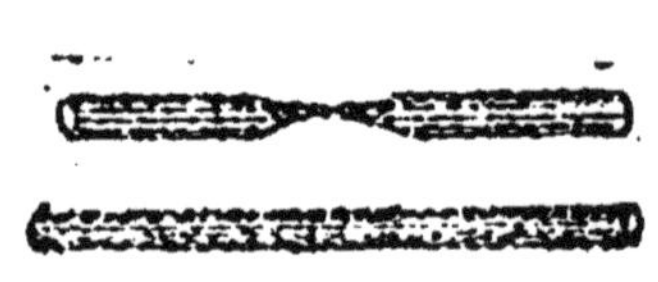

Si on veut faire une boule dans un tube, on le

ferme d'un bout avec un bouchon ; on chauffe, en comprimant les extrémités, pour rassembler un peu de verre, puis on souffle avec précaution, et le verre se gonfle à l'endroit amolli. Si le tube est fort et épais, on ne rassemble pas le verre, on le chauffe, on souffle la boule, puis on étire le verre de chaque côté. Une boule coupée en deux peut faire deux petits entonnoirs. — L'ouverture du tube est évasée en chauffant les bords, et en y introduisant un cône de charbon. On peut faire un bec en appuyant sur le verre amolli une tige de fer un peu chaude, qui peut servir aussi à égaliser l'ouverture.

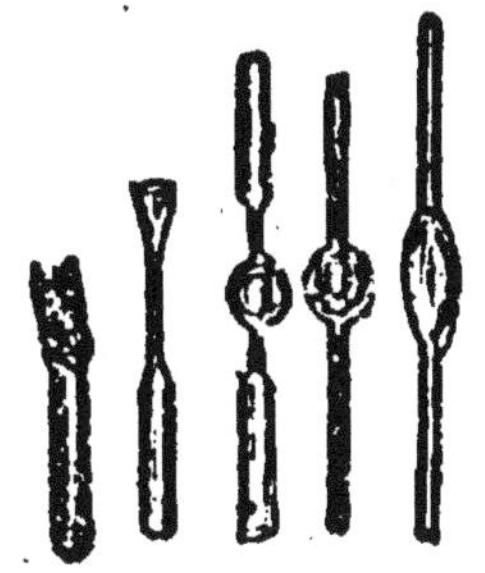

Pour faire les petits ballons, matras, fioles, ampoules, etc., on rassemble du verre à l'extrémité fermée, et lorsqu'il est assez amolli, on souffle, en tournant le tube, jusqu'à ce qu'on ait obtenu la grosseur et la forme convenables. Il faut laisser au verre une certaine épaisseur, pour éviter les ruptures.

Lorsqu'on veut souder deux tubes par l'extrémité, s'ils ne sont pas de diamètre égal, on étire le plus gros, puis on le coupe dans la partie égale au plus petit, on chauffe les deux extrémités, on les rapproche, et le bourrelet de la jonction disparaît en chauffant. Pour souder un tube au milieu d'un autre, on chauffe ce point au chalumeau, puis, sur la surface ramollie, on applique une baguette de verre chaude ; on attire ainsi une portion du tube, et on souffle pour l'ouvrir ; on termine alors comme précédemment. Pour souder, percer, souffler, évaser les tubes, il faut chauffer au rouge blanc.

Certaines opérations chimiques nécessitent une forte chaleur, qui ferait fondre, ou tout au moins qui déformerait les tubes en verre ordinaire. Pour obvier à cet inconvénient, on peut les supporter sur une lame de tôle courbée en gouttière, ou les envelopper d'une bande de laiton, qu'on fixe avec du fil métallique. On donne de la résistance aux tubes de verre blanc, en les entourant d'un lut d'argile ; mais il ne faut les soumettre à la chaleur que lorsque le lut est bien sec. On emploie aussi des tubes de verre vert, peu fusible, des tubes en argile, grès, porcelaine, métal. Lorsqu'on ne veut chauffer qu'une partie du tube, on peut isoler le reste au moyen d'un double écran en tôle, qu'on pose à cheval sur le tube.

L'ébullition, la distillation, la sublimation, la préparation des gaz, le grillage, la calcination, et parfois la fusion, peuvent être opérées dans des tubes de verre. Pour chauffer les petits tubes, on les tient avec des pinces en bois, ou des ciseaux aux pointes desquels on a placé des bouchons entaillés. On peut aussi employer un fil de fer contourné en anneau, dont on fixe les extrémités dans un bouchon, ou simplement une bande de papier repliée plusieurs fois, et dont les extrémités sont tortillées pour former une sorte de manche. On nettoie intérieurement les tubes avec une tige de fer sur laquelle on enroule du papier à filtre, du chiffon ou de la filasse.

Tubes de caoutchouc et autres. On peut faire des tubes avec des bandes minces de caoutchouc. On amollit à une légère chaleur, puis on enroule la bande sur un tube de verre ou une baguette, on rapproche les bords et on les coupe avec des ciseaux bien propres. En réunissant alors les deux parties coupées, mais sans toucher à la coupure avec les doigts, elles se soudent aussitôt. Les petits tubes de caoutchouc servent à réunir des tubes de verre ; il faut toujours forcer un peu pour les introduire, et il est bon de les assujétir par un tour de fil métallique, ou un nœud de fil ciré.

On trouve dans le commerce des tubes en caoutchouc sulfuré, dit *vulcanisé*. La température a bien moins d'influence sur leur élasticité, mais la présence du soufre peut nuire dans certaines opérations. Pour les désulfurer, on les fait bouillir dans une dissolution de potasse, on lave à grand eau, puis on laisse digérer 24 heures dans de l'eau aiguisée d'acide acétique, et ensuite on lave à l'eau.

On peut aussi faire des tubes avec de la toile sur laquelle on étend une dissolution de caoutchouc. — Faute de mieux, on enroule sur une baguette des bandes de papier ou de toile enduites de colle ou de dextrine ; on le courbe avec précaution, puis on les enduit de cire, d'huile ou de gutta-percha, pour les rendre imperméables. — On se sert parfois de tubes d'étain pour la distillation, et de plomb pour les appareils à gaz. Ils ont l'avantage de se courber facilement et d'être peu fragiles.

Siphon. Sorte de tube courbé, ouvert des deux bouts, et ayant une branche plus courte que l'autre. On s'en sert pour enlever le liquide des grands vases, et pour la décantation. Il suffit de plonger la branche courte dans le liquide à transvaser, puis d'aspirer par l'autre extrémité, et l'écoulement se produit jusqu'à ce que l'ouverture supérieure soit à découvert. Beaucoup de liquides ne doivent pas être aspirés ainsi ; plusieurs même ne doivent pas être touchés avec les doigts.

On adapte alors à la longue branche un tube de caoutchouc ; on aspire avec précaution, et aussitôt que le liquide a dépassé le niveau du vase, après avoir passé la courbure, on cesse d'aspirer, et l'écoulement continue, lorsqu'on laisse retomber le caoutchouc. Du reste, lorsque la grande branche est assez longue, il suffit de l'emplir de liquide et de laisser écouler, après avoir mis la petite branche dans le vase.

Bouchons. Outre leur usage ordinaire pour fermer les flacons, les bouchons de liége servent fréquemment à la construction des appareils à gaz et à distillation. Il en faut de différentes grosseurs, mais ils doivent tous être unis et bien nets, car c'est souvent des bouchons que dépend la réussite des opérations. Pour leur donner plus d'élasticité, on les amollit en les frappant légèrement, ou en les pressant en divers sens au moyen d'un petit instrument formé de deux morceaux de bois réunis par une charnière. — Pour les appareils à gaz, il faut apporter le plus grand soin à tailler les bouchons et à les percer. On les coupe avec un couteau à lame mince et bien tranchante ; on peut terminer à la râpe ou à la lime, mais il vaut mieux opérer complètement au couteau, qui donne une surface lisse et nette. Les bouchons taillés en cône peuvent s'adapter à différentes ouvertures. — On les perce avec un poinçon, en posant le bouchon d'aplomb sur une table, et on élargit le trou avec une lime ronde, dite *queue de rat*. — On peut aussi percer les bouchons avec un fer rouge ; mais cette méthode donne souvent de mauvais résultats. Les tubes doivent entrer avec quelque difficulté, et après avoir été frottés avec du savon ou de l'empois, qui sert aussi à luter l'appareil. — On fait en caoutchouc des bouchons percés, que leur élasticité rend faciles à ajuster aux tubes et flacons.

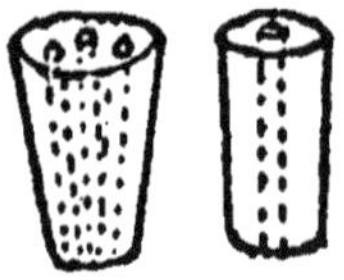

Le liége étant attaqué par divers liquides corrosifs, on emploie souvent des bouchons en verre. Pour ajuster un bouchon de ce genre à un flacon, on l'enduit d'un mélange d'émeri fin et d'huile ; on l'applique au goulot, et on tourne jusqu'à ce que les deux parties s'adaptent parfaitement, puis on lave et on essuie. — Il arrive souvent qu'un flacon bouché à l'émeri résiste aux efforts pour le déboucher ; on chauffe alors un peu brusquement le col en le tournant au-dessus de la flamme. Le bouchon s'enlève facilement, avant qu'il soit échauffé lui-même. On peut aussi mettre un peu d'huile dans la rainure ; elle s'infiltre peu à peu, et le bouchon peut ensuite se détacher. On évite l'adhérence des bouchons en les graissant un peu. — On peut remplacer souvent les bouchons à émeri par des bouchons en liége, enduits à chaud de cire, de paraffine, ou de caoutchouc fondu, ce qui les rend inattaquables par les liquides caustiques. On peut aussi faire des bouchons moulés en gutta-percha, en caoutchouc et en soufre. — Les flacons et tubes peuvent quelquefois être bouchés avec une bille ou une plaque de verre enduites de cire.

Supports. On trouve dans le commerce des appareils en cuivre à coulisse qui servent pour les opérations chimiques. On peut les remplacer de diverses manières. On fixe dans une planche une tige de gros fil de fer ou une baguette de bois dur ; puis on y adapte des supports en fil de fer assez fort, terminés en spirale. On élève ou on abaisse, en faisant glisser le long de la tige. On peut encore contourner un fil de fer en cercle, le tordre, puis écarter les deux branches, les faire traverser de chaque côté d'un bouchon percé au milieu, ensuite les tordre encore pour les réunir. On peut aussi introduire à glissement une baguette garnie de filasse dans un tube de verre, de sureau ou de roseau ; elle peut ainsi s'élever et s'abaisser à frottement.

On fait des supports fixes, avec trois morceaux de fil de fer, dont les branches tortillées deux à deux sont ensuite recourbées pour former un trépied. Si le centre est trop grand pour y placer le vase à chauffer, on le met sur un triangle fait aussi avec du fil de fer contourné. On fait des triangles qui peuvent s'agrandir et se diminuer à volonté, avec des fils de fer d'égale longueur, dont un bout est contourné en anneau. Chaque extrémité droite s'introduit dans la partie contournée et peut s'y enfoncer plus ou moins. Les fils de fer minces se déforment à la chaleur; lorsqu'on doit agir à une température un peu élevée, on prend trois morceaux de tuyau de pipe d'égale longueur, on les use en biseau sur un grès, puis on les enfile dans un fil de fer recuit, et on les réunit en tortillant les deux bouts.

Pinces. Lorsqu'on veut saisir les objets, surtout lorsqu'ils sont chauds, on emploie des pinces de diverses natures. On peut en faire avec du fil de fer non recuit, proportionné à la force qu'on veut leur donner. Pour les essais au chalumeau, on peut adapter au bout des pinces deux fils de platine un peu forts, dont l'extrémité est applatie au marteau, de manière que les deux branches se joignent exactement. On les fixe avec un fil métallique fin. Avec des lames métalliques, on peut faire des pinces d'un bon usage. On découpe une bande de métal, puis on la recourbe en laissant une certaine élasticité aux deux branches. — On fait aussi une sorte de pince en bois, avec une charnière en cuir; on y pratique

3.

des rainures pour prendre les cols des ballons, des cornues, ainsi que des tubes.

Spatules Servent à différentes opérations, mais principalement pour malaxer les pâtes. On en fait en métal, en bois dur, ou mieux en os. On les façonne au couteau, à la râpe ou à la meule, puis on polit en râclant avec une lame de verre. Pour mélanger les substances pulvérisées et pour les introduire dans les vases, on emploie les *mains*, faites d'une feuille de métal courbée et arrondie. On se sert aussi de cartes bien lisses et de papier glacé, coupé et non déchiré.

Réfrigérants. Le froid est souvent employé dans les opérations. On l'obtient par le mélange de diverses substances. — Il est utile d'opérer dans un endroit aussi froid que possible, sur des matières déjà refroidies. On peut obtenir une très-basse température en opérant par graduation. Ainsi, 1 p. sel marin et 3 p. neige abaissent la température de 0° à — 20° ; 3 p. chlorure de calcium cristallisé et 2 p. neige, de — 20° à — 55° ; 1 p. acide sulfurique faible et 1 p. neige, de — 55° à — 68°.

On peut aussi disposer trois vases, les uns dans les autres, et mettre dans chaque vase un réfrigérant différent, par exemple les trois que nous venons d'indiquer, en mettant le premier dans le vase extérieur. Si on refroidit de l'alcool, on peut y plonger les tubes ou les vases contenant les substances qu'on veut solidifier. — 2 p. glace pilée et 1 p. sel marin produisent un abaissement de 35°. Ainsi, si on a opéré à + 15°, on obtient — 23°. 4 p. chlorure de calcium pulvérisé et 3 p. neige, abaissent la température de 50°. L'alcool mélangé à la neige, abaisse de 37°, la neige et l'acide azotique de 26°.

Lorsqu'on n'a pas de neige ou de glace, on peut mélanger 8 p. de sulfate de soude avec 5 p. acide chlorhydrique, qui abaissent de 27° ; parties égales de chlorure de calcium et de sel marin, qui refroidissent de 40°. Si donc on a opéré à + 15°, on arrive à — 25°. Mais le moyen le plus économique est de mélanger 8 p. azotate d'ammoniaque et 6 p. eau, qui produisent un abaissement de 25°. La dissolution étant évaporée, le sel peut être employé pour reproduire l'opération indéfiniment. 5 p. de sel produisent 1 p. de glace.

Réactifs. Substances qui servent à reconnaître, isoler ou composer les corps. Le plus souvent ce sont des acides, des alcalis et des sels, qu'on emploie généralement en dissolution saturée dans l'eau distillée, c'est-à-dire qu'on fait dissoudre le corps jusqu'à ce que l'eau n'en dissolve plus. Pour maintenir le liquide à l'état de saturation, on met parfois un excès du corps dans le flacon. Certains réactifs gazeux sont aussi employés à l'état de dissolution dans l'eau, mais, à part l'acide chlorhydrique et l'ammoniaque, il est préférable de les employer à l'état gazeux, c'est-à-dire qu'on les prépare au moment de s'en servir. On peut conserver dans de petits tubes spéciaux les substances destinées à produire les gaz ; on les chauffe quand on en a besoin, et lorsqu'on a assez de gaz, on laisse refroidir, puis on bouche le petit tube avec de la cire molle. — Lorsqu'on ne prépare pas soi-même les réactifs, il est bon de s'assurer de la pureté de ceux qu'on trouve dans le commerce, car c'est souvent une condition essentielle de la réussite des opérations. — L'eau distillée est d'un usage continuel ; elle peut cependant être souvent remplacée par de l'eau de pluie filtrée.

Pour reconnaître si les substances sont neutres, acides ou alcalines, on emploie le *tournesol*, qu'on trouve dans le commerce à l'état de petits pains. On en fait bouillir une p. pulvérisée dans 8 p. eau ;

on laisse reposer, on décante, et on obtient ainsi un liquide bleu, qu'on peut conserver en flacon avec un peu d'alcool. — Si à cette liqueur on ajoute une très-petite quantité de vinaigre, on obtient la teinture rouge de tournesol. La teinture bleue est plus sensible, lorsqu'on la mélange par moitié avec de la teinture rouge. On obtient ainsi une teinte indécise, qu'une faible quantité d'acide fait virer au rouge. — La teinture de *chou rouge* peut remplacer le tournesol. On la prépare en faisant infuser du chou dans de l'eau bouillante, un peu acidulée avec de l'acide sulfurique. Cette teinture neutre est bleue, elle est rougie par les acides et verdie par les acalis. Le sirop de violette produit des effets semblables. Le suc extrait de certains pétales de fleurs rouges et bleues se comporte d'une manière analogue; tels sont le coquelicot, la pivoine. La teinture de campêche est rougie par les acides et devient violette par les alcalis. La teinture de fernambouc est rougie par les alcalis, jaunie par les acides. La teinture jaune de curcuma est rougie par les acides, etc.

La teinture peut être versée dans le liquide à essayer ; mais, le plus souvent, on emploie du papier réactif. On trempe dans la teinture de tournesol des bandes de bon papier blanc, et on les suspend pour les faire sécher. On les découpe ensuite en petites lanières d'un ou deux centimètres, et on les conserve à l'abri de l'air et de la lumière. — Ces bandes, trempées dans la liqueur à essayer, rougissent, si elles sont bleues, au contact des acides, bleuissent par les alcalis, si elles sont rouges, et ne subissent pas de changements avec les corps neutres. Lorsqu'on les met au contact de gaz ou de vapeurs, il faut les mouiller un peu avec de l'eau distillée. — Nous préparons notre papier de tournesol de façon qu'il indique immédiatement la réaction acide, alcaline ou neutre. Pour cela, on trempe un pinceau dans de l'eau vinaigrée très-faiblement, et on trace des bandes parallèles sur du papier bleu de tournesol. On en coupe ensuite des rubans moitié rouges et moitié bleus, dans le sens de leur longueur.— On peut préparer des papiers imprégnés d'empois, pour reconnaître l'iode; d'acétate de plomb, pour l'acide sulfhydrique ; d'indigo, pour le chlore et l'acide azotique, etc.

Lorsqu'on veut soumettre un liquide à l'action de plusieurs réactifs, il faut le diviser en autant de parties, qu'on verse ordinairement dans des verres ; on ajoute ensuite au liquide de chaque verre un réactif différent. Cette méthode emploie beaucoup de vases, de temps et de substances. On peut opérer autrement, d'une manière prompte et économique. Avec une baguette de verre, on dépose quelques gouttes du liquide à essayer sur divers points d'un morceau de vitre ; puis, dans chaque goutte, on pose un peu du réactif, et on examine, par transparence, l'effet produit. On peut aussi réunir des gouttes de liquide à l'extrémité de deux baguettes de verre, ainsi que nous l'avons déjà dit. — Autre moyen : on noircit, à la flamme d'une chandelle, un petit godet en porcelaine ; lorsqu'il est froid, on y met une goutte de dissolution à essayer, puis une goutte du réactif ; les deux liquides se rassemblent en boule, et on peut y remarquer la précipitation, la coloration, la dissolution, la cristallisation, etc. L'opération faite, on jette la goutte, et on peut recommencer, le godet n'étant pas mouillé. Par ce procédé, on ne peut employer les acides, l'alcool, l'éther, etc., qui mouillent le noir de fumée.

Les réactifs, surtout les acides et les alcalis, sont ordinairement enfermés dans des flacons bouchés à l'émeri. Nous avons vu (p. 56) comment on peut les remplacer. — Lorsqu'on a la précaution de mettre un peu de suif au bord du goulot, le liquide ne se répand pas contre les parois. On peut agir de même pour les verres, burettes, etc. Cette précaution est nécessaire pour éviter des insuccès dans certaines opérations.

Les collections de réactifs sont ordinairement formées de séries de flacons rangés sur des étagères ; mais lorsqu'on opère en petit, on peut les mettre, pour la plus grande partie, dans des tubes bouchés, qu'on sépare avec des bandes de carton collées ou fixées à chaque extrémité par un liége. On recueille ainsi beaucoup de sels préparés exprès, ou obtenus comme produits secondaires des opérations. Les sels se classent ordinairement d'après la base ; ainsi, on fait des séries de sels de fer, de cuivre, etc. ; mais on peut aussi les ranger, d'après l'acide, en sulfates, azotates, etc.

Distillation. Opération des plus fréquentes, qui consiste à séparer, au moyen de la chaleur, des substances de volatilités différentes. On emploie pour cela différents appareils, composés généralement d'un vase où l'on chauffe la substance, un tube pour conduire les vapeurs, et un récipient où elles se condensent par le refroidissement. Dans les grandes opérations, on emploie un *alambic* qu'on peut imiter en petit. Pour former le *serpentin*, on enroule un tube de plomb ou d'étain sur un bâton ou un objet cylindrique ; on place la spirale obtenue dans un flacon dont on a enlevé le fond, en ajustant une extrémité dans le goulot avec un bouchon percé, et en la faisant arriver à l'extérieur. L'extrémité supérieure du tube, aussi fixée dans un bouchon, s'adapte au col d'un ballon, dans lequel on fait chauffer le liquide. On met de l'eau

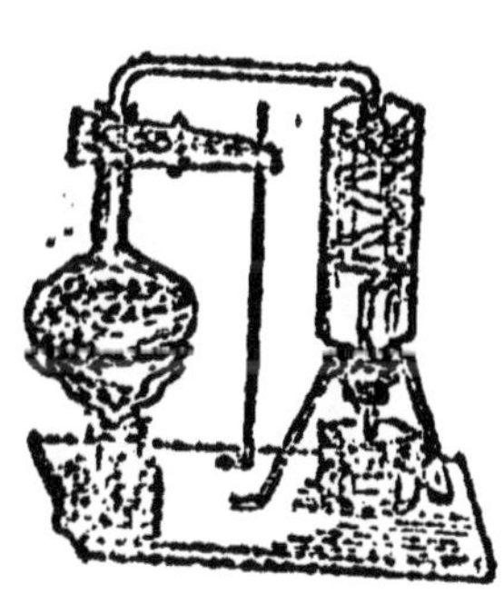

froide pour entourer le serpentin, et on la renouvelle lorsqu'elle vient à s'échauffer. Le liquide distillé est reçu au-dessous du réfrigérant. — On fait des appareils plus simples avec des tubes de verre.

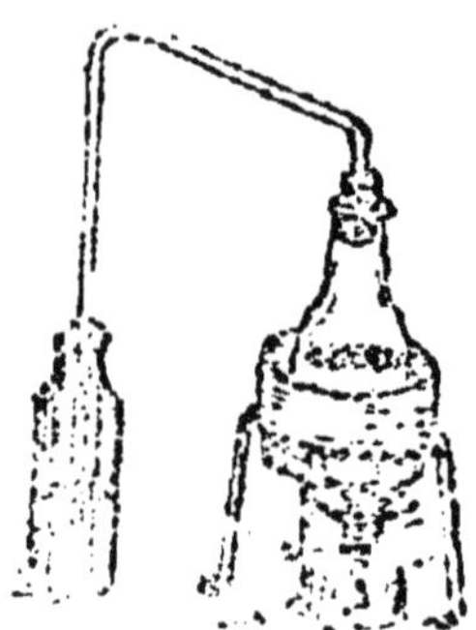

Si le tube conducteur n'est pas assez long, on le refroidit avec un linge mouillé ou dans un récipient entouré d'eau froide. — On peut construire encore des appareils distillatoires de diverses manières. Lorsque le tube est assez long, il est inutile d'employer de réfrigérant. — Pour distiller de l'eau, et certains autres liquides, on chauffe

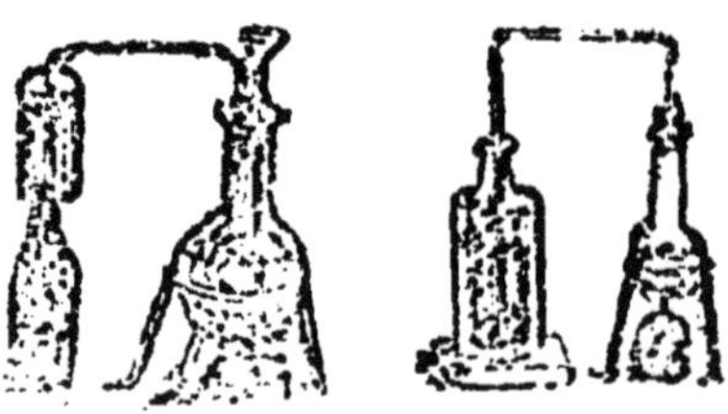

directement le vase, mais pour différents corps, il faut employer le bain-marie ou le bain de sable.

On peut obtenir par distillation plusieurs substances dans une même opération, par exemple, de l'eau-de-vie et de l'alcool, en se servant de deux vases récepteurs, dont le dernier peut être entouré

d'un réfrigérant ; cela évite la *rectification*, c'est-à-dire la distillation à nouveau d'un liquide déjà distillé.

On peut opérer en petit avec des tubes ajustés dans le genre des appareils précédents. On se met à l'abri de toute rupture avec l'appareil ci-après.

Le récipient de condensation est refroidi au centre, il est ouvert à l'extrémité et le liquide condensé peut être extrait en penchant l'appareil, ou bien au moyen d'une pipette. Pour recueillir les essences, on se sert *du récipient florentin* que nous avons simplifié pour opérer en petit, comme nous l'indiquerons. — On distille les métaux avec une cornue ou dans un creuset percé traversé d'un tube. On nomme ce dernier mode distillation *per decensum.*

Sublimation. Certains corps volatils, chauffés, se réduisent en vapeurs, qui viennent se condenser sur les parois d'un vase. C'est ce qu'on nomme la *sublimation*, sorte de distillation sèche, dont les produits s'obtiennent à l'état solide. On prépare ainsi certains sels d'ammoniaque et de mercure, l'arsenic, l'iode, le camphre, etc. On peut employer à cet usage divers appareils. Le corps étant placé dans le vase à chauffer, on le recouvre, suivant les cas, d'un cône en papier ou en carton, d'un creuset, etc. On peut aussi recouvrir le vase chauffé d'un autre plus large, qu'on remplit d'eau froide ; on la remplace à mesure qu'elle s'échauffe. Après l'opération, on détache le sublimé. Il ne faut pas que les vases soient fermés hermétiquement : c'est pour cela qu'on reçoit quelquefois le sublimé contre les parois d'un entonnoir refroidi, qui recouvre le vase chauffé. On peut aussi opérer la sublimation dans des tubes ouverts d'un bout ou des deux, et placés dans différentes positions.

Gaz. La préparation des gaz s'opère par diverses méthodes. On emploie, comme vases de dégаgement, des cornues, ballons, fioles, tubes, et le gaz est conduit au moyen d'un tube dans un récipient placé sur l'eau, le mercure, ou à sec. — Les tubes conducteurs ont différentes courbures. Ils sont fixés, au moyen d'un bouchon, sur le vase de dégagement, après qu'on y a introduit les substances destinées à produire le gaz. — On peut étudier plusieurs gaz à l'instant de leur dégagement, et sans les recueillir. On remarque ainsi s'ils sont colorés, odorants, inflammables, comburants, etc. — Les gaz plus légers que l'air, comme l'hydrogène, l'ammoniaque, peuvent être reçus à sec dans un flacon vide dont l'ouverture est tournée en bas. Les gaz plus lourds que l'air, au contraire, doivent être reçus dans des vases vides placés l'ouverture en haut. On peut obtenir ainsi le chlore, l'acide iodhydrique, l'iode en vapeur, l'acide fluoborique, l'acide sulfureux, le cyanogène, le protoxyde d'azote, l'acide carbonique, l'acide chlorhydrique, etc. Le tube de dégagement doit toujours arriver près du fond du vase; il en chasse l'air, qui s'échappe par le goulot.

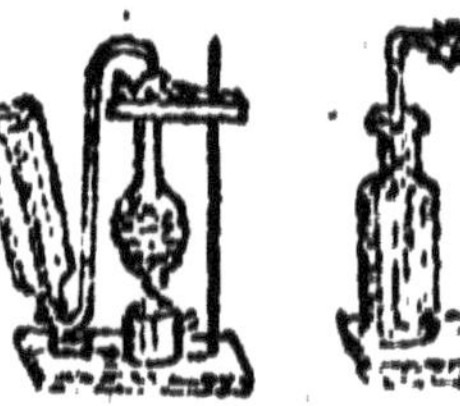

Le plus souvent, les gaz sont reçus sur l'eau ou le mercure, par le moyen d'une cuve. On peut disposer une caisse en bois, où on adapte une planchette percée de trous. Pour rendre cette cuve bien imperméable, on l'enduit à chaud avec un mastic composé de 4 p. brique pulvérisée, 3 p. résine et 1 p. cire. — On emploie souvent une terrine avec une planchette, ou mieux, une ardoise percée de trous, plongée sous l'eau, à 3 ou 4 centimètres, où on fait arriver l'extrémité d'un tube de dégagement. On peut aussi employer un *têt à gaz*, sorte de capsule percée d'un trou au milieu, avec

une échancrure au bord. — Les *cloches* sont destinées à recueillir les gaz : on peut les remplacer par des verres ordinaires. Les *éprouvettes* sont des vases allongés qui servent au même usage, et aussi pour les liquides. On peut en faire avec des verres de lampe qu'on ferme d'un bouchon mastiqué, et les fixer sur une rondelle de bois, une planchette, ou les coller sur une plaque de verre. Les tubes fermés peuvent s'employer de même. On fixe les petits tubes dans un bouchon percé. On peut employer aussi des fioles, ballons, flacons, etc.

Pour recueillir un gaz, on prend une éprouvette, on l'entre dans l'eau, et on la retourne pleine, de manière que la partie fermée soit hors de l'eau, puis, sans sortir l'ouverture de l'eau, on la place, toujours pleine, au-dessus du tube ouvert. Le gaz qui se dégage gagne la partie supérieure de l'éprouvette et expulse l'eau ; lorsqu'elle est pleine, on la dégage du tube, et on la met, sans sortir de l'eau, un peu plus loin, sur la planchette. On peut aussi transporter le gaz hors de la cuve, en plaçant l'éprouvette sous l'eau, sur une soucoupe, dans laquelle on maintient de l'eau. On tient la soucoupe d'une main et l'éprouvette de l'autre. Si l'éprouvette est trop grande pour être plongée et retournée dans la cuve, on y verse de l'eau jusqu'au bord, on bouche l'ouverture avec la main ou un morceau de papier, puis on la retourne, en plongeant dans la cuve, et on débouche l'ouverture. — Il ne faut recueillir le gaz que lorsque l'air a été expulsé complètement ; pour s'en assurer, on reçoit sous une cloche ou un verre, environ 6 ou 8 fois le volume que peut contenir l'appareil producteur, et on rejette ce gaz, qui est mélangé d'air. — On peut conserver les gaz dans un flacon bien bouché, et plongé dans un verre d'eau.

Les cuves à mercure, basées sur le même principe que celles à eau, sont modifiées ordinairement de manière à employer le moins possible de mercure. Nous nous servons pour cela d'un verre à pied, dans lequel vient aboutir le tube de dégagement qui plonge dans le liquide. On emplit l'éprouvette de mercure, et on la retourne sur l'ouverture du tube, en maintenant le métal avec le doigt ou au moyen d'une petite cuillère. A part le chlore, tous les gaz sont plus purs recueillis sur le mercure que sur l'eau. Pour transvaser un gaz, par exemple si on veut le mélanger avec un autre gaz, ou le faire passer d'un flacon dans un autre, on met de l'eau dans le flacon vide, on le retourne l'ouverture en bas, puis on approche les goulots et on incline peu à peu le flacon, de manière que les bulles de gaz se dégagent et viennent dans le flacon supérieur. Pour plus de facilité, on peut se servir d'un entonnoir. Il est bien entendu que toute l'opération doit se faire sous le liquide.

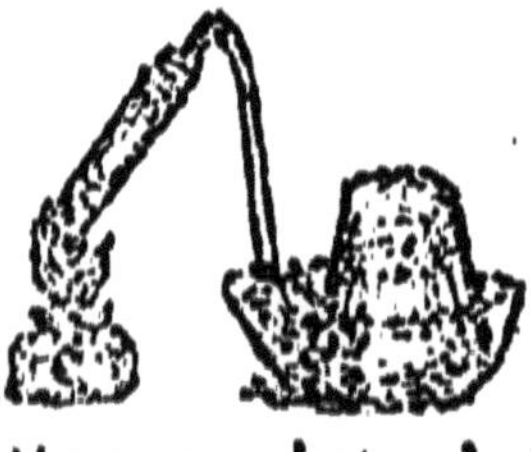

Lorsqu'on opère sur de petites quantités, on peut se servir de tubes courbés ou d'un récipient dans le genre du vase à boire des oiseaux et de l'encrier dit *syphoïde*, qui servent à la fois de cuve et d'éprouvette. On emplit le vase de liquide, on le pose dans une assiette; on introduit l'extrémité du tube de dégagement, de manière que les bulles de gaz viennent se rassembler à la partie supérieure; le liquide s'écoule, mais on en laisse assez pour fermer la tubulure. En plongeant le vase dans l'eau, et en le penchant convenablement, le gaz peut en être extrait suivant les besoins. — On peut produire directement certains gaz dans cet appareil plein de liquide, et on les obtient ainsi sans mélange d'air. — On peut aussi employer pour cela un tube courbé, dont on ferme une ouverture. On emplit du réactif liquide la branche fermée et une partie de celle qui est ouverte, puis on introduit la substance solide dans la courbure, et le gaz vient se rassembler dans la branche fermée, convenablement penchée.

Lorsqu'on veut recueillir du gaz en certaine quantité, on emploie un *gazomètre ;* les appareils coûteux et compliqués qu'on a dans les grands laboratoires peuvent être remplacés par une disposition plus simple. Un grand bocal, avec une tubulure à la base, ou un pot de grès, dans lequel on percerait un trou vers le bas. Le vase est fermé par un bouchon de liége mastiqué à chaud, et dans lequel on fixe un tube court fermé par un bouchon ou un robinet, pour faire sortir le gaz, et un tube long pour introduire de l'eau. L'ouverture inférieure sert à l'introduction du tube de dégagement du gaz et à l'écoulement de l'eau. — On peut faire un robinet avec un tube de plomb percé latéralement, de part en part, dans lequel vient s'adapter un ajutage en plomb ou en bois, percé d'un trou, et graissé, de façon qu'étant fermé, le gaz ne puisse s'échapper. On peut aussi faire une sorte de robinet avec un tube de caoutchouc, fermé avec une pince en bois. (V. p. 14).

Pour se servir de cet appareil, on ferme avec un bouchon la tubulure inférieure D, on ouvre le petit tube R ; on met un entonnoir dans le grand tube E, et on y verse de l'eau, jusqu'à ce que le vase soit plein. Alors, on ferme les deux tubes E et R, on débouche la tubulure D, on y introduit le tube qui amène le gaz, et à mesure qu'il arrive, l'eau s'écoule par le même orifice. Ensuite on retire le tube de dégagement de l'ouverture D, et on la ferme avec un bouchon. Pour faire sortir le gaz, on ouvre le tube R, auquel on peut adapter un tube de caoutchouc pour conduire le gaz dans une éprouvette placée sur une cuve, et on verse de l'eau par le tube E, ce qui détermine la pression.

Les *vessies* qui servent au maniement des gaz doivent être dégraissées avec une dissolution étendue de potasse ; on les retourne, puis on les frotte avec de l'huile ou de la glycérine, pour leur donner de la souplesse. Avant de se servir d'une vessie, il faut la tremper quelque temps dans l'eau, pour l'amollir, et s'assurer, en soufflant dedans, qu'il n'y a aucune fissure, puis on la comprime bien pour faire sortir l'air. La vessie peut être préparée comme nous l'avons déjà dit pour le chalumeau, ou bien on y adapte simplement un tube de verre, on la place au-dessous d'un tube de dégagement, et lorsqu'elle est pleine, on fait un nœud avec une ficelle pour empêcher le gaz de sortir. — On peut aussi l'emplir avec une cloche faite d'un flacon dont on a enlevé le fond, et terminé en haut par un bouchon et un petit tube, sur lequel on adapte le col de la vessie. Il suffit alors d'enfoncer dans l'eau la cloche pleine de gaz, et celui-ci passe dans la vessie. — Le gaz recueilli dans une vessie doit être promptement employé ; car, au bout de quelques heures, l'air extérieur pénètre peu à peu dans le récipient, et une même quantité de gaz s'en échappe. C'est ce qu'on nomme l'*endosmose*. Les vessies peuvent être parfois remplacées par les ballons légers qui servent de jouets aux enfants.

Il est souvent nécessaire de faire arriver un gaz dans un liquide, soit pour le laver, soit pour le

dissoudre. On emploie ordinairement pour cela les appareils dits de *Woolf*, formés de flacons à 2 ou 3 tubulures, communiquant entre eux par des tubes courbés. On peut les remplacer par des flacons fermés de bouchons percés de trous, qui servent à fixer les tubes. Lorsqu'il y a ainsi plusieurs flacons communiquant ensemble, le gaz qui ne se dissout pas dans le premier flacon, le traverse, arrive dans le second, et ainsi de suite. On ajoute souvent un troisième tube qui plonge dans

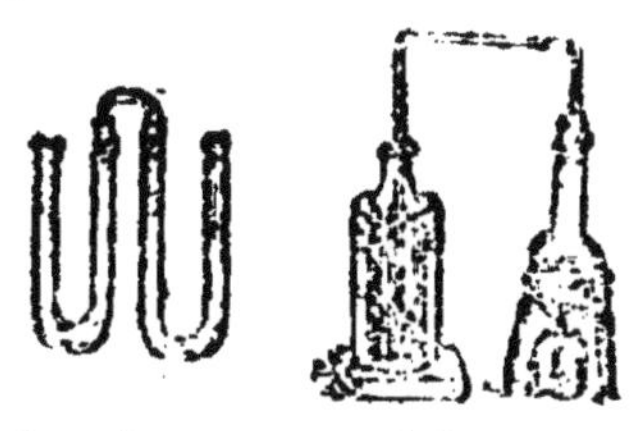

le liquide et communique avec l'air ; il est destiné à éviter l'*absorption*, dont nous parlerons plus loin. — On peut faire un petit appareil de Woolf avec des tubes en U réunis ensemble, ou avec un tube à plusieurs courbures, ouvert des deux bouts. Suivant les cas, on peut n'employer qu'un seul tube, ou même faire arriver directement le gaz dans le dissolvant.

Pour dessécher les gaz, on leur fait traverser un tube droit ou en U, contenant de l'acide sulfurique, ou de la pierre-ponce mouillée d'acide sulfurique. On peut aussi mettre dans les deux branches du tube de la pierre-ponce, qu'on mouille d'un côté avec de l'acide sulfurique, et de l'autre avec de la potasse, en séparant les deux parties avec de l'amiante. On ajoute à chaque branche deux petits tubes dans des bouchons qu'on lute avec de la cire à cacheter, bleue du côté de la potasse, et rouge du côté de l'acide, afin de pouvoir les reconnaître. La pierre-ponce doit être purifiée en la faisant macérer quelques heures dans l'acide sulfurique, puis chauffée au rouge dans un creuset. On l'emploie en menus fragments, mais sans poussière. Le coke peut souvent remplacer la pierre-ponce.

On a pu liquéfier tous les gaz, et les solidifier presque tous, en opérant par le froid et la pression. On peut faire certaines expériences de ce genre avec un appareil très-simple. C'est un tube épais, courbé et fermé aux deux extrémités, après qu'on y a introduit les substances destinées à produire le gaz. On chauffe, s'il y a lieu, la substance, comme, par exemple, pour le protoxyde d'azote, et le gaz vient s'y condenser à l'extrémité opposée, qui est plongée dans un réfrigérant. — Quelquefois, il suffit de recevoir le gaz dans un récipient refroidi. C'est ainsi qu'on liquéfie l'acide sulfureux. — On peut aussi opérer par progression. En adaptant à la tuyère d'un soufflet un appendice percé de trous, comme la pomme d'un arrosoir, l'air très-divisé qu'on dirige par ces ouvertures sur de l'éther le fait promptement évaporer, et peut produire un froid de — 34°, qui liquéfie de suite l'acide sulfureux. Celui-ci, évaporé par le même moyen, produit un froid de — 50°, qui peut liquéfier l'ammoniaque gazeuse. En évaporant ce liquide par le même procédé, on obtient un froid de — 65°, qui liquéfie l'acide carbonique, lequel étant vaporisé de même produit un froid de — 87°. On arrive ainsi à des températures très-basses, sans glace et sans pression.

Absorption. Dans la préparation des gaz, il arrive assez fréquemment, par des causes diverses, que le liquide, dans lequel plonge le tube conducteur, remonte, pénètre dans le ballon, et occasionne sa rupture ; c'est ce qu'on nomme l'*absorption*. Cela arrive notamment lorsqu'on diminue la chaleur du vase de dégagement, lorsque le gaz ne se dégage plus, lorsque la vapeur d'eau se condense, ou quand le gaz est très-soluble. La pression de l'atmosphère fait alors pénétrer l'eau dans le tube. On n'a pas à craindre cet inconvénient lorsqu'on recueille les gaz à sec. — Il y a encore un autre danger à craindre, c'est que le tube conducteur, se trouvant obstrué par une cause quelconque, le gaz ou la vapeur continuant à se développer dans le vase de dégagement, s'il ne trouvait pas d'issue, ferait éclater l'appareil. Le danger cesse si on peut à temps déboucher l'appareil producteur, mais cela est rarement facile ; c'est pour obvier à cela qu'on emploie les *tubes de sûreté*. Le plus simple consiste à

adapter dans le bouchon du vase producteur, outre le tube conducteur, un tube droit qui plonge dans le liquide, et qui permet d'en introduire au besoin dans le vase. Lorsque ce tube est contourné en S, on peut y maintenir un peu de liquide qui ferme le vase sous la pression ordinaire. On peut remplacer cet appareil avec un fragment de gros tube, auquel on applique à chaque ouverture, un bouchon ciré ou mastiqué, traversés chacun par un tube ordinaire prolongé des deux côtés à l'intérieur. Lorsque l'appareil va fonctionner, on y introduit un peu d'eau, de mercure ou du liquide contenu dans le ballon, pour clore l'ouverture. — Le tube conducteur peut aussi être formé de deux pièces rassemblées par un tube de caoutchouc. Si l'eau venait à monter dans le tube, on empêcherait l'absorption en séparant les tubes. On peut aussi réunir les tubes de verre avec un tube de plomb, dans lequel on perce un petit trou qu'on bouche avec une cheville de bois. Si l'eau monte dans le tube, il n'y a qu'à retirer la cheville, le liquide retombera aussitôt. On pourrait aussi employer ce moyen avec les tubes de verre.

Luts. Enduits de diverses natures, qui servent à fermer hermétiquement les jointures des appareils, principalement dans la préparation des gaz. On les emploie aussi pour entourer les vases de verre, ce qui leur permet de mieux résister à l'action de la chaleur. Il faut s'en passer toutes les fois qu'on le peut ; mais il ne faut pas oublier que la condition essentielle de certaines opérations est une fermeture exacte, et que, le plus souvent, elle ne se fait complètement qu'au moyen de luts ou mastics. On peut employer pour cela un grand nombre de matières, mais il faut les choisir selon l'usage auquel elles sont destinées.

Pour résister à l'action de la chaleur, on peut employer de l'argile délayée, ou un mélange d'une p. d'argile de potier, délayée dans un peu d'eau, avec 3 à 4 p. sable. On y ajoute du crottin de cheval, pour le rendre plus adhérent. Pour enduire de lut les ballons ou cornues de verre, on peut les plonger à diverses reprises dans la pâte liquide, ou l'appliquer au moyen d'un pinceau, ou encore poser le lut en plaques épaisses, avec la main. — Plâtre gâché avec une dissolution de colle. — Mélange de colle, d'eau et de chaux récemment éteinte. — Argile sèche pétrie avec de l'huile cuite. — Limaille de fer, argile et solution de gomme arabique.

Pour résister à l'action des acides, on peut employer la paraffine, le caoutchouc fondu. — Mélange de cire jaune et d'essence de térébenthine. — Farine de lin et colle-forte.

Pour fermer les jointures hermétiquement, du papier buvard, mélangé avec de l'eau, de la farine de seigle et de l'argile. — 5 p. colle-forte, 5 p. eau, 1 p. acide azotique. — Mélange de minium et de céruse broyée à l'huile.

Pour faire adhérer certains appareils et les racommoder, on emploie le *lut d'âne*, formé de blanc d'œuf et de chaux récemment éteinte. On y ajoute quelquefois de la colle et de l'argile. — Nous mentionnerons encore l'argile sèche, mélangée avec l'huile de lin, qui résiste aux acides et à la chaleur. — Le mastic des vitriers, la colle d'amidon, la colle-forte, la dissolution de gutta-percha, etc. — On applique avec le doigt, un couteau, une pointe, suivant les cas, le lut destiné à fermer les appareils. On peut le maintenir avec des bandes de vessie mouillées, de toile ou de papier enduites de colle. Les bandes collées suffisent très-souvent.

Mastics. Sortes de luts qu'on emploie ordinairement à chaud, et qui durcissent par le refroidissement. On les emploie à divers usages. — Pour coller du métal sur de l'argile, on fait fondre 5 p. résine 1 p. cire jaune, et on y mélange 1 p. ocre rouge, en remuant jusqu'au refroidissement.

Pour les vases en fer, on mélange 1 p. fleur de soufre, 1 p. sel ammoniac et 20 p. limaille de fer, avec un peu d'eau, au moment de s'en servir.

Pour coller des métaux avec du verre, 2 p. litharge et 1 p. céruse, mélangées en pâte avec de l'huile de lin et de la laque de copal.

Pour coller le bois, le verre, l'acier, etc. Mélange de chaux-vive et de blanc d'œuf ou de fromage blanc. — Mélange à chaud de poix noire fondue et de cendre tamisée, pour faire une pâte épaisse. — Mélange de poix et gutta-percha. — 10 p. cire à bouteille, 2 p. cire jaune, 1 p. suif. — Mélange de deux dissolutions alcooliques, l'une de résine, l'autre de colle de poisson.

Pour rendre le bois imperméable, et pour divers autres usages. Cire à cacheter dissoute dans l'alcool concentré — Parties égales de chaux et de caoutchouc. — 4 p. résine, 1 p. cire, 3 p. brique pulvérisée. — 2 p. cire, 4 p. résine, 3 p. gomme-laque, 1 p. argile sèche. — 1 p. litharge et 9 p. brique pilée, délayées dans l'huile de lin (*mastic de Dhil*). — 1 p. chaux vive, 5 p. de sable, 10 p. craie et l'huile de lin. — Mélange de sable et de bitume ou asphalte fondu.

Gutta-percha. Substance très-utile pour fabriquer divers objets qui ne sont pas soumis à l'action de la chaleur ; les bouchons, entonnoirs, capsules, tubes, robinets, etc. La gutta amollie dans l'eau chaude se moule facilement. On la soude en touchant les bords avec un fer chaud. Le contact très-long de l'air rend assez fragiles les vases de gutta ; il est donc bon de les conserver dans l'eau. Ils peuvent servir pour les acides et alcalis, mais ils sont attaqués par l'éther, la benzine, le sulfure de carbone, les essences, etc.

Microscope. Instrument d'observation fort utile. — On fait un microscope très-simple en déposant une goutte d'eau sur un petit trou pratiqué dans une plaque de fer-blanc. On regarde au travers de la goutte les objets qu'on a placés très-près, ou même dans la goutte. — On peut employer de même une petite lentille ou perle, obtenue en fondant au chalumeau un fragment de cristal ou de verre, et on la fixe dans un disque de liége. — On obtient encore de forts grossissements au moyen d'une goutte d'eau ou de résine limpide, déposée sur une plaque de verre, ou encore avec deux tubes pleins d'eau placés en croix sur l'objet à examiner.

On a l'habitude de compter les grossissements linéaires, ou en longueur, mais il serait plus rationnel de les compter en volumes cubiques, le grossissement ayant lieu dans tous les sens. Ainsi un millimètre cube, qui serait grossi dix fois linéairement, aurait l'aspect d'un centimètre cube ; le grossissement véritable est donc mille fois et non dix.

Électricité. Employée dans diverses opérations chimiques. On se sert d'abord de l'*eudiomètre* pour l'analyse des gaz. Le plus simple est un tube de verre épais gradué, fermé d'un bout ; on perce les

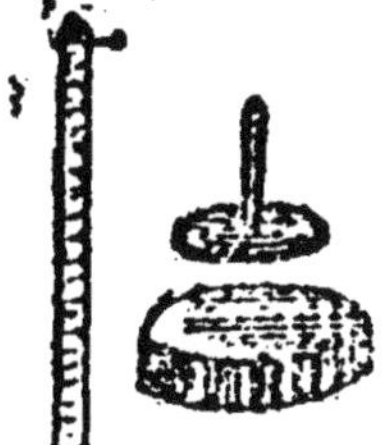

parois, et on soude ou on mastique deux fils de platine, dont les deux extrémités sont très-rapprochées. On pourrait aussi fixer les fils dans un bouchon mastiqué qui fermerait une extrémité du tube. — *L'électrophore* se compose d'une sorte de gâteau de résine, ou formé de gomme-laque et d'arcanson, et d'un disque de bois recouvert d'une feuille d'étain, dans lequel on fixe au milieu un manche en verre. On électrise la résine en la frottant avec de la laine, ou mieux en la battant avec une peau de chat; puis on pose dessus le disque bien sec, on le touche avec le doigt, qui fait jaillir une étincelle; ensuite on retire le disque, qui se trouve électrisé, et on peut s'en servir avec l'eudiomètre, ainsi que nous l'indiquerons.

Les *piles électriques* sont des sources d'électricité d'une puissance indéfinie. Non-seulement elles peuvent tuer comme la foudre, mais encore, par ce moyen, on est arrivé à fondre et à volatiliser à peu près tous les corps, entre autres le fer et le platine, ce qui n'avait pu être obtenu par aucun feu de forge. Pour produire ces effets, il faut employer des piles d'un grand nombre d'éléments. Nous ne nous arrêterons pas à ces coûteuses opérations; mais nous en indiquerons de faciles et intéressantes, telles que l'analyse de l'eau et la galvanoplastie. — On trouve dans le commerce des piles de divers systèmes. Nous allons indiquer la manière d'en construire soi-même de très-simples, et qui donnent de bons résultats.

On met dans un vase de la terre ordinaire, du sable fin, ou du grès tassé, qu'on arrose avec une dissolution un peu concentrée de sel ammoniac. On y enfonce verticalement, à quelque distance, deux plaques, l'une de zinc, l'autre de cuivre, et on attache à chacune un fil de laiton. On met de la solution ammoniacale pour maintenir la terre humide, et on remplace la lame de zinc lorsqu'elle est détruite. Cette pile, quoique peu énergique, a l'avantage d'être constante, peu coûteuse, de ne répandre aucune odeur, et de fonctionner longtemps sans qu'on s'en occupe. Pour obtenir plus de force, on réunit plusieurs éléments, en rattachant le fil de laiton d'une lame de zinc à la lame de cuivre d'un autre élément, et ainsi de suite. Cette disposition peut s'appliquer à peu près à toutes les piles. On nomme *pôle positif* la lame de cuivre et le fil qui la prolonge, et on l'indique ordinairement par le signe +; la lame de zinc forme le *pôle négatif* qu'on indique par le signe —.

Nous avons disposé une pile de plusieurs éléments avec une caisse en bois, enduite de mastic résineux, et divisée en compartiments par des plaques de verre fixées à chaud. On y met du grès pulvérisé et mouillé avec une dissolution de sel ammoniac, ou avec 15 p. eau et une p. acide sulfurique. On plonge dans le premier compartiment une lame de zinc, dont le fil est libre, puis une lame de cuivre qui communique au zinc du compartiment suivant, et ainsi de suite, les deux lames de chaque compartiment ne communiquant pas directement entre elles. — Il faut avoir soin que les fils conducteurs ne soient pas oxydés, surtout aux points de contact.

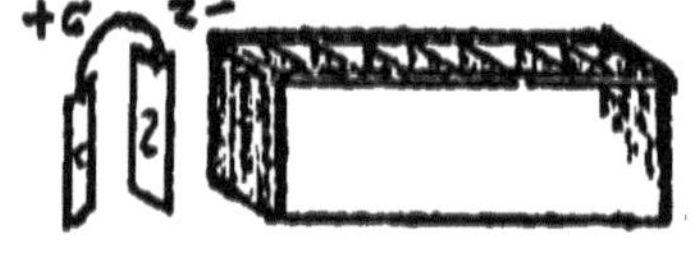

Dans un verre ou un pot verni, on met une solution saturée de sulfate de cuivre, et on y plonge une lame de cuivre rouge contournée en cylindre. On met ensuite une solution de sel marin dans un vase poreux, une vessie, un sac de toile très-serrée, ou de fort papier; on y place une lame de zinc contournée, puis on plonge le vase ou le sac dans la solution de sulfate de cuivre, en mettant les liquides à peu près au même niveau. On peut aussi mettre la solution de sulfate et la lame de cuivre dans le vase poreux, le zinc et le sel marin dans le grand vase. Un fil conducteur est fixé à chaque lame. — Pour que le zinc dure plus longtemps, on l'amalgame, en frottant avec une brosse et du mercure, ou avec un chiffon mouillé et du bi-chlorure ou sulfate de mercure. — On fait une petite pile de ce genre, très-simplement, en mettant une lame de cuivre et une solution de sulfate de cuivre dans un petit verre ou pot à pommade et en y plongeant un petit creuset, ou un fourneau de pipe de terre, contenant une lame de zinc et de l'eau salée ou acidulée. — On peut employer un vase de fonte contenant 1 p. acide sulfurique et 8 p. eau, et on y plonge une lame de zinc contournée et reposant sur un disque de bois. Le vase de fonte forme le pôle positif +, et le zinc le pôle négatif. — On peut encore mettre dans un vase de fonte une dissolution de sulfate de fer, et on y plonge un vase poreux, contenant une dissolution de sel marin et une lame de zinc. On met des cristaux de sulfate de fer dans un petit sac de toile, qu'on suspend dans le liquide extérieur. — On enveloppe un cylindre de zinc avec du papier parchemin maintenu avec un fil de cuivre enroulé en spirale, et on plonge le tout dans une solution de sulfate de cuivre. — Plonger dans une solution semblable un charbon de cornue enveloppé de papier parchemin, maintenu par une lame de zinc. — Recouvrir une lame de cuivre d'une couche épaisse d'argile pétrie avec de l'acide chlorhydrique étendu d'eau ; puis la plonger, ainsi qu'une lame de zinc, amalgamé, dans de l'acide chlorhydrique étendu. — Mettre dans le fond d'un verre droit un disque de cuivre qu'on recouvre d'une couche de sulfate de cuivre pulvérisé, puis un disque de toile, une couche de grès pilé, un disque de zinc, et de l'eau. — On

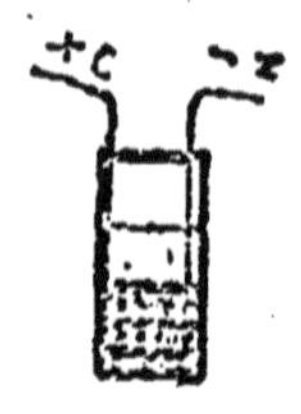

peut supprimer le diaphragme ou vase poreux en mettant à quelques millimètres du charbon une plaque de zinc couverte de cire du côté du charbon, et amalgamé du côté opposé ; le tout est placé dans une dissolution de 1 p. bichromate de potasse, 2 p. acide sulfurique, et 12 p. eau. — Ajuster un bouchon ciré à une petite éprouvette, y fixer un zinc et un charbon de cornue ne descendant qu'à la moitié de l'éprouvette, en mettant une solution saturée de sulfate acide de mercure ne touchant le zinc et le charbon que lorsque l'on couche l'éprouvette pour faire marcher la pile. — On peut faire aussi des piles sans liquide. On met du sel marin dans un creuset ; puis un cylindre de fer, ensuite un second creuset contenant un sel d'alumine et un cylindre de charbon. Lorsqu'on chauffe au rouge, les sels entrent en fusion aussitôt qu'on unit les conducteurs, fixés l'un au fer, l'autre au charbon. Cette pile est d'une grande puissance.

La disposition des piles peut être variée de bien d'autres manières. Par économie, lorsqu'on n'a pas besoin de faire fonctionner les piles, on met les vases poreux et les plaques métalliques dans l'eau ordinaire, puis on les fait sécher.

Pour la galvanoplastie, on emploie souvent un appareil spécial dont nous parlerons plus tard.

Nous terminons ici l'indication générale des ustensiles et des appareils qui permettent d'exécuter la plupart des opérations chimiques. Nous verrons, par la suite, qu'on emploie dans la préparation ou l'étude de certains corps divers appareils spéciaux, qui diffèrent plus ou moins de ceux que nous avons décrits précédemment. Nous aurons aussi parfois à ajouter quelques indications particulières dans la marche des opérations. Il n'est peut-être pas inutile de rappeler ce que nous avons dit dans les premières pages ; c'est que, lorsqu'on commence à manipuler, il est très-utile de lire, non-seulement ce qui est relatif aux corps dont on s'occupe, mais aussi les indications générales des opérations, ainsi que les précautions qu'elles exigent, et auxquelles on attache généralement trop peu d'importance.

Malgré l'étendue des détails qui précèdent, nous aurions pu les développer encore bien davantage, et chaque opérateur pourrait probablement y ajouter des instructions nouvelles. Cependant, ainsi que nous l'avons dit en commençant, il ne faut pas croire que les études chimiques ordinaires nécessitent un matériel considérable et dispendieux. Pour opérer en petit, les objets indispensables se réduisent à peu de choses, et à une minime partie de ceux que nous avons indiqués; mais il ne faut pas oublier que, pour en tirer bon parti, on doit acquérir, par l'étude pratique, le soin et l'adresse dans les manipulations. C'est la condition essentielle de réussite dans beaucoup d'opérations et d'expériences, parmi celles que nous allons indiquer dans la suite de cet ouvrage.

DEUXIÈME PARTIE

CHIMIE PRATIQUE ET EXPÉRIMENTALE

PRÉPARATIONS, EXPÉRIENCES, ÉTUDE ET USAGE DES CORPS SIMPLES ET COMPOSÉS.

La chimie est la science universelle.
FOURCROY.

NOTIONS GÉNÉRALES

La chimie a pour but l'étude de la nature intime des corps et des actions qu'ils exercent les uns sur les autres. On nomme *corps* tout ce qui peut être pesé. On suppose que les corps ne sont pas divisibles à l'infini. Nous donnerons le nom de *molécules* aux fractions extrêmement petites des corps, et celui d'*atômes* aux particules imaginaires, supposées indivisibles.

Rien ne se crée, rien ne se perd dans la nature ; la matière est indestructible ; seulement elle change de forme, par suite d'actions diverses. — Les corps se présentent sous trois états : *solide*, *liquide*, *gazeux*. Les *gaz* qui se liquéfient facilement se nomment *vapeurs*. La science admet que tous les corps pourraient être obtenus sous les trois états. Cette hypothèse est prouvée pour la plupart des substances ; ainsi on est parvenu à liquifier tous les gaz, et à les solidifier presque tous. On peut faire passer à l'état gazeux toutes les substances solides ou liquides.

Deux corps différents mis en contact, dans certaines conditions, peuvent produire un corps nouveau. Cette *combinaison* a lieu plus facilement lorsque les corps ont beaucoup d'*affinité* l'un pour l'autre, et peu de *cohésion* ou de *tenacité*. — La combinaison est toujours produite par l'union des corps en proportions invariables. Le composé produit est homogène, et diffère complètement des corps qui le composent. Si, au contraire, les corps sont simplement *mélangés*, ils peuvent l'être en proportions variables, et conservent chacun leurs propriétés respectives.

On nomme *analyse* l'opération qui a pour but de séparer les différentes parties d'un corps composé, et *synthèse*, l'opération contraire, c'est-à-dire la recomposition. Avec un nombre de corps simples assez restreint, il a été trouvé dans la nature, ou formé par la science, environ 3,000 espèces de corps *inorganiques*, ou minéraux, et plusieurs centaines de mille corps *organiques*, c'est-à-dire d'origine végétale ou animale, formés de 2, 3 ou 4 éléments. — On nomme *corps simples* ou *éléments*, ceux dont on n'a pu tirer qu'une seule substance, et *corps composés* ceux dont on en a extrait plusieurs.

Nomenclature. On divise ordinairement les corps simples en deux classes : les *métalloïdes* et les *métaux*. Il n'y a pas une ligne de démarcation très-rigoureuse entre ces deux groupes, et quelques corps ont été placés tantôt dans l'un tantôt dans l'autre. Les corps composés sont en nombre considérable ; cependant, au moyen de la *nomenclature chimique*, on parvient, non-seulement à les classer dans la mémoire, avec un petit nombre de mots, mais encore ces mots indiquent la composition de chacun d'eux, et permettent de désigner les substances qui viendraient à se découvrir. Les noms des corps composés sont donc formés avec les noms des composants, et indiquent leurs proportions respectives. — On donne aux corps composés les qualifications de *binaires*, *ternaires*, *quaternaires*, suivant qu'ils contiennent 2, 3, 4 éléments, proportion qui est rarement dépassée.

On nomme en général corps *neutres* ou *indifférents*, ceux qui n'agissent pas sur la teinture de tournesol. Les *acides* sont des corps à saveur aigre, qui rougissent la teinture bleue de tournesol, lorsqu'ils sont solubles, et qui forment des sels avec les bases. On nomme quelquefois *oxacides*, ceux qui sont formés par l'oxygène, et *hydracides*, ceux qui proviennent de l'hydrogène. — Lorsqu'un corps ne forme qu'un acide, on lui donne le nom de ce corps, en y ajoutant la terminaison *ique : acide carbonique.* — Lorsqu'il forme deux acides, le plus oxygéné se termine en *ique*, et le moins oxygéné se termine en *eux : acide arsénique, acide arsénieux.* — Si le corps forme plusieurs acides, on emploie les mêmes désignations, en les faisant précéder, pour quelques-uns, des mots *hypo*, *hyper* ou *per : acides hypochloreux, chloreux*, *hypochlorique*, *chlorique*, *perchlorique.* — Pour tous les acides de l'hydrogène, on emploie la terminaison *hydrique: acide chlorhydrique.* Cependant quelques personnes disent encore acide *hydrochlorique*, *hydrosulfurique*, etc.

Les *oxydes* sont des composés oxygénés à saveur âcre, salée, qui bleuissent le tournesol rougi, lorsqu'ils sont solubles. On les nomme *bases salifiables*, lorsqu'ils peuvent s'unir avec les acides pour former des sels, et *oxydes indifférents*, lorsqu'ils n'en peuvent former. — Quand il n'y a qu'un seul oxyde, on le désigne simplement par le nom du corps : *oxyde de carbone.* — Lorsqu'il se forme plusieurs oxydes, on fait précéder ce mot des désignations *proto*, *sesqui*, *deuto*, ou *bi*, *trit*, *quadr*, *per*, et on fait ainsi *protoxyde*, *sesquioxyde*, *deutoxyde* ou *bioxyde*, etc., suivant qu'ils contiennent 1, 1 1/2, 2, 3, 4, 5, d'oxygène. On nomme parfois *sous-oxydes*, ou *oxydules*, ceux qui contiennent moins d'oxygène que le protoxyde.

Pour les combinaisons où il n'entre pas d'oxygène, on emploie les noms des corps composants, dont le premier est terminé en *ure*, et s'il y a plusieurs degrés de combinaisons, on agit comme pour les

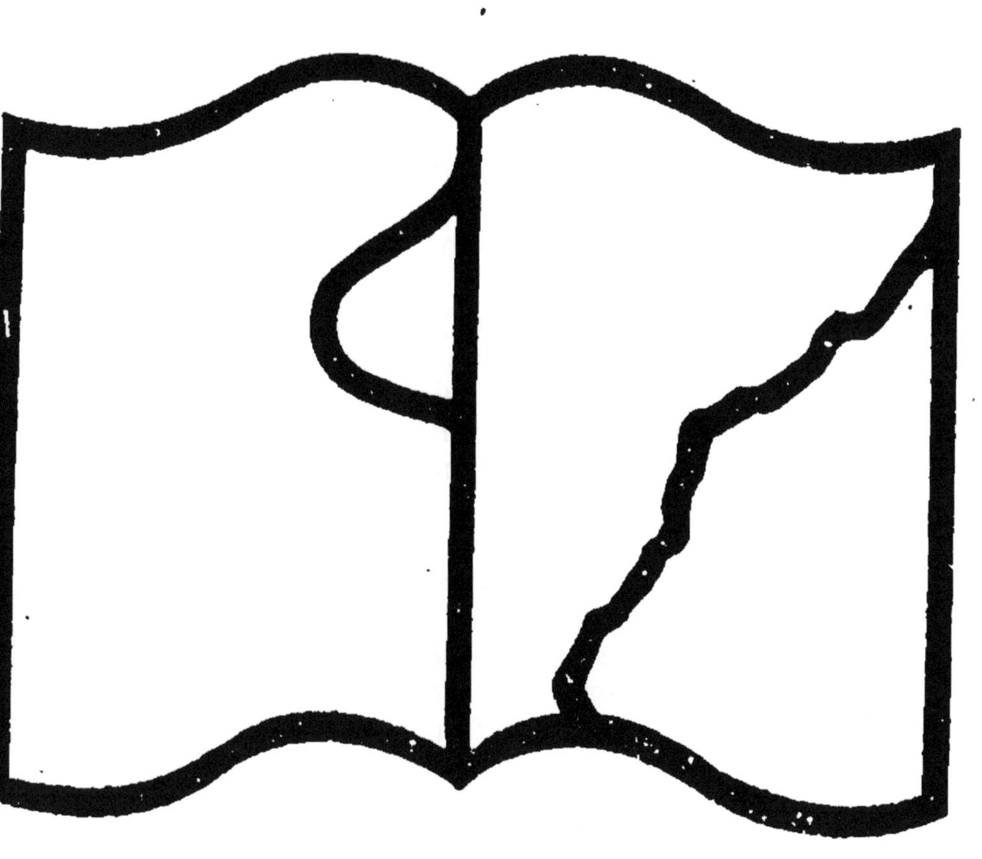

Texte détérioré — reliure défectueuse

NF Z 43-120-11

oxydes. Ainsi, on dit *iodure d'azote*, *protosulfure de fer*, *bichlorure de mercure*, *etc.*

On nomme *alliages* les combinaisons des métaux entre eux, et *amalgame*, lorsque le mercure en fait partie.

Les *sels* étant formés d'un acide et d'une base, leurs noms participent de ceux des deux composants. L'acide détermine le genre, la base indique l'espèce. Si l'acide combiné a une terminaison en *ique*, on la change en *ate* pour former le nom du sel, et si l'acide se termine en *eux*, le sel se terminera en *ite*. Ainsi l'acide azotique forme des *azotates*, l'acide hyposulfureux des *hyposulfites*, etc.— On ajoute au nom générique celui de l'oxyde métallique, ou simplement celui du métal, *sulfate de protoxyde de fer*, *carbonate de cuivre*. — Lorsque l'acide et la base se combinent en plusieurs proportions, on agit comme nous l'avons déjà dit : *sesquicarbonate de soude*, *bisulfate de potasse*, ou bien *acétate de plomb tribasique*, etc. — L'eau joue le rôle d'acide dans certaines combinaisons, qui prennent alors le nom d'*hydrates*. — Les *sulfosels* sont des combinaisons d'un sulfure métalloïdique et d'un sulfure métallique. De même pour les *chlorosels*, *iodosels*, etc.

La nomenclature préconisée par Berzélius est plus complète, et plus rationnelle peut-être que celle que nous venons d'exposer ; mais elle n'est pas très-répandue en France, et nous ne l'emploierons pas dans cet ouvrage. Néanmoins, il est utile d'indiquer les principales dissidences. Ainsi, on dit *sulfide hydrique* pour *acide sulfhydrique*, *oxyde ferreux* pour *protoxyde de fer*, *oxyde ferrique* pour *peroxyde* ou *sesquioxyde de fer*, *sulfure cuivrique* pour *sulfure de cuivre*, etc.

Ce que nous venons de dire de la nomenclature chimique suffit pour faire comprendre la plupart des termes usités. — Nous devons ajouter que les savants sont loin d'être tous d'accord sur les noms donnés à certains corps, surtout dans la chimie organique, et qu'abusant souvent de la faculté de néologisme, on a créé, sans nécessité, une foule de termes, qui ont apporté une certaine perturbation dans l'étude de la chimie. La complication de certains noms les rend aussi fort difficiles à retenir et à prononcer.

Proportions multiples. Le nombre des corps simples est assez restreint, surtout quand on considère que plusieurs sont extrêmement rares. On pourrait donc penser que le grand nombre des corps composés tient à ce que les éléments peuvent se combiner en toutes proportions ; cependant il n'en est pas ainsi ; car non-seulement les corps ne peuvent pas tous se combiner ensemble, mais ceux même qui ont de l'affinité l'un pour l'autre ne se combinent qu'en proportions déterminées, ainsi que nous l'avons déjà dit, de manière que si on met en contact des quantités arbitraires de deux corps, il n'y aura combinaison que d'un des deux corps avec une partie de l'autre, et l'excédant de celui-ci restera intact. — Les combinaisons chimiques sont toujours en rapports simples ; c'est-à-dire que les quantités en poids de deux corps, susceptibles de se combiner en plusieurs proportions, sont entre elles comme 1 à 2, 3, 4, 5, etc., ou quelquefois comme 2 à 3, 4, 5, 7, etc. Si donc on représente un des deux corps par A et l'autre par B, les composés qui se formeront pourront s'exprimer par A plus B, A plus 2 B, A plus 3 B, etc. C'est ce qu'on nomme les *proportions multiples*.

Équivalents chimiques. Notation. Les quantités, en poids, de chaque corps, qui peuvent se substituer dans les combinaisons sont les *nombres proportionnels*, qu'on désigne le plus souvent sous le nom d'*équivalents chimiques*. Un équivalent est donc une quantité qui équivaut à une autre, d'une nature différente, et qui peut la remplacer dans un composé. — Dans la *notation*, ou *écriture chimique*, on a adopté, pour représenter chaque corps, un symbole particulier, formé d'une ou deux lettres, qui indique la nature du corps et la valeur de s équivalent. Ainsi, lorsque nous voyons la formu de l'eau indiquée par HO, si nous regardons tableau des équivalents, nous verrons que H signifie un équivalent d'hydrogène, pesant 1 ou 12,5, O un équivalent d'oxygène, pesant 8 ou 100 ; donc dans 9 grammes d'eau, il y a 1 gr. d'hydrogène et 8 grammes d'oxygène, et dans 112^{g},5 d'eau, il y a 12^{g},5 d'hydrogène et 100 grammes d'oxygène. — Lorsqu'il y a plusieurs équivalents d'un même corps dans une combinaison, on indique le nombre par un petit chiffre, à la suite du symbole ; ainsi, la formule de l'acide sulfurique SO^3, indique un équivalent, ou 200 de soufre, et 3 équivalents, ou 300 d'oxygène. Pour les sels, on écrit la formule en commençant par la base, et la séparant de l'acide par un point, une virgule, ou par le signe +. Ainsi, le sulfate de plomb s'écrit PbO,SO^3, ou $PbO + SO^3$. — Pour indiquer plusieurs équivalents d'un acide, on ajoute un chiffre ; ainsi, $KO,2SO^3$, est la formule du bisulfate de potasse, qui contient deux équivalents d'acide sulfurique. S'il y a plusieurs équivalents d'un sel, on enferme parfois la formule entre parenthèses, et on ajoute le chiffre avant ou après ; ainsi $2(KO,CO^2)$, ou $(KO,CO^2)^2$, indiquent deux équivalents de carbonate de potasse.

Les réactions sont généralement indiquées dans les traités de chimie par les *équations*. Ainsi la formation de l'acide sulfhydrique HS, au moyen du sulfure de fer FeS et de l'acide chlorhydrique HCl, s'exprime :

$$FeS + HCl = FeCl + HS.$$

Ce qui veut dire : sulfure de fer, plus acide chlorhydrique, produisent chlorure de fer, plus acide sulfhydrique.

Les réactions peuvent encore être indiquées d'une

manière plus sensible. Le cas précédent, peut s'indiquer ainsi :

Sulfure de fer......	Soufre..... Fer........	Acide sulfhydrique.
Acide chlorhydrique.	Hydrogène. Chlore......	Chlorure de fer.

Ce qui veut dire que le soufre du sulfure de fer se combine avec l'hydrogène de l'acide, pour former de l'acide sulfhydrique, tandis que le fer et le chlore, en s'unissant, produisent du chlorure de fer.

La notation chimique indiquée par Berzélius diffère un peu de la précédente. Pour indiquer deux équivalents d'un corps simple, on met une barre sur le symbole : ainsi $\overline{C}$ représente deux équivalents de carbone, que nous écrivons C^2. Les équivalents d'oxygène sont indiqués par autant de points placés au-dessus du symbole du corps avec lequel il est combiné, ainsi $\ddot{S}$, réprésente l'acide sulfureux que nous écrivons SO^2. Les équivalents du soufre sont représentés par des virgules, ainsi $\overset{,,}{C}$ représente la formule du sulfure de carbone que nous écrivons CS^2.

Certains chimistes remplacent les formules des acides organiques par un trait placé sur une lettre ; ainsi la formule des acides tartrique, acétique et oxalique sera $\overline{T}$, $\overline{A}$ et $\overline{O}$.

D'après ce que nous avons dit, on comprend que lorsqu'on aura le poids d'un composé connu quelconque, au moyen du tableau des équivalents, on peut déterminer exactement le poids de chacun des corps simples qui le composent. Ainsi l'acide azotique, ou nitrique, a pour formule Az O ; nous voyons au tableau des équivalents basés sur l'oxygène, que Az égale 175, et O 100, ce qui nous indique que, dans 675 parties d'acide, il y aura 175 d'azote, et 500 d'oxygène. — Le poids d'une substance composée étant toujours le total du poids de ses composants, il s'ensuit que l'équivalent d'un corps composé est formé en additionnant les équivalents des corps simples qui le constituent. Ainsi, l'équivalent de l'acide azotique AzO^5 sera 675. L'équivalent de l'acide sulfurique SO^3 est 500, parce qu'il est composé de 1 équivalent de soufre ou 200, et 3 équivalents d'oxygène ou 300.

L'azotate de plomb PbO,AzO^5 est formé de	Oxyde de plomb PbO	1394,5	Plomb Pb	1 éq.	1294,5
			Oxygène O	1 éq.	100
	Acide azotique AzO^5	675	Azote Az	1 éq.	175
			Oxygène O	5 éq.	500
L'équivalent de l'azotate de plomb est donc..........					2069,5
Le sulfate de soude NaO,SO^3 est formé de	Soude NaO.........	387,5	Sodium Na	1 éq.	287,5
			Oxygène O	1 éq.	100
	Acide sulfurique SO^3	500	Soufre S	1 éq.	200
			Oxygène O	3 éq.	300
L'équivalent du sulfate de soude est donc...............					887,5

Nous avons dit que les équivalents pouvaient se substituer les uns aux autres dans les combinaisons. Si donc on mélange une dissolution de 2069g,5 d'azotate de plomb, PbO,AzO^5, avec une de 887,5 de sulfate de soude, NaO,SO^3, l'équivalent d'acide sulfurique SO^3, du sulfate, se combine avec l'équivalent d'oxyde de plomb, PbO, de l'azotate, pour former un équivalent ou 1894,5 de sulfate de plomb, PbO,SO^3, qui se précipite ; l'acide azotique, Az,O^5, de l'azotate, se combine, par contre, avec la soude, NaO, du sulfate, et forme un équivalent, ou 1062g,5 d'azotate de soude, qui reste en dissolution, et qu'on peut recueillir par évaporation. Il est bien entendu que les chiffres que nous venons d'indiquer pour faire mieux comprendre la loi, car ils sont ceux des équivalents, pourraient être remplacés en conservant les proportions respectives. — Si on veut savoir combien 50g d'oxyde de plomb PbO, contiennent de plomb et d'oxygène, on cherche sur le tableau les équivalents de ces deux corps et on établit l'équation suivante :

$$1394,5 : 100 :: 50 : x.$$

D'où il résulte que le poids de l'oxygène x, se trouvant égal à 3g,58, celui du plomb se trouve, par différence, être de 46g,42.

Une opération analogue peut se faire, en prenant les équivalents basés sur l'hydrogène. Si on veut savoir combien 100g d'alumine renferment d'aluminium et d'oxygène ; la formule de ce corps étant Al^2O^3, c'est-à-dire qu'il contient 2 éq. d'aluminium et 3 éq. d'oxygène, on cherchera sur le tableau l'éq. de l'aluminium, qui est de 13,7 par rapport à l'oxygène qui est 8. Comme il y a 2 éq. d'aluminium, on a 27,4 et 3 d'oxygène, ou 24, ce qui forme un total de 51,4, et on établit l'équation suivante :

$$51{,}4 : 24 :: 100 : x,$$

Le poids de l'oxygène x, étant trouvé par cette opération égal à 46g,7, celui de l'aluminium se trouve par différence être de 53g,3.

Les gaz se combinent en volumes déterminés ; mais lorsque les proportions sont inégales, leurs combinaisons gazeuses occupent un volume plus faible que celui des composants ; cependant ce volume est toujours en rapport simple avec eux. Ainsi 3 volumes d'hydrogène et 1 vol. d'azote forment 2 vol. d'ammoniaque ; 6 vol. d'hydrogène et 1 vol. de vapeur de soufre forment 1 vol. d'acide sulfhydrique ; 2 vol. d'hydrogène et 1 vol. d'oxygène forment 2 vol. de vapeur d'eau.

Certaines personnes se familiarisent difficilement avec la théorie des équivalents que nous venons d'exposer ; mais on comprend combien elle peut être utilisée dans l'industrie et dans la pratique de l'analyse. — Nous ne dirons rien de la théorie atomique qui repose sur d'ingénieuses hypothèses, mais qui n'est pas généralement adoptée. Quelques chimistes l'ont préconisée dans leurs cours et dans leurs écrits, mais d'autres la repoussent comme ne reposant sur aucune preuve. En tout cas, il ne faut pas confondre la notation atomique avec celle des équivalents. Maintenant la chimie dans la voie expérimentale, nous n'indiquerons dans cet ouvrage que la notation et les chiffres des équivalents, dont plusieurs sont notablement modifiés par suite des travaux faits depuis la précédente édition.

TABLEAU DES ÉQUIVALENTS DES 70 CORPS SIMPLES

15 Métalloïdes

Noms.	Symboles.	Equivalents rapportés à Oxyg. 100	Equivalents rapportés à Hydr. 1	Noms.	Symboles.	Equivalents rapportés à Oxyg. 100	Equivalents rapportés à Hydr. 1
Arsenic....	As	937,5	75	Iode.......	I	1586	126,9
Azote......	Az	175	14	Oxygène...	O	100	8
Bore.......	Bo	137,5	11	Phosphore..	Ph	387,5	31
Brome......	Br	1000	80	Sélénium ..	Se	495,2	39,6
Carbone ...	C	75	6	Silicium...	Si	262,5	21
Chlore.....	Cl	443,7	35,5	Soufre.....	S	200	16
Fluor......	Fl	237,5	19	Tellure.....	Te	801,7	64,1
Hydrogène.	H	12,5	1				

55 Métaux.

Noms.	Symboles.	Oxyg. 100	Hydr. 1	Noms.	Symboles.	Oxyg. 100	Hydr. 1
Aluminium.	Al	170,9	13,7	Molybdène.	Mo	600	48
Antimoine..	Sb	1525	122	Nickel.....	Ni	368,6	29,5
Argent.....	Ag	1350	108	Niobium...	Nb	611,2	48,9
Baryum....	Ba	858	68,5	Or.........	Au	1229,1	98,3
Bismuth....	Bi	2625	210	Osmium...	Os	1243,7	99,5
Cadmium...	Cd	700	56	Palladium.	Pd	665,5	53,2
Calcium....	Ca	250	20	Platine....	Pt	1232,1	98,6
Cérium....	Ce	590,8	47,2	Plomb.....	Pb	1294,5	103,5
Chrôme....	Cr	328,5	26,3	Philippinum	Pp	925	94
Cobalt.....	Co	368,6	29,5	Potassium.	K	487,5	39
Cœsium...	Cs	1662,5	133	Rhodium...	Rh	652	52,2
Cuivre.....	Cu	397,5	31,8	Rubidium..	Rb	1062,5	85
Davyum...	Da			Ruthénium.	Ru	652,5	52,2
Décipérum.	Dp	1325	106	Sodium....	Na	287,1	23
Didyme....	Di	600	48	Strontium..	Sr	548	43,8
Erbium....	E	1425	114	Tantale....	Ta	860	68,8
Etain......	Sn	737,5	59	Terbium...	Te	1225	98
Fer.......	Fe	350	28	Thallium..	Tl	1537,5	20,3
Gallium...	Ga			Thorium...	Th	743,9	59,5
Glucinium.	Gl	58	4,6	Titane....	Ti	306,2	24,5
Indium....	In	458,7	36,7	Tungstène.	Tg	1150	92
Iridium....	Ir	1232,1	98,6	Uranium...	U	747,5	59,8
Lanthane..	La	580	46,4	Vanadium..	Vn	855,9	68,5
Lavœsium.	Lv			Ytterbium..	Yb		
Lithium...	Li	87,5	7	Yttrium....	Y	402,3	32,2
Magnésium	Mg	150	12	Zinc......	Zn	408,7	32,7
Manganèse	Mn	343,7	27,5	Zirconium..	Zr	419	33,6
Mercure...	Hg	1250	100				

A part le sélénium et le tellure, tous les métalloïdes sont très-abondants dans la nature ; mais il y a plusieurs métaux extrêmements rares, et que nous ne ferons que mentionner.

En multipliant l'équivalent d'un corps basé sur l'hydrogène par 12,5, on obtient l'équivalent par rapport à l'oxygène. Réciproquement, en divisant par 12,5 l'équivalent basé sur l'oxygène, on obtient l'équivalent basé sur l'hydrogène ; l'un étant toujours 12 fois 1/2 le multiple de l'autre. N'oublions pas de dire que les savants sont loin d'être d'accord sur le chiffre des équivalents de certains corps.

Dans les formules de préparations, nous indiquons les proportions des substances en poids, et non en équivalents, ce qui est très-différent. Ainsi une p. soufre et une p. fer, indiquent des quantités égales en poids ; tandis qu'un équivalent de chaque corps donnerait 7 p. en poids de fer de 4 de soufre.

MÉTALLOÏDES.

OXYGÈNE. O = 100 ou 8. (*Air vital, déphlogistiqué.*)

Chauffer légèrement du chlorate de potasse bien sec mélangé avec un peu de sable fin. Il se forme du chlorure de potassium, et l'oxygène se dégage. 3 gr. de chlorate produisent 1 litre d'oxygène. — Chauffer de l'oxyde rouge de mercure, de l'oxyde d'argent ou du peroxyde de plomb. — On peut opérer de même avec un des mélanges suivants : sulfate de chaux avec de l'oxyde de manganèse et de la silice ; chaux récemment éteinte et sulfate de soude ; parties égales de chlorate de potasse et d'oxyde noir de cuivre ; peroxyde de baryum et bichromate de potasse, avec acide sulfurique étendu. — Chauffer au bain de sable, dans un ballon, 5 p. bichromate de potasse et 4 p. acide sulfurique, ou 1 p. peroxyde de manganèse et 2 p. acide sulfurique. — Chauffer au rouge du peroxyde de manganèse. — Opérer de même avec du sulfate de zinc calciné. Le gaz qui se dégage se lave dans l'eau, qui retient l'acide sulfureux. — Chauffer de l'acide sulfurique avec des fragments de pierre-ponce, et faire passer les vapeurs qui se dégagent dans un tube de porcelaine chauffé au rouge. — Le gaz peut être reçu sur une dissolution de soude, et il se forme alors, avec l'acide sulfureux, de l'hyposulfite de soude. 10 gr. d'acide produisent 1 litre d'oxygène. — En chauffant des bichromates ou permanganates, l'oxygène se dégage. Si on chauffe ensuite ces sels dans un courant d'air

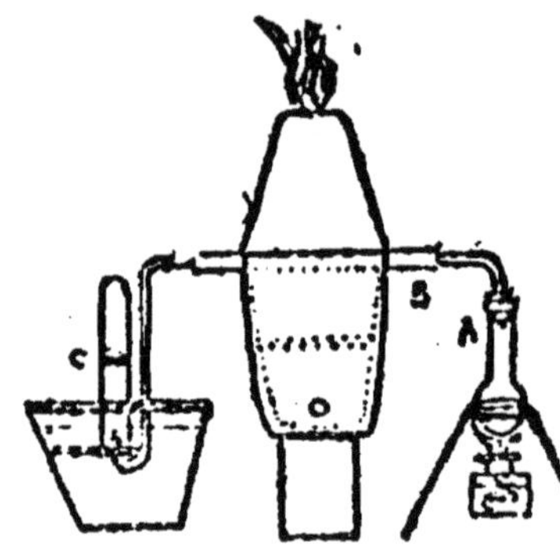

sec, il se suroxydent, et on peut recommencer l'opération. — La baryte se suroxyde au rouge sombre, et dégage de l'oxygène lorsqu'on la chauffe fortement. — Lorsqu'on verse peu à peu de l'acide sulfurique étendu sur un mélange de 1 p. bichromate de potasse et 3 p. bioxyde de baryum secs et pulvérisés, l'oxygène se dégage à froid. — Il faut avoir bien soin de ne mêler aucune matière combustible, papier, liége, etc., avec les substances indiquées. Cela pourrait déterminer une explosion.

L'oxygène est un gaz incolore, sans odeur ni saveur. C'est le corps le plus répandu de la nature ; mais il ne s'y trouve jamais à l'état isolé. Il forme environ les 3/4 en poids du monde matériel. — Une allumette ou une baguette de bois, ayant un léger point incandescent, s'enflamment au contact de l'oxygène. — Cette propriété *comburante* se constate encore par diverses expériences. On suspend une petite capsule à un fil de fer piqué dans un large bouchon ; on y met un charbon à peine en ignition, qui s'éteindrait promptement dans l'air ; on introduit dans un bocal plein d'oxygène, et contenant un peu d'eau. Aussitôt il se produit une vive lumière, et le charbon est promptement consumé. Le flacon doit être fermé incomplètement. — En opérant de même avec du soufre et du phosphore, il se produit une lumière éblouissante. — Un fil de fer mince, aplati et roulé en spirale, brûle avec étincelles, lorsqu'on l'introduit dans l'oxygène avec un morceau d'amadou allumé. Le fer en fortes masses brûle dans l'oxygène comprimé. Un jet d'oxygène dirigé dans une flamme produit une vive lumière et une température très-élevée. On peut ajuster le bec d'un chalumeau à une vessie qu'on remplit d'oxygène, et on la presse sous le bras, en dirigeant le dard dans la flamme. — Un litre d'oxygène pèse 1g,437.

L'oxygène est généralement regardé comme indispensable à la combustion. Cependant nous ferons remarquer que plusieurs corps, en se combinant, brûlent sans la présence de l'oxygène. Ainsi, le phosphore, l'antimoine, l'arsenic, le zinc, s'enflamment dans le chlore; le cuivre, le fer, l'argent, brûlent dans la vapeur de soufre, etc.

L'oxygène est l'élément de la respiration. Un animal périt promptement dans un milieu privé de ce gaz. Cependant, lorsqu'on met un oiseau, une souris, un insecte, dans un vase rempli d'oxygène ordinaire, l'animal s'agite beaucoup, et périt promptement. On explique cet effet étrange, en admettant que dans l'oxygène, l'animal vit plus vite, et use sa vie. Cette explication paraît douteuse; car, dans l'oxygène récemment préparé, avec des soins

5.

particuliers, les animaux vivent beaucoup plus longtemps. La respiration peut être considérée comme une combustion.— Les plantes absorbent l'acide carbonique de l'air, et dégagent de l'oxygène.

On met dans un flacon plein d'eau des feuilles d'arbre fraîchement cueillies ; on le maintient retourné dans un verre d'eau, et on l'expose au soleil. Après quelque temps, on y trouve de l'oxygène. En opérant avec de l'eau de seltz, l'opération est plus prompte.

Ozone. (*Oxygène allothropique, électrisé, naissant, actif, peroxyde d'oxygène.*) Lorsqu'on soumet l'oxygène à l'action de l'électricité, ses propriétés sont modifiées, et il possède alors l'odeur phosphorée qui lui a fait donner le nom d'ozone (odeur). — On obtient encore l'ozone par divers procédés. Introduire des fragments de baryte dans un flacon contenant de l'acide sulfurique. — Décomposer l'eau par la pile, à une basse température. — Mettre dans

une soucoupe un peu d'eau, une petite capsule placée sur un disque de liége, et contenant un fragment de phosphore mouillé, puis recouvrir le tout d'un verre. — Une petite quantité d'ozone suffit pour attaquer l'argent, l'antimoine, le mercure, etc., ce qui n'arrive pas avec l'oxygène ordinaire. L'ozone pèse une fois 1/2 plus que l'oxygène ordinaire.

HYDROGÈNE. H = 12,5 ou 1. (*Air inflammable.*)

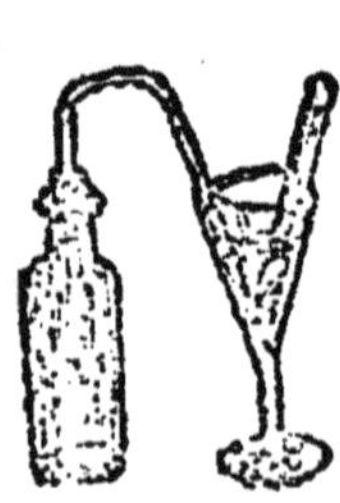

Mettre dans un flacon 1 p. zinc ou fer en fragments, puis un mélange de 5 p. acide sulfurique et 10 p. eau. Fermer avec un bouchon traversé par un tube, et recueillir le gaz sur l'eau, après expulsion de l'air. L'oxygène de l'eau s'unit au zinc et à l'acide sulfurique pour former du sulfate de zinc

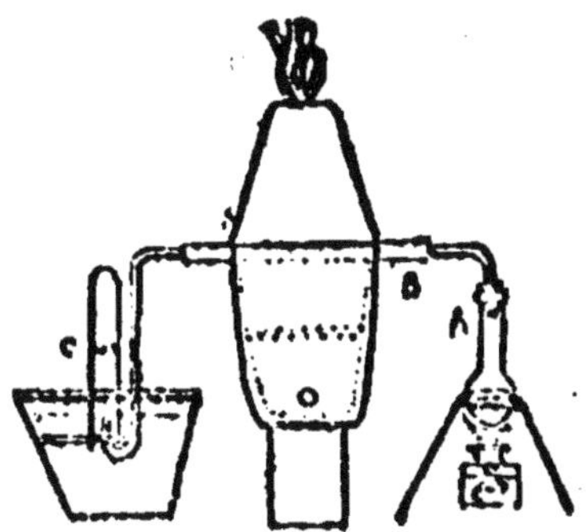

ou de fer, qui reste en dissolution, et l'hydrogène se dégage. 5 gr. de zinc et 15 d'acide produisent 1 litre de gaz. On peut aussi employer l'acide chlorhydrique avec du fer ou du zinc, et alors il se produit un chlorure — Faire passer de la vapeur d'eau dans un tube légèrement chauffé contenant du zinc en fragments. — Traiter la limaille de zinc par une solution de sel ammoniac. — Chauffer du zinc avec une solution de sel marin. — Traiter le zinc ou l'étain par une dissolution concentrée de potasse. — Chauffer au rouge un tube de fer, ou de porcelaine, contenant du fil de fer fin, et dans lequel on fait arriver un courant de vapeur d'eau. — On peut remplacer le fil de fer par du coke, du charbon de bois ou de la braise ; dans ce cas, on fait passer le gaz dans un lait de chaux, ou une dissolution de carbonate de soude, qui se transforme alors en bicarbonate. On obtient ainsi le *gaz à l'eau*, qui a été utilisé pour l'éclairage. Un kilog. de charbon peut ainsi produire plus de 3,000 litres d'hydrogène.

L'hydrogène est un gaz incolore, inodore, lorsqu'il est pur. C'est le plus léger de tous les corps ; il pèse 89 millig. par litre, c'est-à-dire 14 fois 1/2 moins que l'air. Un gramme d'hydrogène occupe un volume de 11 litres ; le même volume d'air pèserait plus de 14 gr.; c'est pour cela qu'on l'a employé au gonflement des aérostats. Par économie on se sert ordinairement du gaz d'éclairage, qui est cependant 9 fois plus lourd que l'hydrogène. Si on place un tube ou un flacon plein d'hydrogène sur l'ouverture ou le goulot d'un autre contenant de l'air, et

qu'on change leur position sans les séparer, l'hydrogène gagne toujours le vase supérieur. Ce gaz prend feu à l'approche d'une flamme, mais il n'entretient pas la combustion, car une bougie s'éteint lorsqu'on l'introduit rapidement dans une éprouvette d'hydrogène. Ce gaz peut être enflammé après avoir traversé une feuille de papier placée sur un tube de dégagement. Lorsqu'on enflamme l'hydrogène contenu dans un flacon à large goulot, et qu'on y verse de l'eau, le gaz chassé continue de brûler, et l'eau paraît alimenter la combustion. La *lampe philosophique* consiste en un flacon contenant du zinc, de l'acide et de l'eau, fermé d'un bouchon traversé par un tube effilé, ou un tuyau de pipe. Lorsque l'air est chassé du flacon, on enflamme le gaz à l'ouverture du tube, et il brûle tant que le dégagement continue. En employant un appareil qui permet d'introduire de l'acide, la production du gaz dure longtemps. Il est bon de verser sur l'eau une légère couche d'huile, et de mettre un peu de papier à filtre au bas du tube de dégagement. — Lorsque l'hydrogène brûle dans un tube ouvert aux deux extrémités, il se produit des vibrations sonores, qui varient suivant la longueur et le diamètre du tube. C'est l'*harmonica chimique*.

La flamme de l'hydrogène, quoique très-chaude, est peu éclairante; mais elle acquiert beaucoup d'éclat lorsqu'on met dans son intérieur un morceau d'amiante, de chaux ou de magnésie. Si alors elle est alimentée par l'oxygène, elle devient éblouissante ; c'est la *lumière de Drummond*. La température obtenue alors peut fondre le platine, le quartz, l'alumine, etc.

Le mélange d'air, et surtout d'oxygène, avec l'hydrogène, produit une violente explosion, lorsqu'on l'enflamme, et peut briser les appareils. On peut introduire le mélange détonnant dans une vessie à laquelle on adapte un tube effilé. Lorsqu'on plonge le tube dans l'eau de savon, il s'y attache une goutte de liquide, et en pressant la vessie il se forme des bulles qui s'élèvent promptement dans l'air, et éclatent lorsqu'on approche la flamme d'une bougie.

Un jet d'hydrogène s'enflamme au contact de la mousse de platine ; c'est le phénomène qui se produit dans le *briquet à hydrogène.* Dans un flacon à large goulot, on adapte, avec un bouchon, un entonnoir et un tube effilé fermé avec de la cire ; vers le bas de l'entonnoir, on fixe un cylindre de zinc épais, et on met dans le vase un mélange d'eau et d'acide sulfurique. Le gaz, en se dégageant, fait monter le liquide dans l'entonnoir, et lorsque le zinc n'est plus mouillé, le dégagement s'arrête. En ouvrant le tube, le gaz s'échappe, le liquide redescend et le dégagement recommence. On peut encore faire une cloche avec un flacon dont on a enlevé le fond, et adapter dans le goulot un tube effilé et une tige de cuivre, portant un bloc de zinc. On place cette cloche dans un verre, et lorsque le zinc se trouve en contact avec l'eau et l'acide, le gaz se produit, et l'eau de la cloche monte dans le verre. Si le jet de gaz arrive sur de l'éponge de platine, il s'enflamme spontanément.

L'hydrogène a été liquifié, puis solidifié, par une pression de 650 atmosphères et un froid de — 140°.

Les corps dits *halogènes*, chlore, brome, iode, fluor et cyanogène, forment des hydracides en se combinant avec l'hydrogène.

Eau. HO = 112,5 ou 9. (*Protoxyde d'hydrogène, oxyde hydrique.*) La composition de l'eau se prouve par l'analyse et par la synthèse. Nous avons vu que l'eau vaporisée se décompose, en passant sur du fer chauffé au rouge dans un tube. Si on calcule la quantité d'hydrogène produite, puis celle de l'oxygène qui s'est fixée au fer, ce qu'on peut déterminer à la balance, en pesant le fer avant et après l'opération, on reconnaîtra les proportions des gaz formant l'eau qui a été décomposée. — On analyse aussi l'eau par la pile. On dispose dans un verre deux fils de platine contournés. On y verse de l'eau acidulée ; on recouvre chaque fil avec un tube semblable, rempli d'eau, puis on met les fils en communication avec les deux pôles d'une pile électrique assez forte. Des bulles de gaz se dégagent ; celui produit au pôle négatif — est en volume juste double de l'autre ; c'est de l'hydrogène ; le gaz du pôle positif + est l'oxygène. — Pour opérer la synthèse de l'eau, on fait passer de l'hydrogène sec sur de l'oxyde de cuivre, chauffé dans un tube ; l'oxygène se sépare pour former de l'eau avec l'hydrogène, et il reste du cuivre. — Lorsqu'on fait brûler de l'hydrogène sec sous un verre, on voit les parois se couvrir d'eau, produite par la combinaison de l'hydrogène avec l'oxygène de l'air. — On introduit dans un eudiomètre placé sur le mercure 1 v. d'oxygène et 2 v. d'hydrogène ; on fait jaillir une étincelle avec un électrophore ; le mélange gazeux s'enflamme, disparait, et il se produit de l'eau. Si les gaz n'ont pas été mis strictement dans les proportions indiquées, il reste un des gaz, et on reconnait sa nature avec une allumette enflammée. La combustion est très-activée s'il reste de l'oxygène, et le gaz s'enflamme, si l'hydrogène se trouvait en excès.

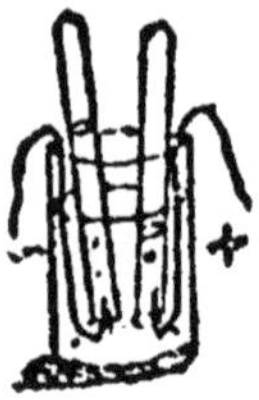

Il résulte des expériences que l'eau est formée d'un éq. d'hydrogène et d'un éq. d'oxygène, ou de 1 p. d'hydrogène en poids et 8 p. d'oxygène, ou 2 vol. d'hydrogène et 1 vol. d'oxygène. Dans 100 p. d'eau, il y a donc en poids 88,87 d'oxygène et 11,13 d'hydrogène. Un litre d'eau contient 889 gr. d'oxygène et 111 gr. d'hydrogène, ou 622 litres d'oxygène et 1,244 litres d'hydrogène, en tout 1866 fois le volume de l'eau à l'état liquide.

Suivant la température, l'eau existe sous les trois états, solide, liquide et gazeux. L'eau provenant des puits, rivières, sources, et même l'eau de pluie, quelque limpide qu'elle soit, n'est jamais pure. En la faisant évaporer, elle peut laisser dégager des gaz, et il reste toujours un résidu formé par les substances tenues en dissolution. L'eau contenant des sels exige une température plus basse pour devenir solide et plus élevée pour se vaporiser que s'il s'agissait de l'eau pure. — L'eau ordinaire produit de la glace opaque, par suite des bulles d'air et de gaz qui s'y trouvent emprisonnées. Mais si l'eau a été bouillie peu de temps avant la congélation, la glace est transparente. Si on fond les glaçons supérieurs produits dans l'eau ordinaire, on obtient de l'eau presque pure.

Il y a plusieurs sortes d'eaux naturelles. Les eaux *douces* ou *potables*, propres à la boisson, à la cuisson des légumes et au savonnage. Les eaux *dures*, ou *crues*, impropres à ces usages. On peut les utiliser parfois en y ajoutant de l'eau de chaux. Les eaux *séléniteuses*, comme celle des puits de Paris, contenant du sulfate de chaux, peuvent servir au savonnage, en y ajoutant du carbonate de soude. Les eaux *salées*, comme celle de la mer. Les eaux *thermales*, ou *chaudes*. Les eaux *minérales*, gazeuses, sulfureuses, salines, etc. L'eau potable ne doit former qu'un léger trouble en y ajoutant de l'eau de savon filtrée. Elle doit contenir environ

30 cent. cube d'air par litre, et ne pas se troubler par l'ébullition. L'eau de pluie, la plus pure des eaux naturelles, contient cependant du sel marin, de l'ammoniaque, divers chlorures, etc. Sur un hectare de terre, il tombe, chaque année, environ 150 kilog. de différents sels entraînés par la pluie. — Exposée à l'air, l'eau s'évapore lentement à toute température. On évalue en moyenne la quantité évaporée à un litre par 24 heures et par mètre superficiel.

Les eaux troubles et croupies peuvent se purifier par la filtration. On bouche la douille d'un entonnoir ou le trou d'un pot à fleur avec une éponge non tassée; on met une couche de charbon pilé, puis de sable fin, et ensuite de gros sable. L'eau, après avoir traversé ces matières, devient limpide et sans odeur ni saveur; mais on ne peut obtenir de l'eau complètement pure que par la distillation, qui peut être effectuée au moyen de divers appareils. L'eau, étant portée à l'ébullition, se réduit en vapeur, puis vient se condenser à l'état liquide. On ne doit pas recueillir le premier quart de l'eau, qui peut contenir des produits volatils ; le second quart est le plus pur, le troisième vient ensuite, et on arrête la distillation. Les substances solides en dissolution, restent dans le dernier quart. L'eau pure distillée ne doit laisser aucun résidu. Elle ne doit pas se troubler lorsqu'on y verse de l'azotate d'argent, de l'acide oxalique et un sel de baryte.

L'eau bout plus vite dans un vase de métal que dans un vase de verre. Elle bout plus vite aussi dans les vases rugueux que dans les vases polis. Par suite de la dilatation sous l'action de la chaleur, un litre d'eau bouillante ne pèse que 955 grammes, tandis qu'il pèse un kilog. lorsqu'elle est froide.

Lorsque l'eau commence à chauffer, on voit les parois du vase se couvrir de bulles d'air, qui se trouvait en dissolution. Cet air est nécessaire à la vie des poissons, et ils meurent promptement dans l'eau non aérée, comme celle qui a été bouillie, puis refroidie à l'abri de l'air. De même l'eau distillée n'est propre à la boisson qu'après avoir été agitée à l'air. — L'eau et le verre étant mauvais conducteurs de la chaleur, on peut faire bouillir de l'eau dans un vase, sans qu'un poisson qui nage dans ce liquide en soit incommodé. On peut, de la même manière, faire bouillir de l'eau dans un tube contenant au fond de la neige tassée. — Le meilleur mode d'échauffement est donc d'appliquer la chaleur à la partie inférieure du vase. On voit très-bien la propagation du calorique dans l'eau, en y ajoutant un peu de sciure de bois qui suit les mouvements de l'eau. A mesure qu'une molécule d'eau est chauffée, elle devient plus légère, monte à la surface, se refroidit, redescend, et ainsi de suite.

On peut plonger la main dans l'eau chaude sans se brûler; mais il faut que l'eau soit bouillante, et que la main soit mouillée d'éther, qui, alors se vaporise subitement, et produit une sensation de fraîcheur. Ce phénomène, qu'on nomme *caléfaction*, produit encore d'autres effets curieux. Lorsqu'on verse, avec une pipette, un peu d'eau sur une plaque ou dans une capsule de métal chauffée au rouge blanc, l'eau ne bout pas, elle s'agite en tournant, à l'état dit *sphéroïdal*, et diminue très-lentement; mais si on retire le vase du feu, lorsqu'il est refroidi à un certain point, l'eau s'étale et se vaporise promptement. Si la capsule ou la plaque rougies étaient percées de trous, comme une écumoire, l'eau ne passerait pas au travers, ce qui prouve bien qu'elle est isolée du vase par une couche de vapeur. Par la même raison, on peut puiser de l'eau avec une cuillère rougie, sans que l'eau s'évapore, et une boule métallique, chauffée au rouge blanc, reste quelque temps incandescente lorsqu'on la plonge subitement dans l'eau. On peut faire chauffer de l'eau dans des vases en papier; elle bouillira même si le vase est plus large à la base qu'à l'ouverture.

A l'air libre, l'eau pure bout à + 100°; mais la chaleur nécessaire diminue avec la pression; ainsi, sur les montagnes, l'eau bout à une température d'autant plus basse que l'altitude est plus grande, et dans le vide de la machine pneumatique, l'eau bout à la température ordinaire. C'est la même cause qui permet de faire bouillir l'eau au moyen du froid. On maintient quelque temps à l'ébullition de l'eau contenue dans un ballon; on le prend avec un linge, on le bouche et on le retourne en le retirant de la chaleur. Lorsque l'eau a cessé de bouillir, il suffit de refroidir le vase avec un linge mouillé, ou un courant d'eau, pour faire recommencer l'ébullition, qui cessera si on vient à chauffer un peu le vase.

Après l'ébullition primitive, sous l'action de la chaleur, l'espace libre du ballon se trouve rempli de vapeur d'eau, qui presse sur le liquide; lorsqu'on refroidit le vase, la vapeur se condense, la pression est diminuée, et l'ébullition peut recommencer.

La vapeur d'eau est invisible, le brouillard qu'on aperçoit au-dessus de l'eau en ébullition est de la vapeur *condensée;* c'est de l'eau en gouttelettes ou bulles imperceptibles, qu'on nomme *vésicules*. La vapeur d'eau a un volume environ 1,700 fois plus considérable que l'eau liquide. On peut produire un jet d'eau en se servant de cette propriété. On ajuste sur un ballon, et dans un bouchon, un tube de verre effilé, qui plonge d'une extrémité dans le iquide ; lorsqu'on chauffe l'eau, la ression produit un jet à l'extérieur. — En disposant l'appareil, en ens contraire, c'est-à-dire la partie effilée à l'intérieur, on peut produire un effet analogue par la condensation. On fait bouillir un peu d'eau ; on retourne le flacon sur un verre contenant de l'eau, et lorsque la vapeur est condensée par le froid, l'eau du verre s'élance dans le flacon.

Lorsqu'on fait arriver par un tube de la vapeur d'eau dans de l'eau froide, la vapeur se condense avec bruit, mais elle échauffe rapidement le liquide. Ainsi 1 k. de vapeur peut porter à l'ébullition 5 k. 1/2 d'eau, ce qui forme ainsi 6 k. 1/2 d'eau à 100°. Ce procédé est appliqué dans l'industrie.

L'eau diminue de volume à mesure que la température s'abaisse jusqu'à + 4°, qui est son maximum de densité ; elle augmente de volume en se congelant. A 0° et à + 10°, la densité est à peu près égale. A 15°, l'eau devient solide ; cependant, s'il y a repos absolu, on peut obtenir de l'eau liquide à — 12° ; mais alors, si on l'agite, elle se change brusquement en glace, et la température remonte à 0°, ce qui indique que l'eau dégage de la chaleur en se solidifiant.

Si on met sur un même foyer deux vases semblables, dont l'un contient un kilog. de neige, l'autre n kilog. d'eau, un thermomètre dans chaque vase, arquant 0° ; lorsque la neige est fondue, le thermomètre qui y était plongé, marque toujours 0°: andis que celui du vase d'eau est monté à + 79°. l a donc fallu que la neige absorbât 79° pour se liquéfier. Par la même raison, si on mélange un kil. 'eau à + 79° et un kil. de glace, on obtient deux il. d'eau à 0°. La glace a donc encore absorbé 9° pour se liquéfier. L'eau, passant à l'état de glace, présente une cristallisation en aiguilles, qu'on reconnaît surtout dans les petits glaçons des eaux bourbeuses. La neige est composée de fines aiguilles qui forment, en se groupant, diverses figures étoilées, régulières, qu'on voit parfois sans miscrocope. En se solidifiant, le volume de l'eau augmente de près d'un dixième ; c'est ce qui fait que la glace surnage et que les vases se brisent, lorsque l'eau vient à geler. Un effet analogue se produit pour les plantes et les pierres dites *gélives*, lorsque l'eau qu'elles contiennent dans leurs pores se dilate en se solidifiant. — Rien ne résiste à la puissante expansion de l'eau lorsqu'elle devient solide ; ainsi, des canons de bronze remplis d'eau, et bien fermés, éclatent lorsqu'ils sont soumis à un froid convenable.

Eau oxygénée. HO^2. (*Bioxyde d'hydrogène.*) On agite dans un ballon ouvert, de l'eau distillée avec du zinc amalgamé en fragments. — On délaie du bioxyde de baryum dans l'eau, et on y fait arriver un courant d'acide carbonique. — L'eau oxygénée est un liquide pesant, épais, incolore, qui contient 475 fois son volume d'oxygène, lorsqu'elle est tout-à-fait concentrée. Elle n'a pu être solidifiée par le froid. L'eau oxygénée se décompose vers + 15°, et bien plus rapidement si on vient à la chauffer. Le contact de divers corps produit aussi sa décomposition. L'eau oxygénée attaque la peau et détruit les couleurs végétales. On peut l'employer pour oxyder différents corps, et pour restaurer les tableaux dont les blancs de plomb ont été noircis par le temps.

AZOTE. Az = 175 ou 14. (*Nitrogène*).

Dans une assiette contenant de l'eau, disposer une rondelle de liége, supportant une petite coupelle, qui contient un morceau de phosphore ; l'enflammer, puis recouvrir le tout avec un verre. L'eau monte peu à peu dans le verre ; après refroidissement, l'air est diminué de 1/5ᵉ, et il ne reste que de l'azote. — Laisser séjourner 24 heures un bâton de phosphore dans un tube contenant de l'air, et placé sur l'eau. — Faire passer de l'air bien sec dans un tube chauffé contenant du cuivre. — Chauffer légèrement de l'azotite d'ammoniaque pulvérisé, ou une dissolution de ce sel, et recueillir le gaz. — Agiter dans un flacon bouché de la tournure de cuivre, avec de l'ammoniaque, et recueillir le gaz après quelques heures. — Remplir un tube ou un flacon avec 20 p. d'eau chlorée et 1 p. d'ammoniaque, et le retourner sur un verre contenant de l'eau chlorée. L'azote gagne le haut du tube ou du flacon. — On peut remplacer l'eau chlorée par une dissolution d'hypochlorite de chaux ou de sulfate de fer.

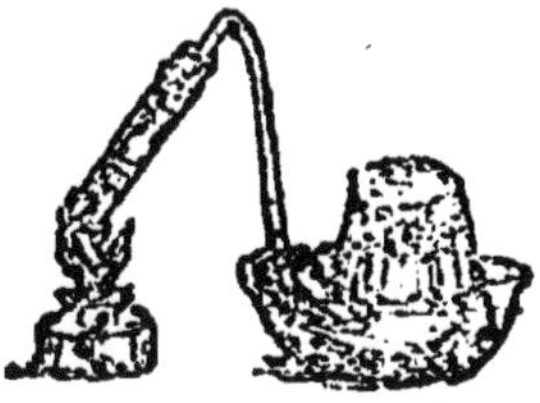

L'azote est un gaz incolore, sans odeur ni saveur. Il n'entretient pas la combustion, et si on plonge dans ce gaz une bougie enflammée, elle s'éteint immédiatement. L'azote n'est pas non plus propre à la respiration, et si on met un animal ou un insecte dans un vase plein de ce gaz, il ne tarde pas à périr.

Air atmosphérique. L'analyse de l'air peut se faire par divers moyens, dont plusieurs sont ceux indiqués déjà pour la préparation de l'azote. Il suffit, en effet, d'introduire un certain volume d'air dans un tube gradué, puis une matière destinée à absorber l'oxygène, retourner le tube sur l'eau ou le mercure, et lorsque le volume de l'air ne diminue plus, on mesure ce qui reste, et on peut constater que c'est de l'azote, en y plongeant une allumette enflammée, qui s'éteint aussitôt. On peut employer comme substances absorbantes, le phosphore, le plomb de chasse, le cuivre mouillé d'acide sulfurique étendu, l'acide gallique, l'extrait de campêche, etc. Voici une méthode facile et rapide : on prend un tube divisé en 100 p. égales, et un peu plus long. On y met assez d'eau pour qu'en le retournant elle vienne affleurer la dernière division. On le met dans un verre d'eau, l'ouverture en bas. On y introduit un morceau de potasse, puis une boulette formée d'amidon et d'acide pyrogallique ; on referme avec le doigt ; on agite à diverses reprises, en rouvrant de temps en temps sur le liquide, jusqu'à ce qu'il ne monte plus dans le tube. On peut alors constater que l'eau a remplacé 21 v. d'air, et que ce qui reste est de l'azote. — En abandonnant dans un tube ou dans un flacon contenant de l'air, et placé sur l'eau, du phosphore, du cuivre mouillé d'acide sulfurique, de l'extrait de campêche, etc., on obtient un résultat analogue, ainsi que nous l'avons vu en parlant de l'azote. — On analyse aussi l'air à la balance. Le flacon A est d'une capacité connue. On y verse peu à peu de l'eau pour chasser l'air, qui vient traverser un tube B, contenant de la pierre-ponce imbibée de potasse caustique, destinée à retenir l'eau et l'acide carbonique. L'air passe dans le tube C, où brûle un morceau de phosphore ; l'extrémité est garnie de coton cardé. Si donc on a pesé le tube C avant et après l'opération, on reconnaît qu'en dernier lieu il a augmenté de poids par suite de l'oxygène absorbé. Par différence, on a le poids de l'azote, celui du volume d'air analysé étant connu. L'appareil ci-dessus suffit pour la démonstration, mais non pour une analyse exacte.

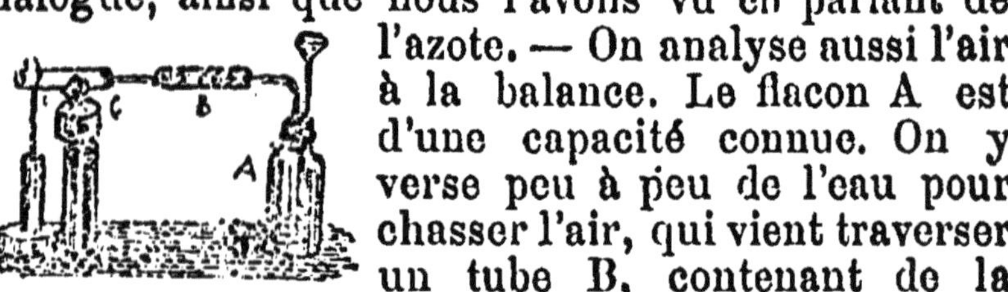

Quel que soit le mode d'analyse employé, on a trouvé que l'air contient sensiblement 21v. d'oxygène, 79 d'azote, et en poids 23 d'oxygène et 77 d'azote, à un millième près. C'est un simple mélange et non une combinaison, ainsi que l'indique sa composition, qui s'éloigne de la loi des combinaisons chimiques. L'air est identique dans tous les pays et à toutes les températures, quant à ses deux éléments constituants ; mais il contient, en outre, 3 à 6 dix-millièmes d'acide carbonique, de la vapeur d'eau en quantité très-variable, de l'ammoniaque, etc. L'air renferme beaucoup de substances d'origines diverses ; plusieurs sont visibles dans un rayon de soleil pénétrant dans un lieu un peu obscur. Filtré à travers du coton cardé, l'air ne diffuse plus la lumière, et reste obscur lorsqu'on le place sur le passage d'un faisceau lumineux. Les matières organiques peuvent se conserver dans cet air filtré sans se putréfier.

Un litre d'air pèse 13 décig. à 0°. Il résulte des calculs que le poids total de l'atmosphère dépasse 5 quintillions de kilog., c'est-à-dire le poids d'un cube de fer qui aurait 820 kilomètres de côté. Le corps humain ayant une surface moyenne de 1 m. 1/2, le poids d'air supporté par chaque personne est d'environ 15 à 16,000 k., ce qui est démontré par les expériences et les calculs. — La pesanteur de l'air se prouve facilement. On chauffe un ballon bien sec fermé par un bouchon traversé d'un tuyau de pipe. La plus grande partie de l'air s'échappe en se dilatant. On bouche le tube avec de la cire ; on le laisse refroidir ; on équilibre sur une balance, et si alors on débouche le tube, l'air rentre et augmente le poids du ballon. — Si, dans un entonnoir ajusté au col d'un flacon, on verse brusquement de de l'eau, elle ne pénètre pas, la pression de l'air intérieur s'opposant à son entrée. — Si on fait bouillir de l'eau dans le ballon de l'appareil ci-contre, et qu'on retire ensuite la lampe, l'eau du ballon ouvert remontera dans le tube par suite de l'*absorption* produite par la pression de l'air. C'est la même cause qui permet de retourner un vase plein d'eau, simplement fermé par une feuille de papier. C'est elle qui explique les effets du siphon, de la pipette, de la pompe, etc.

L'air possède les propriétés de l'oxygène, affaiblies par l'azote, qui en forme les 4/5. Dans les phénomènes de combustion, de respiration, d'oxydation, l'oxygène seul est absorbé, l'azote n'est pas altéré. L'air qui sort des poumons a perdu 5 0/0 d'oxygène et contient 4 0/0 d'acide carbonique. Une bougie en brûlant et un homme en respirant produisent, en temps égal, à peu près la même quantité d'acide carbonique, environ 21 litres par heure. C'est cette production incessante qui vicie promptement l'air d'une salle, dans les réunions nombreuses. La respiration d'un homme produit par jour 500 litres d'acide carbonique, contenant 260 gr. de carbone, qu'on peut rendre sensible à la vue, en pesant 260 gr. de braise. Dans la vie d'un homme de 75 ans, il est passé dans ses poumons, 3,315,000 mètres cubes d'air, pesant 255,000 k.; il s'est dégagé 164,000 litres d'eau et 30,000 k. d'acide carbonique, contenant 8,000 k. de carbone.

Acide azotique. AzO^5. (*Acide nitrique, eau forte.*) Chauffer un mélange de 3 p. azotate de potasse ou de soude avec 2 p. acide sulfurique ordinaire, et recevoir le produit de la distillation dans un récipient constamment refroidi. On arrête l'opération lorsque le mélange devient pâteux. Le résidu est du sulfate de potasse ou de soude, qu'il faut retirer de la cornue avant qu'il ne soit solidifié. — Chauffer, dans une cornue de grès, une partie de salpêtre avec 3. p. d'argile. — Pour purifier l'acide, on le mélange avec un peu d'azotate de plomb ou de baryte, pulvérisé,

et on distille. — L'acide azotique, attaquant vivement le liége, il ne faut pas l'employer dans la construction des appareils. On peut se servir de bouchons en soufre, gutta-percha, ou d'un lut inattaquable aux acides.

L'acide azotique concentré bout à 86° ; si donc on distille l'acide ordinaire, les premières portions qui passent donnent de l'acide très-concentré. L'acide ordinaire du commerce n'est pas propre aux analyses délicates ; il faut l'agiter avec une dissolution concentrée d'azotate d'argent, puis distiller. L'acide pur est incolore, mais il jaunit à la lumière. Il détruit beaucoup de matières organiques, toutes les substances colorantes, et colore la peau en jaune. On utilise cette propriété dans la teinture ; la soie, la laine, les plumes, se colorent en jaune lorsqu'on les plonge dans l'acide azotique ordinaire ; on lave à l'eau, et, si on veut foncer la nuance, on traite ensuite par l'ammoniaque. — Lorsqu'on plonge un charbon embrasé dans de l'acide azotique concentré, il continue d'y brûler. — Si on en verse dans une capsule contenant de l'essence de térébenthine, elle s'enflamme. — Si on met dans un tube de l'acide azotique, puis, au-dessus, un peu de crin, il brûle dans la vapeur d'acide, lorsqu'on vient à chauffer. — L'acide azotique étendu attaque tous les métaux, à l'exception de l'or, du platine et de l'aluminium ; mais, lorsqu'il est concentré, le fer, l'étain, le cuivre, ne sont pas attaqués. — L'acide azotique est employé pour la fabrication de l'acide sulfurique, de l'acide oxalique, de la poudre-coton ; il sert à faire l'*eau régale*, qui dissout l'or et le platine. L'*eau seconde* des bijoutiers est de l'acide azotique très-étendu d'eau. On l'emploie aussi pour la gravure sur acier et sur cuivre. Pour cela, on étend sur la planche métallique une couche de vernis à froid, ou une couche de cire, en chauffant un peu la plaque ; puis on dessine avec une pointe, pour mettre le métal à nu, et on verse dessus un peu d'acide étendu. Après quelque temps, on lave à l'eau, on enlève le vernis avec de l'essence, et le dessin gravé peut être reproduit par l'impression. — Lorsqu'on fait passer du chlore sur de l'azotate d'argent, on obtient dans un récipient refroidi, de l'acide azotique cristallisé et anhydre, sans usage.

Bioxyde d'azote. AzO^2. (*Gaz nitreux, oxyde nitrique.*) Mettre dans un flacon des fragments de cuivre avec un mélange de 5 p. acide azotique et 7 p. eau, et recueillir sur l'eau le gaz qui se dégage à froid. — Il est très-délétère et incolore ; mais aussitôt qu'il est en contact avec l'air, il se change en acide hypoazotique, qui est orangé.

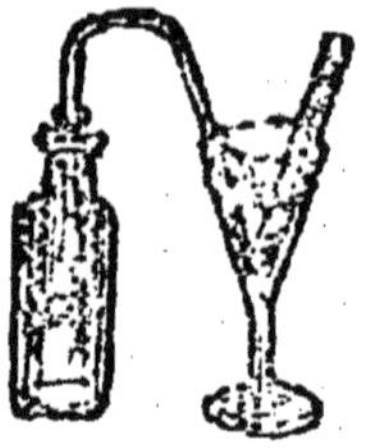

Acide hypoazotique. AzO^4. (*Acide nitreux rutilant.*) Chauffer de l'azotate de plomb bien desséché et faire passer les vapeurs qui se produisent dans un tnbe contenant des fragments de chaux, puis arriver dans un réfrigérant, où elles se condensent. L'acide hypoazotique est un liquide jaune-rouge, sans usage, Il se produit à l'état de vapeurs rougeâtres dans diverses opérations.

Protoxyde d'azote. AzO. (*Oxyde nitreux, gaz hilarant.*) Chauffer légèrement de l'azotate d'ammoniaque sec, et recueillir le gaz sur l'eau salée. Il est incolore, inodore, d'une saveur sucrée ; il active la combustion, et peut servir aux mêmes expériences de combustion que l'oxygène. Quand on respire ce gaz pur, il produit une anesthésie de courte durée, sans danger, S'il est impur il occasionne une sorte d'ivresse agréable et excite l'hilarité. A l'état solide, mélangé avec du sulfure de carbone et placé dans le vide, il produit un froid de — 140°, la plus basse température qui ait été obtenue.

Ammoniaque. AzH^3. (*Azoture d'hydrogène, oxyde d'ammonium, alcali volatil.*) Mettre dans un ballon ou un tube un mélange de parties égales de chaux vive et de sel ammoniac, pulvérisés à part, et remplir avec des fragments de chaux. Chauffer et recevoir le gaz sur le mercure, ou dans un flacon vide. 5 gr. de sel produisent 2 litres de gaz.

L'ammoniaque est un gaz incolore, à odeur forte et piquante; il est alcalin et bleuit le tournesol rouge. C'est le seul gaz qui possède cette propriété. — L'ammoniaque, en contact avec l'acide chlorhydrique, forme le *sel ammoniac*. qui est inodore. C'est pour cela que l'odeur forte des lieux d'aisances disparaît, lorsqu'on y expose, dans des vases, de l'acide chlorhydrique étendu. — L'ammoniaque est extrêmement soluble dans l'eau, qui peut en absorber 670 fois son volume, où près de la moitié de son poids. Si on pose sur l'eau le goulot d'un flacon plein d'ammoniaque, l'eau s'y élance instantanément, et peut briser le flacon. Pour éviter cet accident, il est prudent de l'envelopper d'un linge. Si le flacon est fermé d'un bouchon traversé par un tube effilé, l'eau s'y élance en produisant un jet. Un morceau de glace introduit dans le gaz ammoniaque, y fond rapidement en disolvant le gaz.

C'est ordinairement à l'état de dissolution qu'on l'emploie en médecine et dans les opérations chimiques ; on lui donne alors le nom *d'ammoniaque liquide*. On fait une bouillie épaisse avec 3 p. chaux éteinte, 1 p. eau et 4 p. sel ammoniac ; on chauffe et on fait arriver le gaz dans le fond d'un flacon refroidi, rempli aux 2/3 d'eau. Lorsque le flacon vient à s'échauffer malgré le réfrigérant, et que des bulles de gaz se dégagent, il faut le remplacer par un autre. — On peut aussi mélanger parties égales de chaux vive et de sel ammoniac, puis ajouter peu à peu autant d'eau. Le mélange s'échauffe, le gaz se dégage, et pendant une partie de l'opération il n'est pas nécessaire de chauffer. On recueille le gaz comme précédemment. — Le produit est plus pur lorsqu'on fait passer le gaz à travers un lait de chaux très-étendu, avant de le recueillir dans l'eau. — Pour purifier l'ammoniaque du commerce, on y ajoute un lait de chaux, puis on chauffe et on fait arriver le gaz dans l'eau distillée. — L'ammoniaque est fréquemment employée dans l'industrie. On s'en sert pour enlever les taches de graisse. On l'emploie aussi en médecine, pour cautériser, frictionner, etc. Quelques gouttes dans un verre d'eau dissipent l'ivresse et guérissent le gonflement des bestiaux.

SOUFRE. S = 200 ou 16.

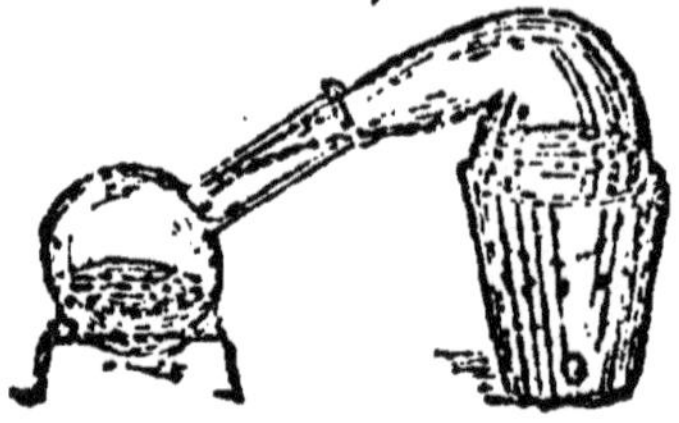

Le soufre, très-répandu dans la nature, se trouve à l'état natif, dans les terrains volcaniques, et presque partout à l'état de combinaison. On l'extrait et on le purifie au moyen de la distillation ; puis on le fond en cylindres, qu'on nomme *bâtons* ou *canons*. Si on tient dans la main un de ces bâtons, on entend bientôt un craquement particulier, et le soufre se brise. Par le frottement sur la laine, il s'électrise, attire les corps légers, et devient odorant. Chauffé à + 110°, il fond, et prend l'aspect d'un liquide jaune clair, très-limpide. En augmentant la chaleur, il devient successivement jaune foncé, orangé, brun, et assez épais pour ne plus couler, vers + 200°. En chauffant davantage, il redevient un peu plus fluide, Si alors on le verse dans un vase plein d'eau, on obtient un corps pâteux, mou, transparent, élastique, et qui peut s'étirer en fils. Il reprend sa dureté au bout de quelques jours, ou bien immédiatement, si on vient à le chauffer. Le soufre fondu plusieurs fois, et refroidi brusquement, devient rouge, il prend de la tenacité, et peut alors servir à faire des disques pour les machines électriques. Le soufre bout et distille à + 400°, et on obtient une poudre très-fine, la *fleur de soufre*. Si on opère dans un tube incliné, la fleur vient se condenser dans le haut du tube. — On obtient des médailles au moyen de moules en plâtre, dont nous parlerons plus loin, et en y coulant du soufre liquide. La médaille peut être ensuite frottée avec de la plombagine pulvérisée, qui lui donne un aspect métallique.

Si on introduit une lame de cuivre dans la vapeur produite par du soufre en ébullition, la lame devient incandescente ; lorsqu'elle est refroidie, elle se brise facilement, et a augmenté de poids, étant transformée en sulfure de cuivre. — Chauffé à l'air, le soufre s'enflamme à environ 150° ; il brûle avec une flamme bleue, et dégage une odeur suffocante, en produisant de l'acide sulfureux. — Le soufre se dissout dans les essences, la soude, la potasse, et surtout dans le sulfure de carbone ; à l'état de soufre mou, il n'est pas soluble. Le soufre cristallise de différentes manières, suivant le mode par lequel on opère. On fond du soufre dans une capsule ; lorsqu'il est bien liquide, on laisse refroidir jusqu'à ce que la surface commence à se solidifier ; on y fait alors un trou pour écouler le soufre liquide, et la partie cristallisée apparaît en aiguilles prismatiques déliées. — On agite, dans un flacon bouché, du soufre pulvérisé et du sulfure de carbone. On verse la dissolution dans une capsule ; le liquide s'évapore promptement, et le soufre reste cristallisé en octaèdre, comme on le trouve à l'état natif. —

On peut encore faire bouillir le soufre dans l'essence de térébenthine ; on verse une partie de la dissolution dans un verre, où elle se refroidit brusquement, et donne des cristaux longs, prismatiques. Ce qui reste dans le ballon, refroidi lentement, laisse déposer du soufre cristallisé en octaèdres. — Lorsqu'on fait bouillir du soufre avec de l'eau et de la soude, puis qu'on ajoute un acide dans le liquide éclairci, le soufre se précipite en poudre fine. — Le soufre sert dans la fabrication des allumettes, du vermillon, de l'acide sulfurique, de la poudre à tirer, pour sceller les barres de fer dans la pierre, etc. On l'emploie aussi en médecine.

Acide sulfureux. SO^2. Chauffer dans un ballon 5 p. acide sulfurique avec 1 p. de braise, de charbon concassé, de copeaux, ou de sciure de bois blanc bien sec, et le gaz qui se dégage est recueilli sur l'eau, le mercure, ou à sec. — Chauffer du sulfate de fer avec du soufre, ou de l'acide sulfurique avec du soufre ou du cuivre.

Lorsqu'on ne veut pas recueillir l'acide sulfureux, on brûle simplement du soufre à l'air ; c'est le procédé employé dans l'industrie pour blanchir la laine, la soie, la paille, les éponges, etc, Les objets doivent être un peu humides, et on les expose dans un lieu fermé où on fait brûler le soufre. — Pour enlever les taches de vin et de fruits sur le linge, on le mouille, puis on brûle par-dessous un peu de soufre ou quelques allumettes, et on lave à l'eau. On peut brûler le soufre sous un entonnoir ou un cône en papier, qui sert de cheminée pour amener le gaz sur la tache. — Les matières colorantes sont altérées, mais non détruites par ce gaz, comme elles le seraient par le chlore. Ainsi, une rose, décolorée par l'acide sulfureux, reprend sa teinte dans l'acide sulfurique étendu. Les violettes blanchissent au contact de l'acide sulfureux ; si ensuite on les expose dans l'ammoniaque, elles verdissent, comme cela arriverait avec les fleurs non décolorées, et elles rougissent dans l'acide sulfurique étendu. La laine, teinte en jaune par l'acide chromique, verdit dans l'acide sulfureux. On peut ainsi teindre au moyen d'un gaz.

Les mèches soufrées qu'on brûle dans les tonneaux dégagent de l'acide sulfureux, qui s'empare de l'oxygène.

Le gaz acide sulfureux pèse plus du double que l'air ; 1 litre pèse près de 3 gr. Il éteint les corps en combustion. Si on verse le gaz dans un vase au fond duquel brûle un morceau de bougie, elle s'éteint immédiatement. Les feux de cheminée sont aussi promptements éteints, lorsqu'on enflamme du soufre dans le foyer, et qu'on bouche l'ouverture avec un drap mouillé. — A la température de — 10°, l'acide sulfureux devient liquide. Il suffit, pour cela, de le recueillir dans un réfrigérant. On l'a obtenu solide, au moyen d'un grand froid et de la pression ou du vide. — L'acide sulfureux liquide est incolore, très-mobile, et doit être conservé dans des tubes soudés. Si on le verse sur la boule d'un thermomètre entourée d'étoffé, il fait congeler le mercure et descendre l'alcool au-dessous de — 60°, surtout si on souffle sur la boule pour activer l'évaporation. Versé dans l'eau, il se produit instantanément de la glace. On fait avec ce corps une des plus curieuses expériences de la chimie. On chauffe au rouge blanc une capsule de platine ou de fer ; on y verse de l'acide sulfureux liquide et un peu d'eau ; on met quelques instants la capsule dans un fourneau fortement chauffé ; puis on retire et on verse rapidement le contenu dans une soucoupe. Par suite du phénomène de *caléfaction* de l'acide, l'eau s'est transformée en glace dans un fourneau chauffé au rouge blanc.

Le gaz acide sulfureux se dissout dans l'eau, qui peut en absorber environ 50 fois son volume. Pour l'obtenir ainsi, on chauffe 1 p. charbon avec 5 p. acide sulfurique ; on fait traverser le gaz dans un flacon laveur, ou un tube en U, à moitié plein d'eau, puis on le fait arriver dans de l'eau froide récemment bouillie. C'est dans cet état qu'on l'emploie le plus souvent comme réactif, mais il ne peut se conserver que dans des flacons bien pleins.

Acide sulfurique. SO^3,HO. (*Huile de vitriol, acide vitriolique.*) On enflamme, dans une petite capsule, un morceau de soufre ; puis on le fait brûler suspendu au milieu d'un flacon mal bouché, et contenant un peu d'eau. Quand le soufre est éteint, on le remplace par un morceau de coke ou de pierre-ponce imbibé d'acide azotique. Il se produit des vapeurs rousses, et il se dépose de l'acide sulfurique au fond du flacon. On peut répéter plusieurs fois cette opération, puis on concentre l'acide par évaporation. — Faire passer un courant de gaz acide sulfureux à travers de l'acide azotique concentré et bouillant. — Chauffer un mélange de soufre et d'acide azotique. — Faire arriver, en même temps dans un flacon ouvert, contenant un peu d'eau tiède, un courant de gaz acide sulfureux et un courant de bioxyde d'azote. — Faire brûler dans un flacon contenant de l'eau un mélange de 1 p. salpêtre et 12 p. soufre. — Chauffer au rouge dans un tube de porcelaine un mélange de sable et de plâtre, en y faisant arriver de la vapeur d'eau. Les vapeurs traversent ensuite un tube de verre chauffé, contenant de la mousse de platine, et arrivent dans un ballon refroidi, qui condense l'acide sulfurique. — L'acide concentré par évaporation peut être purifié en le distillant. Pour éviter les soubresauts qui se produisent pendant l'ébullition de l'acide sulfurique, on met dans le liquide des fragments de platine, de pierre-ponce ou de verre. Dans la disposition des appareils, il ne faut pas employer les bouchons de liége, qui seraient promptement détruits.

L'acide sulfurique est un liquide très-pesant, incolore, inodore, qui décompose promptement les substances végétales et animales, par suite de sa grande affinité pour l'eau. Cette affinité est si considérable, que si on abandonne à l'air de l'acide concentré, il absorbe l'humidité et peut augmenter jusqu'à 30 fois de volume. En même temps, le liquide brunit, par suite de la décomposition des poussières de l'air ; on peut le décolorer en le chauffant. Lorsqu'on mélange de l'eau et de l'acide sulfurique, il se produit beaucoup de chaleur ; ainsi, avec 4 p. d'acide et 1 p. d'eau, on peut obtenir une température de + 140°. Il ne faut jamais verser l'eau dans l'acide, mais bien l'acide dans l'eau, peu à peu, et en agitant. Si on mélange rapidement 4 p. acide et 1 p. neige ou glace pilée, la température peut s'élever jusqu'à + 100°; mais si on opère de même avec 4 p. neige et 1 p. acide, on peut obtenir un froid de — 20°.

L'acide sulfurique concentré SO^3,HO, marque 66° à l'aréomètre ; il bout à + 325°, et se congèle à — 34°; un litre pèse 1 kil. 847 gr. Lorsqu'il est pur, on peut le chauffer avec de l'indigo sans en altérer la teinte. Si la peau est mouillée d'acide, il faut d'abord l'essuyer avec un linge, puis laver à grande eau. — Lorsqu'on écrit sur du papier avec de l'acide sulfurique très-étendu d'eau, l'écriture devient noire en approchant le papier du feu.

L'acide sulfurique fumant, dit de *Nordhausen* $(SO^2)^2,HO$, se prépare en distillant du sulfate de fer desséché, ou un mélange de peroxyde de fer et d'acide sulfurique concentré. Il bout à + 32° et se congèle à 0°. On l'emploie pour la dissolution de l'indigo.

L'acide sulfurique anhydre SO^3 s'obtient en distillant l'acide fumant ; on arrête lorsque le liquide cesse de bouillir. En recueillant les vapeurs dans un flacon ou tube refroidi, elles se condensent en aiguilles blanches et soyeuses. — On distille du bisulfate de soude comme précédemment. — L'acide sulfurique anhydre se conserve dans des tubes fermés à la lampe ; il produit à l'air des fumées blanches. Si on en jette un fragment dans l'eau on entend un sifflement semblable à celui que produirait un fer rouge. Sans usage.

Acide sulfhydrique. HS. (*Hydrogène sulfuré.*) Chauffer légèrement 1 p. sulfure d'antimoine ou de fer, avec 2 p. acide sulfurique ou chlorhydrique et recevoir le gaz sur l'eau salée.

L'acide sulfhydrique est un gaz incolore ; il éteint les corps en combustion, et il brûle avec une flamme bleuâtre. Il est très-vénéneux, et quelques millièmes de ce gaz, mélangés à l'air, suffisent pour donner la mort. C'est ce qui occasionne parfois celle des ouvriers vidangeurs, atteints de ce qu'on nomme vulgairement *le plomb*. Il est bon de répandre du chlore dans les lieux où il se dégage de l'acide sulfhydrique, qui est très-reconnaissable par son odeur d'œufs pourris. On l'emploie souvent en médecine, à l'état de dissolution dans les eaux minérales dites *sulfureuses*. Si on fait arriver le gaz acide sulfhydrique dans de l'eau récemment bouillie, elle en dissout environ trois fois son volume. Comme réactif, il est préférable d'employer l'acide gazeux, et d'avoir toujours un petit appareil prêt à fonctionner.

Le mélange de 1 p. oxygène et 2 p. acide sulfhydrique, s'enflamme avec explosion, au contact d'une bougie. Si on renverse un flacon plein de chlore sec sur un autre contenant de l'acide sulfhydrique gazeux, l'acide est promptement décomposé ; il se transforme en acide chlorhydrique et en soufre. Si on fait arriver des bulles d'acide sulfhydrique dans un flacon à moitié rempli de chlore et placé sur l'eau, le flacon s'emplit rapidement, l'acide chlorhydrique qui se produit étant très-soluble dans l'eau. L'acide sulfureux noircit l'argent, le cuivre, le plomb, etc. Les diseurs de bonne aventure écrivent avec une dissolution étendue d'un sel de plomb, et l'écriture n'apparaît en noir que lorsqu'ils placent le papier dans une boite, où il se fait un dégagement d'acide sulfhydrique.

Bisulfure d'hydrogène. HS^2. On verse goutte à goutte une dissolution de polysulfure de potassium dans l'acide chlorhydrique concentré, et on lave à l'eau le dépôt qui s'est produit. C'est un liquide jaunâtre, pesant, qui se rapproche, par ses propriétés, de l'eau oxygénée.

Sélénium. Se. **Tellure**, T. Ces deux métalloïdes rares ont de l'analogie avec le soufre.

CHLORE. Cl = 443 ou 35,5. (*Acide muriatique oxygéné.*)

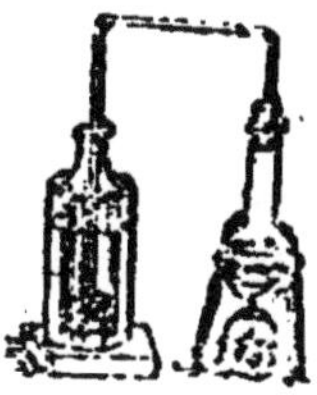

Mélanger dans un ballon, 5 p. acide chlorhydrique et 2 p. peroxyde de manganèse pulvérisé ; chauffer légèrement après avoir adapté un tube de dégagement. — Opérer de même avec 1 p. de peroxyde de manganèse, 4 p. de sel marin et 2 p. d'acide sulfurique, étendu de 2 p. d'eau. 4 gr. de peroxyde de manganèse produisent environ 1 litre de chlore. On peut aussi chauffer l'acide chlorhydrique avec du peroxyde de plomb, du chromate de chaux, un bichromate, etc. Le chlore étant très-lourd peut se recueillir dans un flacon vide, au fond duquel arrive le tube de dégagement. On peut aussi le recevoir sur l'eau salée, qui en dissout moins que l'eau pure. Si on veut le dessécher, on lui fait traverser un tube contenant du chlorure de calcium fondu. On ne peut recueillir le chlore sur le mercure avec lequel il se combine immédiatement.

Le chlore est un gaz jaune verdâtre, d'une odeur suffocante et d'une saveur âcre ; il est impropre à la respiration et à la combustion. Il détruit toutes les matières colorantes organiques ; on peut en faire l'expérience avec de l'encre, de l'indigo, du carmin, etc. C'est cette action qui l'a fait employer au blanchiment des tissus de coton, de lin, de chanvre.

Lorsqu'on met en contact avec le chlore une matière infecte elle perd son odeur. Cette propriété a fait employer le chlore pour la destruction des miasmes.

Dans un flacon plein de chlore, si on projette de l'antimoine ou de l'arsenic en poudre, il y a inflammation subite. Un fil de cuivre, rougi à l'avance, brûle rapidement dans le chlore gazeux et se change en chlorure de cuivre. Un fil de laiton devient incandescent, lorsqu'on le plonge dans le chlore, après avoir fixé à l'extrémité une lame de cuivre très-mince. Le phosphore brûle aussi dans le chlore. Un papier mouillé avec de l'essence de térébenthine prend feu dans le chlore gazeux.— Un litre de chlore pèse 3g,32 ; c'est-à-dire environ le double de l'air. On peut le conserver dans un flacon fermé avec un bouchon enduit de cire, et le goulot plongé dans l'eau. Le chlore et l'hydrogène se combinent avec facilité en produisant de l'acide chlorhydrique, Si on introduit dans un flacon entouré d'un linge parties égales de chlore et d'hydrogène, le mélange fera explosion à l'approche d'une bougie. Il faut bien se garder de préparer des mélanges de ces gaz, dans un endroit où pénètrent les rayons du soleil ; il y aurait explosion subite.

Pour obtenir le chlore en dissolution dans l'eau, on le fait d'abord traverser un peu d'eau, où il se lave ; puis il arrive dans des flacons contenant de l'eau distillée, bouillie, où il se dissout. La dissolution doit se conserver dans un flacon de verre noir, ou enveloppé de papier noir. On l'emploie comme réactif. Si on expose au soleil un petit flacon plein d'eau chlorée, retourné sur l'eau, il s'y forme de l'oxygène, de l'acide chlorhydrique, qui se dissout dans l'eau, et le chlore disparaît.

L'or en feuilles minces se dissout dans l'eau chlorée. — Lorsqu'on soumet la dissolution de chlore à une température un peu au-dessous de 0°, il s'y forme des cristaux d'hydrate de chlore $Cl^{10}HO$. Ces cristaux essuyés dans du papier à filtre bien froid, et enfermés dans un tube épais, soudé aux deux bouts, produisent du chlore liquide jaune, lorsqu'on vient à chauffer un peu. Refroidi convenablement, le chlore devient solide.

Acide hypochloreux. ClO. Agiter dans un flacon un mélange de chlore gazeux, d'oxyde rouge de mercure et d'eau, puis décanter ou filtrer. On obtient une dissolution jaune, qui décolore plus activement que le chlore, et peut s'employer pour restaurer les peintures à la céruse altérées par le temps. On peut aussi le recueillir à l'état gazeux, dans un flacon vide.

Les acides hypochlorique, chlorique, perchlorique, sont dangereux à préparer, et sans usage.

Acide chlorhydrique. HCl. (*Chlorure d'hydrogène, acide muriatique, esprit de sel.*) Introduire dans un ballon 1 p. sel marin en gros cristaux, puis 2 p.

eau, et ensuite 4 p. acide sulfurique. Le gaz se dégage d'abord à froid ; chauffer ensuite légèrement, et recevoir l'acide gazeux dans un flacon vide. Il ne faut le recueillir que lorsqu'on voit des vapeurs blanches. — Chauffer un mélange de sel marin et de sulfate de fer.

L'acide chlorhydrique est un gaz incolore, qui dégage des fumées blanches à l'air. Il a une odeur irritante ; il est impropre à la combustion, et très-soluble dans l'eau, qui peut en dissoudre environ 500 fois son volume. On peut faire les mêmes expériences de solubilité qu'avec l'ammoniaque. L'acide chlorhydrique ne s'emploie guère qu'à l'état de dissolution, qu'on prépare en faisant d'abord passer le gaz dans un flacon ou tube, contenant un peu d'eau destinée à retenir les impuretés, et ensuite dans un second flacon rempli d'eau aux deux tiers. — L'acide chlorhydrique en dissolution pure est incolore ; celui du commerce, qui est jaune, peut se purifier en le distillant, après l'avoir agité avec un peu de chlorure de baryum. C'est un réactif très employé dans les opérations chimiques et dans l'industrie. Il peut dissoudre la plupart des métaux, mais quelques-uns, comme l'or et le platine, résistent à son action isolée. On emploie alors *l'eau régale*, qui est un mélange d'une p. acide azotique avec 3, 4 ou 6 p. acide chlorhydrique. — Lorsqu'on approche l'un de l'autre deux flacons débouchés, l'un contenant de l'acide chlorhydrique, l'autre de l'ammoniaque, il se produit des fumées blanches, formées de sel ammoniac.

Chlorure d'azote. $AzCl^3$. C'est un corps dangereux, qui se produit lorsqu'on fait passer un courant de chlore dans une dissolution ammoniacale ; il détone violemment, parfois sans cause apparente.

Protochlorure de soufre. S^2Cl. Faire arriver un courant de chlore dans un flacon contenant de la fleur de soufre. — Distiller 1 p. soufre et 2 p. protochlorure d'étain. — C'est un liquide jaune, fumant, d'une odeur fétide et piquante ; il dissout le soufre et le phosphore.

BROME. Br = 1,000 ou 80.

Faire arriver un courant de chlore dans les eaux-mères des marais salants ; le liquide devient jaune, on l'agite avec de l'éther, puis on distille. — C'est un liquide rouge brun, d'une odeur fétide, qui pèse environ trois fois plus que l'eau. Il bout à + 63° et se congèle à — 20°. Il colore la peau en jaune. Si on verse quelques gouttes de brome dans un flacon, il est bientôt rempli de vapeurs rougeâtres, pesant 5 fois 1/2 plus que l'air. On emploie le brome en photographie, et en médecine, pour le traitement du croup et de l'angine.

Acide bromhydrique. HBr. (*Bromure d'hydrogène.*) Faire passer des vapeurs de brome dans un tube contenant du phosphore et des fragments de verre mouillés. C'est une opération dangereuse. — L'acide bromhydrique est un gaz acide, incolore, pesant ; il fume à l'air, de même que sa dissolution dans l'eau. Pour obtenir l'acide bromhydrique en dissolution, on fait arriver de l'acide sulfhydrique gazeux dans un flacon contenant de l'eau et du brome.

IODE. I = 1,586 ou 126,9.

Brûler des varechs ou de l'éponge ; lessiver les cendres ; concentrer le liquide, dont on retire les cristaux ; puis ajouter dans l'eau-mère de l'acide sulfurique et du peroxyde de manganèse. Chauffer dans un ballon, et faire arriver les vapeurs dans un flacon refroidi et mal bouché, où l'iode se condense. On peut aussi mélanger 2 p. des cendres avec 1 p. peroxyde de manganèse et de l'acide sulfurique pour former une bouillie, qu'on chauffe comme précédemment. — Chauffer un mélange d'acide sulfurique et d'iodure de potassium, ou d'un autre iodure, avec un peu de peroxyde de manganèse.

L'iode se trouve dans les substances qui contiennent du chlore et du brome, et a beaucoup d'analogie avec ces deux corps. Solide, il forme des paillettes ou lamelles grises, brillantes et odorantes, qui dégagent des vapeurs violettes à une douce chaleur, et cristallisent sur les parois des vases par le refroidissement. L'iode colore la peau en jaune ; il est peu soluble dans l'eau, mais très-soluble dans l'alcool et dans l'éther. En évaporant ces dissolutions on obtient l'iode cristallisé ; mais si on les mélange avec de l'eau, l'iode est précipité en poudre brune. Dissout dans le sulfure de carbone, l'iode se colore en violet très-intense. Si on met en contact une goutte d'iode en dissolution avec des matières contenant de l'amidon, farine, pain, pommes de terre, etc., il se forme une coloration bleue. L'amidon bouilli peut donc servir à reconnaître l'iode, comme l'iode à reconnaître l'amidon ; on peut ainsi découvrir un millionnième d'iode dans une dissolution. La teinture d'iode se prépare en dissolvant 1 p. d'iode dans 10 p. d'alcool. L'iode s'emploie en photographie et en médecine, quoique ce soit un poison énergique.

Acide iodhydrique. HI. Chauffer légèrement, dans un tube étroit, des couches de phosphore, d'iode et de verre, en fragments mouillés, et faire arriver le gaz dans un flacon bien sec.— On peut aussi chauffer légèrement de l'iodure de phosphore. — L'acide iodhydrique est un gaz très-pesant, incolore, d'une odeur irritante, fumant à l'air, et impropre à la combustion. — On peut préparer l'acide iodhydrique en dissolution en faisant passer un courant d'acide sulfurique dans un mélange d'eau et d'iode. On fait bouillir et on filtre pour séparer le soufre précipité.

Iodure d'azote. AzI^3. (*Iode fulminant.*) Mélanger un décigramme d'iode avec 15 d'ammoniaque; laisser reposer, et laver le précipité ; puis le mettre humide sur du papier à filtres, pour le faire sécher. — Il suffit de toucher 1 centigramme de ce produit avec une barbe de plume, pour produire une violente détonation. Il détone même lorsqu'on le jette sur l'eau, et lorsqu'on le frotte sous l'eau. C'est donc un corps très-dangereux à manier et à préparer.

FLUOR. Fl = 237,5 ou 19. (*Phtore, fluorine.*)

Ce corps, que quelques chimistes prétendent avoir isolé, n'est connu que par ses combinaisons. On suppose que c'est un gaz ayant quelque analogie avec le chlore.

Acide fluorhydrique. HFl. (*Fluide hydrique.*) Chauffer, dans une cornue en plomb, 1 p. fluorure de calcium (*spath fluor, fluate de chaux*), avec 3 p. acide sulfurique, et faire arriver les vapeurs dans un tube de plomb entouré de glace. On peut opérer aussi dans un tube de fer. Le spath fluor peut, au besoin, se remplacer par des dents d'animaux calcinées et pulvérisées. On recueille ainsi un liquide qui doit être conservé dans des flacons en plomb, en platine, ou en verre enduits intérieurement de paraffine ou de gutta-percha. La paraffine fondue est versée dans le flacon chaud. On répand bien la matière sur les parois, puis on refroidit le flacon dans l'eau. La gutta-percha peut être dissoute dans la benzine ou le sulfure de carbone. On étend bien le produit dans le flacon, et on laisse évaporer le dissolvant.

L'acide fluorhydrique est un liquide très-corrosif, fumant à l'air, et pouvant occasionner de dangereuses brûlures. En cas d'accident, il faut se servir de compresses d'ammoniaque. Étendu d'eau, il est moins dangereux. On s'en sert pour graver le verre. A cet effet, on chauffe un peu le verre, et on étend dessus une couche de cire, ou un mélange de 1 p. suif et 2 p. cire. Après refroidissement, on dessine avec une pointe, pour mettre le verre à nu. On applique alors avec un pinceau de l'acide fluorhydrique étendu, ou bien on place le verre préparé au-dessus d'une capsule de plomb ou de fer huilé, contenant une bouillie d'acide sulfurique ou de fluorure de calcium légèrement chauffé. L'opération se termine en chauffant le verre, pour enlever le vernis, ou en lavant avec de l'essence.

PHOSPHORE. Ph = 387,5 ou 31.

On délaie 3 p. de cendres d'os avec 2 p. acide sulfurique, et 15 p. eau, pour faire une bouillie claire, qu'on laisse reposer 24 heures. On y ajoute ensuite de l'eau bouillante ; on filtre sur une toile épaisse, puis on chauffe le liquide éclairci, jusqu'à ce qu'il devienne sirupeux ; on y ajoute alors du charbon de bois pulvérisé finement, et bien sec. On chauffe ensuite ce mélange au rouge sombre, dans un creuset ; puis on l'introduit dans une cornue de grès, qui ne doit pas être pleine ; on la recouvre d'un lut argileux et on y adapte un tube de cuivre, qui plonge légèrement dans un vase contenant de l'eau tiède. On chauffe graduellement jusqu'au rouge blanc ; le phosphore distille au bout de quelque temps, et vient se rendre dans l'eau. — On peut aussi chauffer au rouge un mélange d'os calcinés et de charbon pulvérisé, dans un tube de porcelaine, traversé par un courant d'acide chlorhydrique gazeux. — Le phosphore se débarrasse des impuretés en le mettant dans une peau

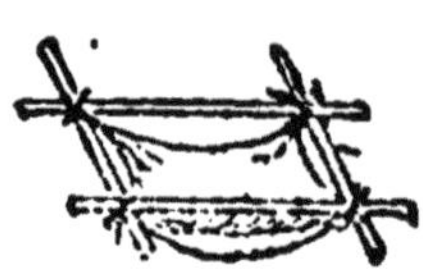

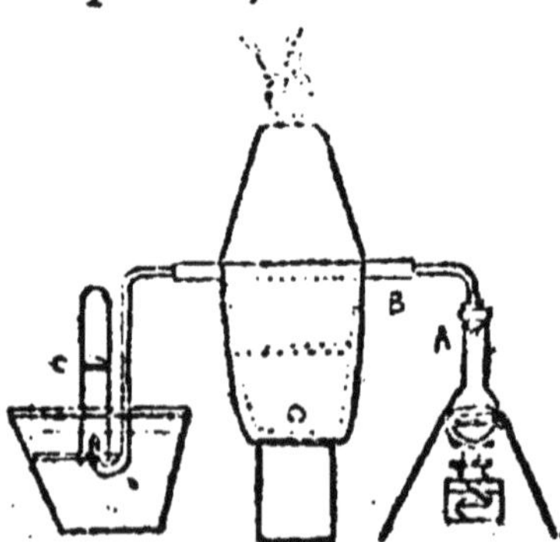

de chamois, qu'on presse dans l'eau chaude, avec une spatule. Pour le mouler en bâtons, on l'aspire avec précaution au moyen d'un tube de verre un peu conique, et on le plonge dans l'eau froide pour le solidifier. La distillation du phosphore exige de grandes précautions. On peut opérer dans un tube recourbé, dont l'extrémité ouverte plonge un peu dans l'eau, et le produit distillé se condense vers le milieu de tube.

A la température ordinaire, le phosphore est mou comme de la cire ; il durcit au froid, et devient cassant. Il a une odeur caractéristique. Pur et récemment fondu, il est translucide et incolore ; mais le plus souvent il a une teinte jaunâtre ; au bout de quelque temps, il devient blanc et opaque. Il fond à + 44°, s'enflamme à 60° et bout à 290°.

Le phosphore doit être manié avec beaucoup de prudence, et autant que possible sous l'eau, où on le coupe avec des ciseaux. On l'essuie avec du papier buvard, lorsqu'on veut s'en servir. Il faut le conserver dans un flacon bleu, ou entouré de papier, et rempli d'eau bouillie. Il est lumineux dans l'obscurité, surtout lorsqu'il est en partie plongé dans l'acide azotique. On attribue généralement cet effet lumineux, qu'on nomme la *phosphorescence*, à une oxygénation lente ; mais le même effet se produit dans le vide, l'azote, l'hydrogène, etc. — Lorsqu'on fait fondre du phosphore dans l'eau chaude, et qu'on le met en contact avec un courant d'air, ou mieux d'oxygène, au moyen d'un tube, le phosphore s'enflamme et brûle sous l'eau. Si on met un fragment de phosphore dans une petite capsule de papier flottant sur de l'eau chaude, il fond et s'enflamme, sans brûler le papier. Lorsqu'il est fondu dans l'eau, si on jette le tout à terre, le phosphore s'enflamme. — Il se dissout dans l'éther, les huiles, et surtout le sulfure de carbone. On l'obtient cristallisé par l'évaporation du dissolvant. — Lorsqu'on se frotte les mains avec de l'éther, dans lequel on a agité un fragment de phosphore, elles deviennent lumineuses dans l'obscurité. Du papier à filtre mouillé avec cette dissolution, s'enflamme spontanément, après l'évaporation de l'éther. Un morceau de sucre imbibé du même liquide, et plongé dans l'eau bouillante, produit des jets de flamme à la surface de l'eau. — Fondu dans l'eau, et agité jusqu'au refroidissement, le phosphore s'obtient à l'état de poudre jaune. — Le phosphore s'enflamme par un léger frottement; recouvert de charbon pulvérisé, il prend feu spontanément. Les brûlures qu'il occasionne sont graves et douloureuses. En cas d'accident, il faut d'abord plonger dans l'eau froide les parties atteintes ; on fait ensuite de fréquents lavages avec de l'eau contenant de la magnésie, de la craie ou des cendres de bois. Le phosphore est un corps très-vénéneux. Son contre-poison est la magnésie.

Le phosphore brûle lentement, lorsqu'on l'enflamme au milieu d'un tube placé horizontalement. Il se produit alors du phosphore rouge et de l'acide phosphoreux. Si on incline le tube, la combustion s'active, et il se forme de l'oxyde de phosphore. Si le tube est placé presque verticalement, la combustion est très-vive, et produit de l'acide phosphorique.

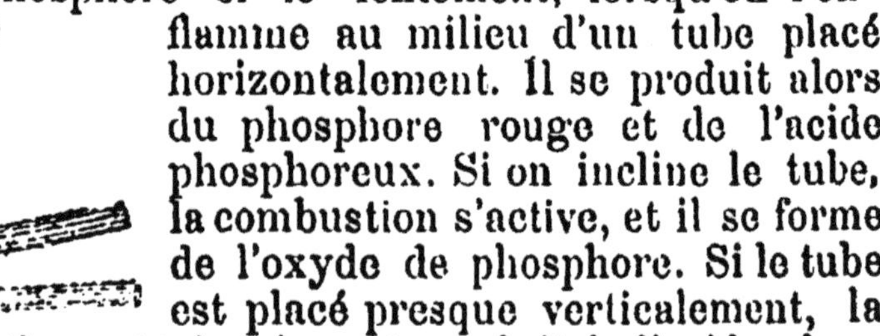

Chauffé quelque temps sous l'eau, avec des traces de mercure, le phosphore devient noir.

Exposé au soleil, il devient rouge. Le même effet se produit lorsqu'on le maintient environ 60 heures à une température de + 250°. C'est de cette manière qu'on le produit à l'état dit *amorphe*. Il cesse alors d'être vénéneux, odorant, lumineux dans l'obscurité, et il ne s'enflamme qu'à + 260°.

Le phosphore est fréquemment employé dans les laboratoires ; mélangé avec de la farine et de la graisse, il sert à faire une pâte pour la destruction des rats ; mais son principal emploi est dans la fabrication des allumettes *chimiques* ou *à friction*. On fait une pâte avec 6 p. colle-forte en solution épaisse ; on chauffe légèrement ; on met 4 p. phosphore, et on agite jusqu'à ce que le mélange soit tiède ; on ajoute alors 10 p. azotate de potasse, 3 p. minium ; puis on étend la pâte sur un marbre, et on en imprègne les allumettes soufrées à l'avance. On les pique ensuite dans du sable pour les faire sécher. Le soufre peut être remplacé par la stéarine. La pâte peut aussi être formée de 3 p. phosphore, 3 p. gomme, 2 p. bioxyde de plomb, 2 p. sable fin. — On fait avec le phosphore amorphe des allumettes dont l'usage est moins dangereux. La pâte est composée de 5 p. phosphore rouge, 4 p. colle-forte, 9 p. eau et 2 p. sable. — On emploie aussi deux pâtes, l'une contenant du chlorate de potasse et du sulfure d'antimoine, dans laquelle on plonge les allumettes, qui doivent être frottées sur un mélange de phosphore amorphe et de peroxyde de manganèse.

On peut imiter les anciens *briquets phosphoriques* en mettant un peu de phosphore dans un flacon, ou un petit tube fermé, qu'on plonge quelque temps dans l'eau chaude, pour opérer la fusion, et fixer le phosphore au fond du flacon. On ferme le tube avec un bouchon. Une allumette soufrée, plongée dans le flacon, prend feu, lorsqu'on la frotte sur un liége.— Si à 2 p. phosphore en fusion on a ajouté 1 p. de magnésie, une allumette soufrée s'enflamme à l'air lorsqu'on la retire subitement du flacon.

Acide hypophosphoreux. PhO. Chauffer du phosphore avec une dissolution de chaux. Ajouter de l'acide sulfurique, filtrer et faire un peu évaporer. Précipite en noir l'azotate d'argent.

Acide phosphoreux. PhO^3. Mettre de l'eau dans une assiette ; placer au milieu un flacon avec un peu d'eau, surmonté d'un entonnoir contenant du phosphore. Il se forme dans le flacon une dissolution d'acide phosphoreux.

Acide phosphorique. PhO^5. Mettre au milieu d'une assiette bien sèche du phosphore enflammé, et recouvrir d'un verre bien sec aussi. Après l'extinction, laisser refroidir, puis recueillir rapidement la poudre blanche qui s'est formée. — C'est un corps très-avide d'eau, et qui absorbe promptement l'humidité de l'air. Lorsqu'on en jette un fragment dans l'eau, il se produit un bruit comme si on y plongeait un fer rouge.

Sulfure de phosphore. Chauffer légèrement dans l'eau 1 p. phosphore et 2 p. soufre. Sans usage.

Chlorure de phosphore. $PhCl^3$. Faire passer un courant de chlore sec sur des fragments de phosphore mélangés de sable, et recevoir le produit dans un flacon refroidi. C'est un liquide incolore fumant à l'air.

Iodure de phosphore. PhI^2. Dissoudre 1 p. phosphore et 9 p. iode dans du sulfure de carbone, et faire cristalliser dans un réfrigérant. Ces cristaux orangés peuvent servir à préparer l'acide iodhydrique.

Phosphures d'hydrogène. (*Hydrogène phosphoré.*) Mettre dans un ballon un lait de chaux, des fragments de phosphore ; remplir avec de la chaux éteinte en poudre, chauffer légèrement, après avoir adapté un tube de dégagement qui fait arriver le gaz dans l'eau, d'où il sort en s'enflammant. — Mélanger 1 p. acide sulfurique et 6 p. eau; ajouter du zinc en grenaille ; puis, un peu après, du phosphore en fragments, et le gaz qui se dégage s'enflamme au contact de l'air. — Jeter dans l'eau gros comme un pois de phosphure de calcium, ou bien chauffer dans l'eau des boulettes de phosphore entourées de chaux éteinte. Aussitôt il se forme des jets de flammes et des couronnes de fumée. — Le phosphore et l'hydrogène se combinent en diverses proportions, et forment des composés solides, liquides et gazeux, dont quelques-uns ne sont pas spontanément inflammables.

ARSENIC. As = 937,5 ou 75.

Chauffer un mélange d'acide arsénieux et de charbon pulvérisé ; l'arsenic vient se condenser dans la partie froide du vase ou de l'appareil. — En grand, on l'obtient en chauffant le *mispikel* avec du fer divisé, et l'arsenic se sublime. — Il est solide, brillant, gris de fer ; on doit le conserver dans l'eau bouillie, car il s'oxyde rapidement à l'air ; projeté sur des charbons embrasés, il répand une odeur d'ail caractéristique. Il s'enflamme lorsqu'on le jette pulvérisé dans un flacon rempli de chlore. On peut le fondre dans un tube fermé. Chauffé légèrement à l'air, l'arsenic se convertit en acide arsénieux ; mais si on chauffe davantage il se volatilise et peut se condenser contre un corps froid ; en opérant lentement, dans une capsule recouverte d'une plaque de verre, on le voit cristalliser en aiguilles très-nettes. — L'arsenic pulvérisé et recouvert d'eau s'emploie pour la destruction des mouches.

Acide arsénieux. AsO^3. (*Arsenic blanc.*) Chauffer de l'arsenic au contact de l'air. L'acide arsénieux récemment produit ressemble au verre ; il devient ensuite opaque, et prend l'aspect de la porcelaine. C'est un poison violent, mortel à petite dose ; mais on peut le combattre avec la magnésie et le peroxyde de fer hydraté. Projeté sur des charbons ardents, il dégage une odeur d'ail, et se change en arsenic. L'acide arsénieux est soluble dans l'eau, il se dissout facilement dans l'acide chlorhydrique froid, sans se combiner. L'acide arsénieux s'emploie dans la teinture, la verrerie, le chaulage du blé, et pour faire la *mort aux rats*.

Acide arsénique. AsO^5. Chauffer un mélange d'acide arsénieux, d'acide chlorhydrique et d'acide azotique. C'est un corps très-vénéneux.

Hydrogène arsénié. AsH^3. Lorsque, dans un appareil analogue à la lampe philosophique (V. p. 96), on introduit du zinc, de l'acide sulfurique et de l'eau, contenant un peu d'acide arsénieux, il se dégage de l'hydrogène arsénié, qui peut s'enflammer. Si on vient à diriger brusquement cette flamme contre une porcelaine froide, il se forme une tache noirâtre, brillante, d'arsenic, facilement volatilisable, et qui peut se dissoudre dans une solution de chlorure de chaux. C'est l'*appareil de Marsh*, qui est employé pour la recherche des empoisonnements.

L'hydrogène arsénié est un gaz très-vénéneux, qu'il faut bien se garder de respirer.

Bisulfure d'arsenic. AsS^2. (*Réalgar.*) Faire fondre, puis sublimer, 2 p. arsenic ou acide arsénieux, et 1 p. fleur de soufre. C'est un corps rouge orangé, qui s'emploie en peinture.

Trisulfure d'arsenic. AsS^3. (*Orpiment.*) Faire passer de l'acide sulfhydrique dans une dissolution d'acide arsénieux. — C'est un corps jaune, qui se trouve dans la nature, ainsi que le précédent.

Chlorure d'arsenic. $AsCl^3$. Faire passer un courant de chlore sec sur de l'arsenic. On obtient un liquide lourd très-vénéneux.

BORE. Bo = 137,5 ou 11.

Mettre 4 p. acide borique et 5 p. aluminium dans un creuset de graphyte luté, qu'on place dans un autre creuset brasqué, et chauffer au rouge blanc. — Le bore ordinaire fondu peut s'étirer en fils comme le verre ; mais lorsqu'il est pur et cristallisé, il est infusible, plus dur que le diamant, et inattaquable par les acides.

Acide borique. $BoO^3,3HO$. Chauffer 2 p. de borate de soude dans 5 p. eau, et ajouter 1 p. acide chlorhydrique. L'acide cristallise en paillettes par le refroidissement. — L'acide borique s'extrait principalement des eaux de certains marais en Toscane. Dissout dans l'alcool, il en colore la flamme en vert. Chauffé au chalumeau, on obtient un verre transparent, qui s'étire en fils. L'acide borique s'emploie en médecine, sous le nom de *sel de Homberg*, dans la fabrication du strass, de certains verres et émaux, ainsi que pour préparer le borax.

Chlorure de Bore. BoCl. Faire passer du chlore sec dans un tube chauffé contenant de l'acide borique et du charbon. — C'est un gaz très-pesant, fumant à l'air. Il se décompose au contact de l'eau.

Azoture de Bore. BoAz. Calciner 2 p. sel ammoniac et 1 p. borax anhydre. Le résidu est pulvérisé et lavé. — Chauffé avec certains oxydes, ce corps les réduit facilement en métal.

Sulfure de Bore. BoS^3. Faire passer du sulfure de carbone en vapeur dans un tube chauffé au rouge, contenant un mélange de charbon et d'acide borique.

Fluorure de bore. $BoFl^3$. (*Acide fluoborique.*) Chauffer dans un ballon un mélange de 1 p. acide borique, 2 p. fluorure de calcium, et 12 p. acide sulfurique ; recueillir le gaz à sec ou sur le mercure. Il est très-pesant et répand à l'air d'épaisses fumées. — L'eau peut en dissoudre 800 fois son volume. Un papier se carbonise rapidement lorsqu'on l'introduit dans un flacon plein de fluorure de bore.

SILICIUM. Si = 262,5 ou 21.

Chauffer au rouge, dans un tube de verre, du potassium avec du fluorure double de silicium et de potassium ; délayer le produit dans l'eau froide, et recevoir le silicium sur un filtre. — C'est une poudre brune, qui peut se fondre au moyen d'une pile puissante, et donne alors un produit très-dur. Le silicium est, après l'oxygène, le corps le plus répandu de la nature, mais il s'y trouve toujours en combinaison.

Acide silicique ou **silice.** SiO^3. Faire rougir un caillou de silex, puis le plonger brusquement dans l'eau ; on peut alors le pulvériser facilement. Faire bouillir la poudre obtenue dans une capsule avec 1 p. acide azotique et 4 p. acide chlorhydrique. Etendre d'eau, décanter et laver. — Verser de l'acide chlorhydrique dans une dissolution de silicate de potasse ; laver le précipité et le chauffer au rouge. — La silice, à l'état isolé, forme le cristal de roche ou quartz, les grès, les agathes, l'opale, l'améthiste, la pierre meulière, la pierre à fusil, etc. La silice n'est attaquable à froid que par l'acide fluorhydrique. A chaud, la silice est attaquée par la potasse. Elle est infusible au feu de forge ; mais elle fond et s'étire en fils, au moyen du chalumeau à gaz oxygène et hydrogène.

Chlorure de silicium. $SiCl^3$. Faire passer un courant de chlore dans un tube chauffé contenant un mélange de silice et de noir de fumée. C'est un liquide pesant, fumant à l'air, et que l'eau décompose.

Sulfure de silicium. SiS^3. Faire passer de la vapeur de sulfure de carbone dans un tube chauffé contenant de la silice et du charbon. On obtient de longues aiguilles que l'eau décompose. Il se dégage de l'acide sulfhydrique, et la silice reste en dissolution.

Fluorure de silicium. $SiFl^3$. Chauffer dans un ballon bien sec 1 p. spath fluor, 1 p. verre pilé, et 6 p. acide sulfurique ; recevoir le gaz à sec ou sur le mercure. — Il répand des fumées à l'air, mais il n'attaque pas le verre.

Acide hydrofluosilicique. $3HFl,2SiFl^3$. Mettre du mercure et de l'eau dans un vase, et y faire dégager le gaz précédent par un tube qui plonge dans le mercure. Il se forme dans l'eau de la silice gélatineuse ; filtrer et évaporer le liquide, jusqu'à ce qu'il se dégage des fumées blanches. — Il précipite les sels de baryte et non ceux de strontiane.

CARBONE. C = 75 ou 6.

Le carbone se trouve dans la nature sous divers aspects, dont le plus rare est l'état cristallisé et pur ; c'est le *diamant*. On ne l'a rencontré que dans très-peu de localités ; dans l'Inde, le Brésil, Bornéo et la Russie. On n'en trouve pas plus de 6 à 10 kil. par année. C'est la substance dont le prix est le plus élevé. On estime le poids du diamant en *carats*, unité qui n'est pas tout-à-fait la même dans tous les pays ; c'est environ 2 décigrammes. Suivant sa beauté, le prix du diamant d'un carat, taillé en brillant, varie de 250 à 325 fr., mais il croît rapidement avec la grosseur ; car, tandis que 15 diamants de un carat vaudraient un total de 4,500 fr. un diamant de 15 carats vaudrait environ 60,000 fr. Le diamant est un corps très-dur ; il ne se polit qu'avec sa poussière qu'on nomme *égrisée* ; il peut cependant être rayé par le bore et le silicium. On l'emploie pour couper le verre, pour faire des pivots de montre, pour tailler les pierres dures et même pour le percement des rochers. Exposé à la lumière, puis placé dans l'obscurité, il reste quelque temps lumineux. Les diamants sont généralement incolores et transparents ; mais il y en a aussi de colorés de diverses teintes.

On nomme *graphyte*, *plombagine*, ou *mine de plomb*, une variété de carbone presque pur, qu'on emploie pour fabriquer des crayons et des creusets réfractaires. — L'*anthracite* est encore du carbone presque pur ; c'est une sorte de houille, qui brûle difficilement. — La *houille*, ou *charbon de terre*, étant calcinée à l'abri de l'air, produit le *coke* ; c'est le combustible qui donne en brûlant la plus forte chaleur pour un poids déterminé. — Le *noir de fumée* est un charbon très-divisé, produit par certaines substances organiques brûlées incomplètement dans l'air. Lorsqu'on place un corps froid dans la flamme d'une chandelle, il se produit de suite du noir de fumée. On l'obtient en grande quantité en brûlant des résines dans une chambre close. Pour purifier le noir de fumée, on le délaie dans l'alcool, on y ajoute de l'eau, et on le calcine dans un creuset fermé. On l'emploie dans la peinture, pour la fabrication du cirage, des encres de Chine et d'imprimerie. Mélangé avec 2/3 d'arg e, il forme les crayons noirs à dessin. — On obtient du carbone pur en brûlant, dans un creuset fermé, du sucre, de l'amidon ou de la gomme.

Toutes les substances végétales et animales contiennent du carbone ; il s'y trouve combiné avec d'autres corps que la chaleur fait disparaître, au moins en partie. Le bois sec contient de 40 à 50 pour 100 de carbone, 1 centième de cendres, et le reste du poids en eau libre ou combinée. Pour fabriquer le charbon dans les forêts, on place des bûches verticalement de manière à former une meule conique : on la couvre avec des feuilles et de la terre ou du gazon, en ménageant des ouvertures pour mettre le feu, et maintenir une combustion incomplète. 100 kil. de bois donnent par ce procédé 17 à 18 kil. de charbon. On obtient un rendement plus avantageux, par la distillation du bois. Le charbon calciné à l'air produit la *braise*, qui conduit bien la chaleur et l'électricité, tandis que le charbon est mauvais conducteur. — Le charbon d'os, ou *noir animal*, se produit lorsqu'on chauffe au rouge des os durs dans un creuset fermé. On retire après refroidissement et on le conserve dans des vases bouchés.

Le charbon absorbe les gaz, les vapeurs, les odeurs et les matières colorantes en dissolution. Lorsqu'on éteint dans le mercure un charbon embrasé, et qu'on l'introduit dans une éprouvette de gaz, il en absorbe une quantité d'autant plus grande que ce gaz est plus soluble dans l'eau. Ainsi, 1 v. de charbon peut absorber 90 v. d'ammoniaque, 85 v. d'acide chlorhydrique, 65 d'acide sulfureux, 35 d'acide sulfhydrique et carbonique, etc. Les gaz ainsi réduits à un très-petit volume sont peut-être condensés à l'état liquide dans les pores du charbon. Lorsqu'on le chauffe, ou qu'on le met dans le vide, les gaz absorbés se dégagent. — On constate la présence de l'eau dans le charbon de bois en en chauffant des fragments dans un ballon, dont les parois se couvrent de gouttelettes. Les eaux croupies, agitées avec du charbon divisé, perdent leur odeur et deviennent potables. C'est pour cela qu'on s'en sert pour le filtrage. Si on agite avec du charbon d'os, du vin rouge, des dissolutions d'indigo, de campêche, de tournesol, etc., ces liquides deviennent incolores, après avoir été filtrés. Les liquides un peu acides se décolorent plus facilement. On obtient un charbon très-décolorant en calcinant du sang mélangé de carbonate de potasse, et en le lavant ensuite à l'eau. Le charbon animal perd promptement sa propriété décolorante; on peut la lui rendre en le calcinant à nouveau, après l'avoir fait bouillir avec de l'eau aiguisée d'acide chlorhydrique. — Le charbon décompose certains sels. Ainsi, un charbon incandescent plongé dans une solution acide de sulfate de cuivre, se couvre de cuivre métallique.

On nomme *pyrophore* un composé qui s'enflamme subitement à l'air. On chauffe au rouge, dans un creuset, 2 p. alun calciné, 1 p. charbon, et 1 p. carbonate neutre de potasse, ou *sel de tartre*. Le tout pressé et recouvert de sable.

Le carbone est le combustible le plus employé, surtout à l'état de coke, de houille et de charbon de bois. A + 240°, le charbon commence à brûler ; il devient incandescent, ou rouge de feu ; mais la flamme ne se produit que lorsqu'il y a dégagement ou production d'un gaz combustible. L'oxygène, en s'unissant au carbone, forme les gaz dont nous allons parler.

Acide carbonique. CO^2. (*Air fixe.*) Mettre dans un flacon de l'eau et des fragments de marbre ou de craie ; agiter un peu, puis ajouter de l'acide chlorhydrique ou sulfurique ; adapter un tube de dégagement, et faire arriver le gaz dans un flacon placé sur l'eau, sur le mercure, ou dans un flacon vide. — L'acide carbonique se produit encore lorsqu'on brûle du charbon dans l'air, et lorsqu'on calcine du carbonate de chaux dans une cornue. — C'est un gaz incolore, un peu odorant, d'une saveur aigrelette ; il rougit le tournesol et éteint les corps en combustion. Un litre de ce gaz pèse environ 2 gr. Etant plus pesant que l'air, on peut le verser d'un vase dans un autre, comme s'il s'agissait d'un liquide. Si on le verse dans un verre au fond duquel brûle une bougie, elle s'éteint immédiatement. Les bulles de savon, placées avec précaution, nagent sur le gaz acide carbonique.

Nous avons déjà vu que, dans l'acte de la respiration, l'oxygène de l'air se change en partie en acide carbonique ; lors donc qu'on souffle avec un tube dans l'eau de chaux, elle se trouble, par suite de la formation du carbonate de chaux. Le même effet se produit lorsqu'on agite de l'eau de chaux dans un vase, où il y a eu une combustion quelconque. L'azote impropre aussi à la combustion, ne trouble pas l'eau de chaux. — L'acide carbonique est impropre à la respiration. Si donc on met un insecte au fond d'un vase, contenant un peu d'acide carbonique, il est promptement asphyxié. Il y a des grottes, des caves, des puits, des mines, etc., où l'acide carbonique s'accumule, et cause l'asphyxie des personnes qui y pénètrent. Il est prudent de descendre à l'avance une lanterne au moyen d'une corde, et si la lumière s'éteint, il ne faut pas y pénétrer avant d'avoir absorbé le gaz par des aspersions d'ammoniaque. — Si la combustion et la respiration produisent de l'acide carbonique, la végétation fait un effet contraire ; les plantes enlèvent à l'air cet acide, s'assimilent le carbone et dégagent de l'oxygène. — Lorsqu'on agite de l'acide carbonique avec de la teinture bleue de tournesol, elle rougit ; mais si on chauffe le liquide, l'acide est chassé et la teinte bleue reparaît. — Quand on met la main dans un vase contenant du gaz acide carbonique, on éprouve une sensation de chaleur, bien que le thermomètre ne l'accuse pas. L'acide carbonique hâte la cicatrisation des plaies, calme les douleurs, guérit les tumeurs, et détruit les odeurs infectes.

L'acide carbonique se dissout dans l'eau, qui en absorbe un volume égal au sien. Si donc l'acide est réduit par une pression de 5 atmosphères, au 5e de son volume, l'eau pourra absorber un poids 5 fois plus fort d'acide carbonique. L'*eau gazeuse* ou *eau de Seltz* ordinaire, est une dissolution d'acide carbonique, qu'on obtient très-promptement en mettant dans un litre d'eau, aussi froide que possible, 8 gr. de bicarbonate de soude et 7 gr. d'acide tartrique. On bouche bien et on agite le mélange. Si l'eau gazeuse contient un peu de gomme, la mousse persiste quelque temps.

On a obtenu de l'acide carbonique liquide et solide, par une pression de 36 atmosphères à 0°. C'est une préparation dangereuse. Au moyen de l'acide solide, on a produit un abaissement de température de — 100°. Ce froid excessif, en contact avec les chairs, produit l'effet d'une vive brûlure.

Acide chloroxycarbonique. CO,Cl. On expose

au soleil un mélange, par volume égaux, de chlore et d'oxyde de carbone, et on obtient un gaz très-pesant.

Oxyde de carbone. CO. Chauffer dans un ballon 1 p. d'acide oxalique ou de bioxalate de potasse et 6 p. d'acide sulfurique ; le gaz se dégage à l'ébullition. — Chauffer au rouge 9 p. craie et 1 p. charbon, ou un mélange d'oxyde de zinc et de charbon, et on reçoit le gaz sur de l'eau de chaux. — L'oxyde de carbone est un gaz incolore, sans odeur ni saveur ; il est éminemment délétère, et peut causer la mort, lorsqu'on brûle du charbon de bois dans un appartement bien fermé. C'est l'oxyde de carbone qui cause généralement l'asphyxie par le charbon, et non l'acide carbonique, comme on l'a cru longtemps. L'air contenant 1/2 centième d'oxyde de carbone est irrespirable, tandis qu'on peut vivre quelque temps dans l'air contenant un quart d'acide carbonique. Ce gaz se produit surtout lorsqu'il y a une grande épaisseur de charbon embrasé. Il brûle avec une flamme bleue particulière, qui produit beaucoup de chaleur. On peut l'enflammer dans une éprouvette. Mélangé avec l'oxygène, il détone à l'approche d'une bougie. — Les viandes soumises pendant quelque temps à l'action de l'oxyde de carbone se conservent longtemps et peuvent servir à l'alimentation.

Hydrogène protocarboné. C^2H^4. (*Gaz des marais*). Chauffer un mélange de 1 p. acétate de soude cristallisé et 4 p. baryte caustique, ou bien 1 p. acétate de potasse et 3 p. potasse. — On peut placer un flacon plein d'eau, muni d'un entonnoir, et retourné sur des eaux stagnantes. En agitant la vase avec un bâton, le gaz se dégage, et on peut le recueillir ; mais il n'est pas pur. — L'hydrogène protocarboné est un gaz incolore, d'une odeur désagréable, insoluble dans l'eau. Il brûle avec une légère flamme bleuâtre. Mélangé avec l'air ou l'oxygène et enflammé, il détone violemment. Il se trouve souvent mélangé avec l'air dans les mines de houille, et produit, sous le nom de *feu grisou*, ou *brisou*, de terrible explosions, qui ont fait de nombreuses victimes. Pour prévenir ce danger, on emploie, dans les mines, les lampes dites de Dawy, dont la flamme est entourée de toiles métalliques, qui, refroidissant les gaz en combustion dans l'intérieur, ne peuvent propager l'inflammation au dehors.

Hydrogène bicarboné. C^4H^4. *(Gaz oléfiant, éthylène.)* Introduire dans un ballon baigné dans l'eau 1 p. alcool et 4 à 5 p. acide sulfurique, en mélangeant peu à peu ; puis faire bouillir, et recueillir le gaz sur l'eau. On peut mettre dans le ballon assez de sable pour absorber le liquide avant de le chauffer. — Ce gaz incolore, à odeur d'éther, brûle avec une flamme jaune et brillante. Lorsqu'on abandonne quelque temps des volumes égaux de chlore et d'hydrogène bicarboné, dans un flacon placé sur l'eau, il se forme une matière huileuse, volatile, sucrée, d'une odeur éthérée agréable, qu'on nomme *liqueur des Hollandais*, $C^4H^4Cl^2$.

Le gaz de l'éclairage est composé principalement d'hydrogène protocarboné et bicarbonné, ainsi que d'oxyde de carbone. On peut l'obtenir au moyen de bois, houille, huiles diverses, pétrole, essences, graisses, résines, etc. On chauffe dans un tube ou un ballon des copeaux minces de bois bien sec ; on adapte un petit tube au moyen d'un bouchon, et on peut recueillir ou enflammer le gaz qui se dégage. Si on fait passer le gaz dans l'eau, il se lave, le goudron surnage, et il se forme une dissolution d'acide acétique (vinaigre de bois). On peut remplacer le bois par de la résine ou de la houille grasse pulvérisée. — On peut aussi mettre de la houille dans une pipe de terre ; la boucher avec de l'argile ou du plâtre, puis la chauffer dans un poêle ou un fourneau, et enflammer le gaz qui se dégage à l'extrémité du tuyau. — On chauffe au rouge clair un mélange d'hydrate de chaux et de houille, et on fait passer le gaz dans un lait de chaux, qui absorbe l'acide carbonique. — Pour produire le gaz à l'huile, on chauffe au rouge sombre un tube de fer contenant des fragments de coke, et on y fait couler un filet d'huile, qui se vaporise, traverse le coke, puis une couche d'huile, qui retient les parties non gazeuses, et on peut alors enflammer le gaz, ou le recueillir dans un gazomètre. — L'hydrogène ordinaire devient très-éclairant, lorsqu'on le carbure en lui faisant traverser un liquide riche en carbone, comme l'essence de térébenthine, la benzine, etc.

Sulfure de carbone. CS^2. (*Acide sulfocarbonique, alcool de soufre.*) Dans un fourneau un peu incliné, chauffer au rouge un tube de porcelaine, ou de verre enduit de lut, et rempli de braise. On introduit de temps en temps des fragments de soufre par l'extrémité A du tube, et on la referme immédiatement avec un bouchon.

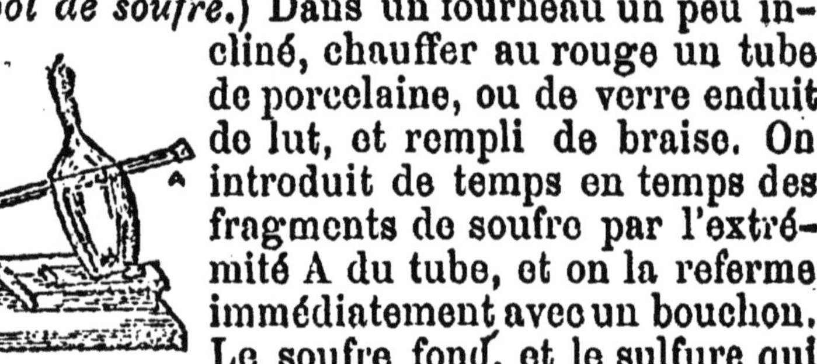

Le soufre fond, et le sulfure qui se forme vient se condenser dans un flacon F contenant de l'eau. Un tube sert à dégager les gaz. Ensuite, on distille le liquide au bain-marie, puis on le met en contact avec du chlorure de calcium qui absorbe l'eau. Le sulfure de carbone est alors un liquide incolore, très-mobile, d'une odeur fétide. Pour le purifier, on le laisse en contact avec 1/200 de sublimé corrosif bien pulvérisé ; il se forme un dépôt ; on décante le liquide, on y ajoute 2/100 d'huile d'olive, et on distille au bain-marie, avec un récipient bien refroidi. Le produit possède alors l'odeur de l'éther pur. — Le sulfure de carbone s'évapore promptement à l'air, bout à + 48°, et brûle avec une flamme bleue. Il est presque insoluble dans l'eau, mais très-soluble dans l'alcool et l'éther. Il dissout le soufre et le phosphore. On l'emploie principalement pour *vulcaniser* ou sulfurer le caoutchouc. — Si on met dans un flacon quelques gouttes de sulfure de carbone, il se vaporise promptement, et si on approche le goulot de la flamme d'une bougie, il se produit une détonation. Il ne faut donc jamais manier ce corps près d'une lumière, il pourrait se produire une explosion.

CYANOGÈNE. C^2Az ou $Cy = 325$ ou 26.

Chauffer du cyanure de mercure bien sec et pulvérisé. Le sel noircit, devient pâteux, le cyanogène se dégage, et le mercure reste à l'état métallique. On peut recueillir ce gaz sur l'eau, le mercure, ou à sec. — Chauffer légèrement 1 p. oxalate d'ammoniaque sec, avec 30 p. acide sulfurique. Le gaz obtenu ainsi n'est pas pur. — Chauffer un mélange de cyanure de potassium et de bichlorure de mercure. — Chauffer fortement une matière animale avec du carbonate de potasse ou de soude. — La cyanogène est un *radical composé*, c'est-à-dire qu'il est analogue à un corps simple. C'est un gaz incolore, pesant, possédant une forte odeur d'amandes amères, qui affecte les yeux. Il rougit le tournesol et brûle avec une flamme pourpre. L'eau dissout 4 vol. de cyanogène, et l'alcool 25 vol. Mélangé avec l'oxygène, il détone à l'approche d'une flamme.

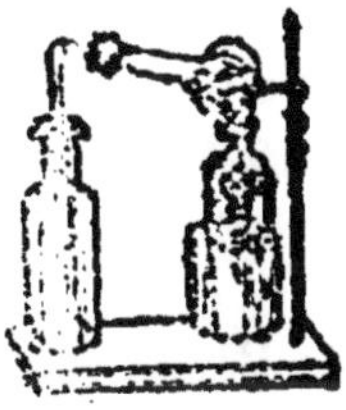

Acide cyanhydrique. HCy. (*Acide prussique.*) Chauffer légèrement du bleu de Prusse avec de l'acide sulfurique. — C'est un liquide incolore, d'une odeur très-forte d'amandes amères, très-soluble dans l'eau ; il brûle à peu près comme l'alcool. Il existe dans les feuilles du laurier-cerise, les amandes amères, les noyaux de cerise et de pêche. C'est le poison le plus violent que l'on connaisse ; un chien meurt presque subitement lorsqu'on lui met sur la langue une goutte d'acide cyanhydrique. Néanmoins, on l'emploie en médecine, à l'état de dissolution très-étendue. Le chlore et l'ammoniaque sont ses contre-poisons. La préparation de l'acide cyanhydrique est le plus souvent inutile et toujours dangereuse. — Les pharmaciens préparent sa dissolution en distillant, avec de l'eau, des feuilles de laurier-cerise ou des amandes amères.

Chlorures de cyanogène. On abandonne dans l'obscurité un flacon contenant du chlore et du cyanure de mercure, et on obtient, après quelques jours, un chlorure gazeux. — On expose à la lumière un mélange de chlore et de cyanogène, et il se produit un chlorure liquide. — On expose au soleil du chlore bien sec, mélangé d'acide cyanhydrique, et on obtient un chlorure solide.

Iodure de cyanogène. CyI. On chauffe légèrement 2 p. iode et 1 p. cyanure de mercure, dans une capsule recouverte d'une plus grande contenant de l'eau froide. Le produit se sublime en aiguilles.

MÉTAUX.

Les métaux sont des corps très-opaques, ayant un éclat particulier, surtout lorsqu'ils sont polis. Ils sont tous solides à la température ordinaire, excepté le mercure, qui est liquide. Ils sont tous *fusibles*, mais à des températures très-différentes. Leur couleur est plus ou moins blanche, à part le cuivre et le titane, qui sont rouges, l'or et le strontium, qui sont jaunes. Lorsqu'ils peuvent s'aplatir en lames sous le marteau ou le laminoir, ils sont *malléables* ; quand ils peuvent s'étirer en fils, ils sont *ductiles*, et plus ou moins *tenaces*, suivant leur difficulté à se rompre. Ils sont, en outre, dans des proportions très-différentes, bons conducteurs de la chaleur et de l'électricité, durs, sonores, élastiques, denses, fusibles, volatiles, cristallisables. Certains métaux possèdent une saveur particulière, par exemple, le fer et l'étain. D'autres sont odorants, surtout lorsqu'on les frotte avec la main, particulièrement le cuivre.

On peut diviser les métaux en deux grandes classes : les uns, très-oxydables, ne peuvent être employés à l'état métallique, comme le potassium, le sodium, etc.; les autres, beaucoup moins oxydables, peuvent être utilisés selon leurs propriétés, soit isolés, soit en alliages ; tels que le fer, le cuivre, l'argent, etc. On n'emploie guère que quatorze métaux dans l'industrie.

Quelques métaux se rencontrent dans la nature à l'état *natif*, ou isolés ; ce sont les moins oxydables. Mais la plupart se trouvent dans les *minerais*, combinés avec l'oxygène, le soufre, le chlore, l'iode, l'arsenic, ou à l'état de sels. On peut séparer les métaux de leurs combinaisons au moyen de l'électricité, et aussi par la chaleur, soit seule, soit avec l'aide de l'hydrogène ou du carbone. Ce dernier moyen est le plus répandu ; c'est celui qu'on emploie généralement dans les exploitations métallurgiques. — On nomme *réduction* l'opération qu'on fait subir aux minerais pour en extraire les métaux. On opère de diverses manières, suivant les substances ou les quantités employées. En général, le minerai doit être bien pulvérisé, puis on le chauffe fortement dans un creuset brasqué et luté. Cela suffit pour obtenir certains métaux, qu'on retrouve au fond du creuset ; mais, dans beaucoup de cas, il est nécessaire de chauffer le minerai avec les substances nommées *flux* ou *fondants*, qui sont destinées à faciliter la réduction. Les fondants employés ordinairement sont le carbonate de soude, le borate de soude, ou *borax*, le phosphate double de soude et d'ammoniaque, ou *sel de phosphore*, le *flux blanc* et le *flux noir*, dont nous verrons la composition aux sels de potasse, et le cyanure de potassium, qui est le plus puissant moyen de réduction.

Lorsqu'on opère sur de petites quantités, on se sert du chalumeau, avec ou sans creuset. Dans ce dernier cas, on mouille une baguette de verre et on y fait adhérer un peu de fondant pulvérisé, qu'on mélange, dans le creux de la main, avec le minerai, sel ou oxyde ; puis on l'introduit dans une cavité pratiquée dans un charbon, et on dirige la flamme sur le mélange avec le bec du chalumeau. Il faut quelquefois remettre du fondant à diverses reprises, avant d'obtenir la substance à l'état métallique. Aussitôt que l'effet est nettement produit, si on opère sur le charbon, on projette brusquement le bouton métallique sur une assiette, afin de le refroidir et d'éviter son oxydation, ce qui arrive très-promptement pour certains métaux. Il ne faut pas suspendre l'inflammation trop vite, car la réduction ne se produit quelquefois que deux ou trois minutes après la fusion. Si un minerai contient plusieurs métaux, il arrive parfois que les métaux s'obtiennent séparés, comme dans les mélanges de cuivre et de zinc ; mais, le plus souvent, il se forme un alliage, et pour reconnaître sa composition, il faut avoir recours à des opérations analytiques.

On peut extraire le métal de certaines dissolutions salines, en y plongeant une lame métallique, qui se recouvre du métal en dissolution. Ainsi, lorsqu'on plonge une lame de fer bien nette dans une dissolution de sulfate de cuivre, le fer se couvre de cuivre précipité. De même, une lame de cuivre plongée dans une dissolution d'azotate d'argent se recouvre d'argent. On peut aussi opérer, comme nous le verrons, par la galvanoplastie.

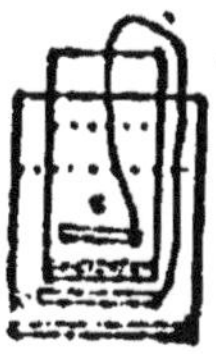

Pour obtenir des métaux cristallisés, on tasse de l'argile humide dans la courbure d'un tube en U ou V ; on met d'un côté une dissolution de sulfate de cuivre, de l'autre une dissolution de sel marin, puis on plonge dans chaque liquide une lame de cuivre, et on les réunit par un fil métallique. Il se dépose sur la lame du cuivre cristallisé. On peut obtenir un effet analogue avec la plupart des métaux.

Les métaux en se combinant entre eux forment des *alliages*, qu'on peut presque considérer comme de nouveaux métaux, car ils ont des propriétés spéciales. On peut aussi regarder un alliage comme la dissolution d'un métal dans un autre métal. On peut admettre comme règle générale que les alliages sont plus fusibles que le plus fusible des métaux qui en font partie.

Oxydes métalliques. L'oxygène, en s'unissant aux métaux, forme les oxydes métalliques, analogues à la rouille du fer. On peut préparer les oxydes insolubles en chauffant les métaux au contact de l'air, en calcinant les sels, ou en versant une solution alcaline dans une dissolution chaude d'un sel, jusqu'à ce que le liquide bleuisse le tournesol rouge ; l'oxyde se précipite ; on le reçoit sur un filtre ; on lave et on fait sécher.

Sels. On peut considérer comme sel toute combinaison de deux corps, simples ou composés, dont l'un est acide ou joue le rôle d'acide, l'autre basique ou joue le rôle de base. — Les hydracides, en se combinant avec les métaux, forment les sels *haloïdes*, composés binaires, et l'hydrogène se dégage. Ainsi, un sel haloïde sec ne contient que deux corps, le métalloïde et le métal, tandis que les autres sels simples contiennent, de plus, l'oxygène, et sont des composés ternaires, ou même plus complexes.

Tous les sels peuvent s'obtenir directement en versant de l'acide, concentré ou étendu, chaud ou froid, sur un oxyde pulvérisé ou précipité. On peut aussi faire dissoudre un métal, ou un carbonate, dans un acide. On fait ensuite évaporer à sec, puis on dissout dans l'eau et on fait cristalliser. Lorsque, pendant l'opération, il se produit une sorte de bouillonnement, ou *effervescence*, il faut agiter et mélanger peu à peu les substances. — Si la matière qu'on traite est un sel ou un oxyde soluble dans l'eau, on la fait dissoudre dans le moins d'eau possible, et si la dissolution est trouble, on la filtre, puis on verse peu à peu l'acide, jusqu'à ce que le contact du liquide ne modifie plus la couleur du papier de tournesol rouge et bleu. On fait alors concentrer à une température peu élevée, on retire du feu, et on laisse cristalliser. — Si la substance qu'on traite est insoluble dans l'eau, on la pulvérise, on ajoute un peu d'eau ; puis on verse, peu à peu, de l'acide, jusqu'à parfaite décomposition, et on opère ensuite comme précédemment. — Si le sel qui se forme dans l'opération est insoluble, on ajoute de l'acide jusqu'à ce qu'il ne forme plus de précipité, et que le liquide rougisse le tournesol bleu. Le précipité est recueilli sur un filtre, et on le lave, jusqu'à ce que le liquide soit sans action sur le tournesol bleu.

Les sels insolubles ou peu solubles s'obtiennent, le plus souvent, par *double décomposition ;* c'est-à-dire qu'on verse peu à peu, en agitant, une dissolution d'un sel dans une autre dissolution, jusqu'à ce qu'il ne se forme plus de précipité. Il se fait ainsi deux sels, dont l'un se précipite à l'état insoluble, et l'autre, qui reste en dissolution, peut être recueilli par évaporation. Ainsi, lorsqu'on mélange une dissolution d'azotate de plomb, et une autre de sulfate de soude, on obtient un précipité de sulfate de plomb, et il reste dans le liquide de l'azotate de soude. Les azotates et les sels de soude étant tous solubles, on peut s'en servir pour obtenir la plupart des sels insolubles, l'azotate fournissant la base métallique, le sel de soude donnant l'acide.

Pour recueillir les sels d'une dissolution filtrée, on opère quelquefois par *évaporation spontanée.* Elle peut se faire à l'air libre, le liquide étant mis à l'abri des poussières, en le couvrant d'un cone en papier, ou autrement. C'est de cette manière qu'on obtient les cristaux les plus réguliers. L'évaporation est bien plus rapide, si on met près de la dissolution, sous un vase bien fermé, un corps très-hygrométrique, comme du chlorure de calcium ou de l'acide sulfurique. L'*évaporation par la chaleur* doit être obtenue sans ébullition, et pour arriver simplement à concentrer le liquide; en continuant plus longtemps, et toujours à une chaleur modérée, le liquide devient pâteux ; il faut alors le remuer, jusqu'à ce qu'il soit bien sec ; c'est ce qu'on nomme l'*évaporation à siccité*, ou à sec. — Quelquefois, on retire du feu lorsqu'il se forme une pellicule à la surface du liquide, et on laisse refroidir.

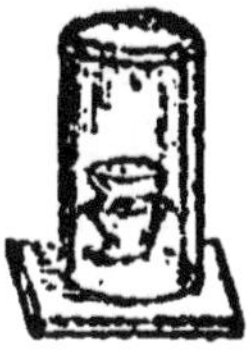

Les sels doivent être purifiés par plusieurs *cristallisations.* On peut faire dissoudre dans l'eau bouillante, puis retirer du feu, et le sel cristallise *par refroidissement.* Si on décante l'*eau-mère*, et qu'on la fasse un peu évaporer, il se dépose de nouveaux cristaux, lorsqu'on laisse refroidir, et cela, jusqu'à ce que le liquide soit épuisé. — On produit des cristaux volumineux, en choisissant les plus réguliers, et en les laissant séjourner dans une eau saturée à froid du même sel, qu'on renouvelle de temps en temps. Il est bon de retourner chaque jour les cristaux dans le liquide. Les vases plats, en grès, non vernis, sont les plus propices à la cristallisation. Les cristaux doivent être lavés, soit dans le vase où ils se sont formés, soit sur un entonnoir, jusqu'à ce qu'il n'y ait plus de traces d'acide ; on les fait ensuite sécher, et on les conserve à l'abri de l'air. — On obtient des sels à l'état de poudre, lorsqu'on fait refroidir, en les agitant, des dissolutions concentrées à chaud. — Les sels qui ont cristallisé dans l'eau se combinent souvent avec elle, et la retiennent, même lorsqu'ils sont secs. Lorsqu'on chauffe un sel de ce genre, par exemple du carbonate de soude, il fond d'abord dans l'eau de cristallisation ; c'est la fusion *aqueuse ;* si on continue de chauffer, il redevient solide, par suite de l'évaporation de l'eau, et ensuite chauffé fortement, il éprouve la fusion sèche ou *ignée.* — Les sels *anhydres* ne sont pas combinés avec l'eau, mais elle est souvent interposée entre les cristaux. C'est ce qui produit la *décrépitation* lorsqu'on les chauffe brusquement. Ces sels, quoique paraissant bien secs, étant pulvérisés et pressés dans du papier buvard, y laissent des traces d'humidité.

Les sels qui absorbent l'humidité de l'air, comme le carbonate de potasse, sont nommés *déliquescents* ; ceux, au contraire, qui se dessèchent, comme le carbonate de soude, se nomme *efflorescents.* — Certains sels sont insolubles dans l'eau, mais elle en dissout le plus grand nombre, et dans des proportions très-différentes. En général, la solubilité augmente par l'élévation de la température. Cependant, quelques sels, comme le chlorure de sodium, ou sel de cuisine, ne se dissolvent guère plus à chaud qu'à froid ; d'autres, comme les sels de chaux, sont moins solubles dans l'eau chaude que dans l'eau froide. — On obtient une dissolution *saturée* en mettant dans l'eau le sel en grand excès ; on l'agite à diverses reprises, et on décante, après l'avoir laissé assez longtemps en contact.— Une dissolution saturée à chaud laisse généralement déposer, en refroidissant, une partie du sel à l'état cristallisé. Cependant le refroidissement n'amène pas toujours la cristallisation de certains sels, entre autres l'alun d'ammoniaque, le sulfate et l'hyposulfite de soude. Le liquide est alors *sursaturé*, et peut rester dans cet état si on a soin de recouvrir le ballon avec un papier ; mais si on fait tomber un fragment du même sel dans le liquide, la cristallisation est instantanée. — Un liquide saturé d'un sel peut encore en dissoudre un ou plusieurs autres, pourvu que leur contact ne forme pas de précipité. Parfois même l'addition d'un sel augmente le pouvoir dissolvant de l'eau. Ainsi, le salpêtre est plus soluble dans une dissolution de sel marin que dans l'eau pure. — Les sels anhydres, en se dissolvant dans l'eau, produisent ordinairement de la chaleur ; au contraire, les sels hydratés produisent le plus souvent du froid. On a utilisé cette propriété, comme nous l'avons indiqué, dans les *mélanges frigorifiques*, ou *réfrigérants*. Le froid produit est d'autant plus intense que la dissolution est plus rapide ; c'est pour obtenir cet effet qu'on emploie souvent des liquides acides. — L'ébullition des dissolutions salines se produit à des températures variables, mais toujours plus élevées que pour l'eau pure. Ainsi, l'eau saturée de sel marin bout à $+ 108^{o}$; la dissolution de chlorure de calcium à $+ 180$. Cette propriété a été utilisée pour les *bains* de chauffe, dont nous avons parlé (p. 58).— La congélation des dissolutions salines exige plus de froid que l'eau pure.

Nous avons dit que lorsqu'on mélange deux dissolutions salines, elles se décomposent, lorsqu'il peut se former un sel insoluble. Dans le cas contraire, il est probable qu'il n'y a qu'un échange partiel des acides et des bases. Ainsi, en mélangeant une dissolution de sulfate de fer et une d'acétate de soude, il doit y avoir en dissolution de l'acétate et du sulfate de fer, de l'acétate et du sulfate de soude. Il peut arriver aussi que deux sels se combinent ensemble pour former un sel double. — On peut décomposer un sel insoluble en le faisant bouillir longtemps avec un sel soluble.

Un sel est toujours décomposé par un acide plus fixe que celui qu'il contient, ou lorsqu'il peut former avec la base du sel un composé insoluble ou peu soluble, ou enfin lorsque l'acide du sel est insoluble, tandis que celui qu'on emploie peut former avec la base un composé soluble. De même une base fixe décompose les sels à base volatile ; une base soluble décompose ceux à base insoluble, et toute base décompose un sel, lorsqu'elle peut former un sel insoluble avec son acide.

On nomme sels *neutres* ceux dont l'oxygène de la base est en rapport simple avec celui de l'acide. Cela ne veut pas dire qu'ils n'ont pas d'action sur la teinture du tournesol, car le carbonate de potasse bleuit le tournesol rouge, et le sulfate d'alumine rougit le tournesol bleu; cependant on les classe dans les sels neutres. Les sels qui n'agissent pas sur le tournesol sont dits *neutres aux réactifs colorés.*

Au moyen de la pile électrique, on peut décomposer les sels en dissolution. Ainsi, si on met dans un tube courbé, une dissolution de sulfate de potasse un peu colorée avec du sirop de violette, et qu'on plonge dans chaque branche un fil de platine, en communication avec les deux pôles d'une pile, le liquide devient rouge du côté du pôle positif, ce qui indique la présence de l'acide, et il verdit au pôle négatif, par suite de la séparation de la base alcaline.

Nous nous sommes un peu étendu dans les généralités précédentes ; mais cela rendra plus facile et plus prompte l'explication des différents procédés pour obtenir chaque métal, oxyde ou sel, dont nous allons nous occuper. Nous laisserons d'ailleurs de côté les métaux que leur extrême rareté rend forcément sans usage.

POTASSIUM. K = 487,5 ou 39. (*Kalium.*)

Chauffer très-fortement dans une bouteille ou cornue de fer, un mélange de 1 p. de charbon pulvérisé, et 4 p. de bitartrate de potasse, calciné à l'avance en vase clos, et recevoir dans l'huile de naphte le métal distillé. — Le potassium est un métal blanc comme l'argent, mou comme la cire, à la température ordinaire, et pouvant se pétrir avec les doigts ; mais il ne faut faire cette expérience que dans l'huile de naphte ou de pétrole, car le métal deviendrait incandescent à l'air, par suite de son extrême affinité pour l'oxygène. Lorsqu'on jette dans l'eau un fragment de potassium, il s'enflamme, court en tournoyant à la surface de l'eau, et finit par éclater. Il est prudent de recouvrir le vase avec une feuille de verre.

Potasse. KO. Chauffer fortement du salpêtre. La potasse anhydre est un corps très-hygrométrique, sans usage, et qui se transforme rapidement en hydrate.

Hydrate de potasse. KO,HO. (*Potasse caustique, pierre à cautères, alcali végétal.*) Faire bouillir 1 p. carbonate de potasse avec 7 p. eau, dans un vase de fer, puis ajouter peu à peu de la chaux délayée en bouillie, jusqu'à ce qu'une goutte du liquide ne fasse plus effervescence avec l'acide azotique. Laisser refroidir à l'abri de l'air, décanter, et la solution peut être conservée comme réactif,

Pour obtenir la potasse solide, évaporer, puis fondre au rouge sombre, et couler sur une plaque de fonte ou de tôle. On obtient ainsi la *potasse à la chaux*. Pour avoir un produit plus pur, il faut la dissoudre dans l'alcool, laisser reposer à l'abri de l'air, décanter et évaporer; le produit est la *potasse à l'alcool*. — Mettre dans un flacon un mélange de 12 p. eau, 1 p. sel de tartre et 2 p. chaux, laisser en contact, en agitant de temps en temps. On peut ensuite décanter et évaporer la dissolution, ou bien la conserver comme réactif. La potasse provenant du sel de tartre est plus pure que la potasse à l'alcool. — Chauffer au rouge sombre 1 p. azotate de potasse et 3 p. tournure de cuivre. Agiter ensuite le mélange avec de l'eau, dans un flacon bouché; laisser déposer, et décanter rapidement. — Dans une dissolution de sulfate de potasse, verser de l'eau de baryte jusqu'à cessation du précipité, puis laisser déposer et décanter. — La potasse attaquant les silicates et l'alumine, il faut la concentrer dans des vases de fer, de cuivre ou d'argent, s'il est possible.

La potasse est blanche, très-alcaline, douce au toucher; elle altère rapidement la peau et détruit la plupart des substances animales, la chair, la laine, la soie, etc. Elle attire l'humidité et l'acide carbonique de l'air, et doit être conservée dans des flacons bien bouchés, car elle se change promptement en carbonate de potasse. La potasse est employée en médecine pour cautériser les chairs, et dans l'industrie, pour fabriquer les savons, les verres, etc.

Carbonate de potasse. KO,CO^2. (*Sel de tartre, cendres gravelées, alcali végétal, potasse.*) Tasser des cendres de bois dans un entonnoir; verser par-dessus de l'eau bouillante, à diverses reprises. On obtient ainsi une *lessive* qu'on évapore. Le résidu brun, nommé *salin*, est calciné dans un creuset ouvert, et le produit blanc est la *potasse brute* ou *perlasse*. Pour purifier ce carbonate, il faut y ajouter son poids d'eau, laisser en contact quelques jours, en agitant de temps en temps, puis décanter la partie liquide et faire rapidement évaporer. — Calciner dans un vase de fer du bitartrate de potasse, ou *crème de tartre*. On obtient ainsi un mélange de carbonate de potasse et de charbon, qu'on emploie quelquefois comme fondant et réductif, sous le nom de *flux noir*. Celui-ci, traité par l'eau, filtré et évaporé, donne du carbonate de potasse pur, le *sel de tartre* ou *potasse de tartre*. — Projeter, peu à peu, dans une cuillère de fer chauffée au rouge, un mélange de 1 p. bitartrate et 2 p. azotate de potasse ; on obtient ainsi le *flux blanc*, employé comme fondant. Le carbonate de potasse possède une saveur âcre ; il n'est pas soluble dans l'alcool, mais il est tellement soluble dans l'eau, qu'il absorbe l'humidité de l'air et devient liquide ; c'est ce qu'on nomme l'*huile de tartre par défaillance*. Le carbonate de potasse chauffé au rouge, fond sans se décomposer. La valeur d'une potasse ou d'une soude est d'autant plus grande qu'elle est plus alcaline. Pour faire un essai comparatif, on dissout avec de l'eau, dans des tubes ou des verres, une même quantité de divers échantillons, un gramme, par exemple ; on ajoute un peu de teinture de tournesol, pour colorer légèrement le liquide en bleu ; puis, au moyen d'une pipette ou d'une burette divisées, on y ajoute, peu à peu, en agitant, de l'acide sulfurique étendu d'eau, jusqu'à ce que le liquide bleui devienne rouge persistant. L'échantillon qui aura exigé le plus d'acide sera le plus riche en alcali. La quantité réelle d'alcali contenue dans les potasses ou les soudes du commerce est indiquée par des opérations analytiques qui constituent *l'alcalimétrie*.

Bicarbonate de potasse. $KO,2CO^2$. Dissoudre 1 p. carbonate de potasse dans 5 p. eau ; puis y faire arriver un courant d'acide carbonique jusqu'à saturation. Il faut retirer les cristaux à mesure qu'ils se forment, puis faire évaporer l'eau-mère pour retirer tout le sel. — Le bicarbonate de potasse ne précipite pas les sels de magnésie comme le carbonate. On l'emploie en médecine pour traiter la goutte et la gravelle.

Azotate de potasse. KO,AzO^5. (*Nitrate de potasse, nitre, sel de nitre, salpêtre.*) Faire bouillir dans l'eau de la terre de cave ou des plâtras salpêtrés ; verser le liquide chaud sur des cendres de bois tassées dans un entonnoir, et évaporer le liquide filtré. — Faire macérer dans un entonnoir bouché un vol. d'eau, avec 2 vol. d'un mélange de cendres et de matériaux salpêtrés ; laisser écouler, et recommencer avec de nouvelle eau, qu'on réunit à la première. Ensuite, verser ce liquide sur des mélanges semblables au précédent, puis le faire évaporer à sec. — On purifie le salpêtre, par plusieurs cristallisations et dissolutions dans son poids d'eau bouillante. On peut aussi laver les cristaux sur un filtre avec une dissolution saturée de salpêtre pur, qui dissout les sels étrangers. — Pour faire des *nitrières* artificielles, on mélange de la terre et des cendres avec de l'urine, du sang ou autres matières azotées, et on maintient le tout humide, mais à l'abri de la pluie. Après un an environ, on peut opérer comme précédemment. — Dissoudre du carbonate de potasse dans l'eau ; puis ajouter, jusqu'à saturation, de l'acide azotique, et faire cristalliser. — L'azotate de potasse possède une saveur fraîche, piquante et un peu amère. 100 p. d'eau à 0° dissolvent 13 p. de ce sel, et 246 p. à + 100°. La solution saturée de salpêtre bout à + 116° et contient 336 p. de sel pour 100 d'eau. Jeté sur des charbons ardents, le salpêtre *fuse* et active la combustion. Si on chauffe au rouge un mélange de 1 p. charbon et 2 p. azotate de potasse, il se produit une détonation. En remplaçant le charbon par du soufre, le mélange brûle avec une vive lumière. — La *poudre détonante* est un mélange de 3 p. salpêtre, 2 p. carbonate de potasse, et 1 p. de soufre, qui produit, lorsqu'on le chauffe, une violente explosion. — Le *fondant de Beaumé*, ou *poudre de fusion*, est un mélange de 3 p. salpêtre, 1 p. fleur de soufre et 1 p. fine sciure de bois. Si on met une pièce de monnaie, d'argent ou de cuivre, roulée dans une coquille de noix, avec cette poudre bien tassée, et qu'on l'enflamme, la pièce fond avant la combustion de la coquille. Lorsqu'on chauffe 1 p. azotate de potasse et 2 p. limaille de fer, le mélange devient incandescent.

Le salpêtre entre dans la composition des *feux d'artifice* et des *flammes de Bengale*. On le mélange avec certaines substances, pour produire différents effets. Ainsi, mélangé avec de la limaille de cuivre, de zinc, ou avec du sel ammoniac, on obtient des feux verts ; avec du sulfure d'antimoine, des feux bleus ; avec du noir de fumée, ou de l'azotate de strontiane, des feux rouges ; avec le sel marin, l'ambre et la résine, des feux jaunes ; avec le camphre et le sulfure d'arsenic, des feux blancs ; la limaille de fer produit des étincelles rouges et blanches, le mica jaune des étincelles dorées. — 4 p. salpêtre, 2 p. soufre et 1 p. naphte, produisent le *feu grégeois*, qui brûle même au contact de l'eau.

La *poudre à tirer* est un mélange d'environ 6 à 8 p. azotate de potasse, 1 p. soufre, et 1 p. charbon de bois léger, bourdaine, peuplier, etc. On pulvérise chaque corps à part, et très-finement, puis on les mélange. La poudre ainsi obtenue brûlerait en fusant. On en fait une pâte avec un peu d'eau, et on la divise en disques, ou pains, qu'on laisse sécher presque complètement. On la concasse, ou on la

graine en frottant sur un crible, ou tamis dur, à larges mailles. On la passe dans un tamis, qui sert à séparer les grains trop gros, et ensuite dans un autre, pour retirer les poussières. Les grains fins sont les plus convenables. Les gros fragments et les poussières sont ensuite repris et pétris ensemble, pour être concassés et pétris de nouveau. Les grains peuvent être lissés en les agitant dans une bouteille ; on les étend sur des feuilles de papier, pour les bien sécher au soleil, ou dans un courant d'air échauffé. Une bonne poudre doit brûler sur le papier sans l'enflammer, ni laisser de résidu. En chauffant, avec précaution et graduellement, de la poudre, on parvient à vaporiser le soufre sans l'enflammer. Elle détone à une chaleur d'environ 300° et la combustion produit une température évaluée de 2,400° à 3,300°. Il se forme alors un mélange de gaz, principalement d'acide carbonique et d'azote, qui, par suite de la haute température, occupent un volume estimé 4,000 à 9,000 fois celui de la poudre employée. On comprend, dès-lors, avec quelle puissance les projectiles sont chassés hors des armes.

Azotite de potasse. KO,AzO^3. Calciner légèrement du salpêtre.

Sulfate de potasse. KO,SO^3. (*Sel de Duobus*). Dissoudre 1 p. carbonate de potasse dans 4 p. eau ; puis saturer avec de l'acide sulfurique étendu, et évaporer. — S'emploie en médecine.

Sulfite de potasse. KO,SO^2. Faire passer un courant de gaz acide sulfureux dans une dissolution de carbonate de potasse et évaporer.

Chlorate de potasse. KO,ClO^5. (*Muriate oxygéné de potasse.*) Dans une dissolution concentrée de carbonate de potasse, faire arriver, par un large tube, un courant de chlore préalablement lavé. Le chlorate cristallise par le refroidissement, et on lave bien les cristaux. Il reste du chlorure de potassium dans la dissolution.—Délayer dans l'eau 10 p. hypochlorite de chaux sec et 1 p. chlorure de potassium; faire bouillir, et le sel cristallise pendant le refroidissement. — Faire arriver un courant de chlore dans un mélange tiède de 20 p. eau, 4 p. chaux et 1 p. potasse, filtrer, évaporer, dissoudre dans l'eau bouillante, et laisser cristalliser.

Le chlorate de potasse est remarquable par la facilité avec laquelle il détone. Sous le choc du marteau, un peu de chlorate de potasse produit une détonation, qui est très-violente, si on l'a mélangé, dans un papier, avec du soufre ou de la résine. Ce sel doit être pulvérisé seul, et par petites quantités. Il faut éviter de le fondre, et surtout d'être touché par le corps en fusion, car il produit des brûlures très-dangereuses. Lorsqu'on met dans une capsule de l'alcool avec un peu de chlorate de potasse, et qu'on y ajoute, avec une pipette, de l'acide sulfurique, le mélange s'enflamme. On fait encore une curieuse expérience de la manière suivante. On met dans un verre 6 p. eau, 1 p. chlorate de potasse et 1 p. phosphore en fragments. Un entonnoir effilé, ou une pipette, plongeant jusqu'au fond du vase, sert à y introduire de l'acide sulfurique, qui détermine la production de jets enflammés au milieu du liquide. On a essayé d'employer le chlorate de potasse pour fabriquer la poudre à tirer, mais elle était trop *brisante* et détruisait promptement les armes. On prépare une composition *fulminante*, pour les capsules, avec parties égales de chlorate de potasse, soufre et charbon, pulvérisés à part, et délayés en pâte.

On fait des allumettes *chimiques* sans phosphore en les trempant, d'abord dans du soufre en fusion, puis dans une pâte composée de 14 p. chlorate de potasse, 4 p. chromate de potasse, 9 p. peroxyde de plomb, 3 p. 1/2 sulfure rouge d'antimoine, 4 p. gomme, 6 p. verre pilé, et 18 p. eau. Les allumettes de ce genre ont l'inconvénient d'éclater.

On faisait usage autrefois d'allumettes soufrées puis trempées dans une pâte colorée contenant du chlorate de potasse. Elles s'enflammaient lorsqu'on les plongeait dans un flacon contenant de l'acide sulfurique et de l'amiante. De même un mélange de soufre et de chlorate de potasse s'enflamme lorsqu'on le projette dans l'alcool.

Hypochlorite de potasse. KO,ClO. Dissoudre dans 20 p. eau, 1 p. hypochlorite de chaux ; filtrer et ajouter 1 p. carbonate de potasse dissoute dans 15 p. eau. — On nomme *eau de Javelle* le produit qu'on obtient en faisant passer du chlore en excès dans une dissolution froide de 100 p. eau et 7 p. carbonate de potasse. On l'emploie pour le blanchiment, par suite de sa propriété destructive des matières colorantes.

Silicate de potasse. (*Verre soluble, liqueur des cailloux.*) Faire rougir des cailloux de silex, et les plonger dans l'eau. On peut alors les pulvériser facilement ; puis, on chauffe dans un creuset 10 p. de cette poudre avec 15 p. carbonate de potasse, et 1 p. charbon. Le verre obtenu est ensuite pulvérisé, et on peut le dissoudre dans l'eau chaude. — Faire fondre ensemble 1 p. de silice et 4 p. de potasse caustique.— Faire bouillir une dissolution de potasse contenant de la silice, du quartz ou du sable fin. Chauffer au chalumeau, sur le charbon un mélange de potasse et de sable fin. — Le verre soluble a été employé pour durcir les matériaux de construction. Mélangé avec de la colle et des matières colorantes, il sert à former une peinture solide et économique, sur porcelaine, pierre, métaux, etc. On l'a aussi appliqué sur du bois, des étoffes, etc., pour les préserver de l'incendie.

Oxalate de potasse. KO,C^2O^3. Neutraliser une dissolution d'acide oxalique avec du carbonate de potasse, et faire cristalliser.

Bioxalate de potasse. $KO,2C^2O^3$. (*Sel d'oseille*)

Traiter 1 p. de potasse, par 3 p. d'acide oxalique.— Ecraser de l'oseille ; exprimer le suc dans un linge ; filtrer, puis évaporer et laisser cristalliser. S'emploie pour enlever les taches d'encre et de rouille, pour décolorer la paille et décaper les métaux.

Acétate de potasse. (*Terre foliée de tartre, sel de Sylvius.*) Verser une dissolution de carbonate de potasse dans du vinaigre distillé, ou de l'acide acétique, en laissant toujours l'acide en excès. Chauffer et recueillir les croûtes légères qui se forment peu à peu sur le liquide. — S'emploie en médecine.

Tartrate de potasse. (*Sel végétal*). Délayer 1 p. crême de tartre dans 5 p. eau ; chauffer un peu, et ajouter du carbonate de potasse jusqu'à cessation d'effervescence ; filtrer et évaporer. — Ce sel peut servir à corriger les vins trop verts.

Bitartrate de potasse. (*Tartrate acide de potasse, crême de tartre.*) Les vins laissent déposer dans les tonneaux du *tartre cru ;* on le fait bouillir dans l'eau avec de l'argile ou du charbon animal ; puis on décante et on évapore. — Verser de l'acide tartrique dans une dissolution de carbonate de potasse, et le sel se précipite. S'emploie dans la teinture. — Lorsqu'on sature la crême de tartre par du carbonate de soude, on obtient le *sel de Seignette*, employé en médecine, comme purgatif.

Tartroborate de potasse. (*Crême de tartre soluble.*) Dissoudre 2 p. crême de tartre, et 1 p. acide borique dans 24 p. eau ; puis évaporer à sec. — S'emploie en médecine.

Citrate de potasse. Mélanger des dissolutions de carbonate de potasse et d'acide citrique, puis évaporer. Si l'acide est employé en excès, le sel produit est acide.

Picrate de potasse. Verser de l'acide picrique dans une dissolution de carbonate de potasse, et recueillir le précipité. Substance explosible, dangereuse à préparer et à manier.

Protosulfure de potassium. KS. Diviser une dissolution de potasse caustique en deux parties ; saturer l'une avec de l'acide sulfhydrique, mélanger le tout et évaporer. — Lorsqu'on chauffe 1 p. noir de fumée calciné, et 2 p. sulfate de potasse, avec certaines précautions, on obtient le *pyrophore de Gay-Lussac*, sulfure qui prend feu lorsqu'on le projette dans l'air. — Si on chauffe 2 p. de protosulfure de potassium avec 5, 10, 15 ou 20 p. soufre, on obtient différents sulfures.

Polysulfure de potassium. KS^5. (*Foie de soufre.*) Chauffer au rouge sombre, pendant une heure environ, parties égales de soufre et de carbonate de potasse, avec un peu de charbon, et couler sur un marbre. — Faire bouillir de la potasse caustique avec du soufre pulvérisé en excès ; laisser refroidir, décanter et évaporer. — S'emploie en médecine.

Chlorure de potassium. KCl. Dans une dissolution de carbonate de potasse, verser de l'acide chlorhydrique, jusqu'à ce qu'il ne se produise plus d'effervescence ; puis faire concentrer. — Faire passer un courant de chlore sur de la potasse sèche un peu chauffée. — On l'extrait en grand en lessivant les cendres de varechs. — Le chlorure de potassium sert à fabriquer l'alun. Il est employé comme réfrigérant.

Iodure de potassium. KI. Dissoudre de l'iode dans une solution de potasse ; évaporer à sec ; chauffer au rouge sombre le résidu avec du charbon ; puis dissoudre dans l'eau et évaporer. — Saturer une dissolution d'acide iodhydrique avec du carbonate de potasse. — Dans une disssolution bouillante de carbonate de potasse verser de l'iodure de fer ou de zinc aussi en dissolution, et évaporer à sec. S'emploie en médecine et en photographie.

Bromure de potassium. KBr. Dissoudre du

brome dans la potasse; évaporer, puis chauffer au rouge. — S'emploie en médecine.

Cyanure de potassium. KCy. Calciner au rouge blanc du prussiate jaune de potasse ou un mélange bien sec de 3 p. prussiate et 3 p. de carbonate de potasse ; dissoudre le produit dans l'eau, décanter et évaporer.— Faire passer un courant d'azote sur du charbon incandescent, préalablement trempé dans une dissolution de carbonate de potasse. — Le cyanure de potassium est un des plus violents poisons connus. Il répand une odeur d'amande amère. C'est un puissant agent de réduction, qui sépare promptement les métaux de la plupart de leurs combinaisons. Il faut le conserver dans des flacons bien bouchés. — On l'emploie en médecine, dans la photographie, la dorure, etc.

Sulfocyanure de potassium. $KCyS^2$. Fondre ensemble 1 p. soufre, 2 p. prussiate jaune de potasse, et 2 p. carbonate de potasse. — Il précipite en rouge sang les sels de peroxyde de fer.

SODIUM. Na = 287,1 ou 23. (*Natrium.*)

Chauffer fortement dans une bouteille de fer 20 p. carbonate de soude, 3 p. craie, et 9 p. houille, le tout bien desséché; et recevoir le sodium dans l'huile de naphte. — Le sodium ressemble à l'argent, mais il se ternit rapidement à l'air. Il a beaucoup d'analogie avec le potassium. Lorsqu'on en jette dans l'eau un globule, il devient brillant, se promène sur le liquide, mais il ne s'enflamme pas, à moins que l'eau ne soit un peu épaissie avec de la gomme. Le sodium est très-mou ; il fond à 90° et peut être coulé dans une lingotière. On peut le conserver dans du pétrole, ou dans un flacon sec bien bouché. C'est probablement le métal le plus répandu sur le globe.

Hydrate de soude. NaO,HO. (*Soude caustique, alcali minéral.*) Dissoudre 1 p. carbonate de soude dans 10 p. eau, et y ajouter 2 p. chaux délayée en bouillie. On opère, du reste, comme pour la potasse, et on obtient la *soude à la chaux* et *la soude à l'alcool.* — Ajouter du peroxyde de fer à une dissolution de sulfure de sodium ; filtrer et évaporer. La soude peut être employée aux mêmes usages que la potasse. Il est facile de l'obtenir pure. Les sels de ces deux corps ont entre eux beaucoup d'analogie.

Carbonate de soude. $NaO,CO^2,10HO$. (*Cristaux de soude, sel de soude, potasse factice.*) Chauffer, en remuant, un mélange de 2 p. sulfate de soude calciné, 2 p. carbonate de chaux, et 1 p. charbon. Dissoudre dans l'eau le produit refroidi ; filtrer et évaporer. — Calciner un mélange de sulfate de soude et sciure de bois. — Le carbonate de soude contient 63 pour 100 d'eau. Exposé à l'air, ses cristaux s'effleurissent, par suite de l'évaporation de l'eau. — Ce sel s'emploie pour le lessivage, la fabrication du verre, du savon, et pour faciliter la fusion des métaux.

Bicarbonate de soude. Faire arriver un courant d'acide carbonique dans une dissolution concentrée de carbonate de soude ; puis laisser cristalliser. — Placer un entonnoir, contenant des cristaux de carbonate de soude, sur un flacon d'où se dégage de l'acide carbonique. — S'emploie pour fabriquer les pastilles de Vichy, l'eau de Seltz, et dans le traitement des maladies calculeuses.

Sulfate de soude. $NaO,SO^3,10HO$. (*Sel admirable de Glauber.*) Dissoudre du sel marin dans de l'acide sulfurique étendu ; filtrer et faire cristalliser à froid. — 100 p. de sulfate de soude contiennent 56 p. d'eau de cristallisation. Il est efflorescent à l'air, et ne se décompose pas par la chaleur. 100 p. d'eau à + 33° dissolvent 322 p. de sulfate de soude ; au-dessus et au-dessous de cette température, la solubilité diminue. — Lorsqu'on chauffe une dissolution saturée de sulfate de soude, dans un tube ou un ballon, qu'on bouche ensuite, la dissolution, refroidie à 0°, reste liquide, quoique *sursaturée*. Si on vient à déboucher, la cristallisation est instantanée. Si on verse une couche d'huile sur la dissolution chaude, et qu'on laisse refroidir le liquide, la cristallisation n'a lieu que lorsqu'on agite la solution, qu'on la touche avec une baguette de verre, ou qu'on y ajoute un fragment d'un sel analogue. — S'emploie en médecine, comme purgatif, et dans la fabrication du verre.

Bisulfate de soude. $NaO,2SO^3,3HO$. Chauffer légèrement jusqu'à la fusion 10 p. sulfate de soude, avec 7 p. acide sulfurique.

Azotate de soude. NaO,AzO^5. (*Nitre cubique*). Dissoudre du carbonate de soude dans l'acide azotique étendu, et faire cristalliser. — Ce sel est plus soluble à 0° qu'à la température ordinaire. Il a de l'analogie avec le salpêtre ; mais il attire promptement l'humidité, et ne peut servir pour la poudre à canon. On emploie dans les feux d'artifice une poudre composée de 5 p. azotate de soude, 1 p. soufre, et 5 p. charbon. Elle brûle avec une belle flamme orange. L'azotate de soude naturel sert principalement à la fabrication de l'acide azotique, et à celle de l'azotate de potasse.

Sulfite de soude. NaO,SO^2. (*Antichlore*). Faire arriver un courant d'acide sulfureux dans une dissolution de carbonate de soude, et évaporer. Chauffer, en agitant, 3 p. carbonate de soude sec et 1 p. soufre. Le produit refroidi est dissout dans l'eau chaude, filtré et évaporé. — S'emploie pour enlever le chlore après le blanchiment des tissus et papiers.

Hyposulfite de soude. $NaO,S^2O^3,5HO$. Dissoudre de la fleur de soufre dans une dissolution chaude et concentrée de sulfite de soude, jusqu'à saturation ; puis filtrer et évaporer. — S'emploie dans la photographie.

Hypochlorite de soude. NaO,ClO. (*Liqueur de Labarraque*). Faire passer un courant de chlore dans une dissolution d'une p. soude dans 5 p. eau. — S'emploie comme désinfectant.

Borate de soude. 2Bo,O^{3}NaO,10HO. (*Borax, tinckal.*) Verser du carbonate de soude dans une dissolution chaude d'acide borique, et faire cristalliser. — Le borax est employé pour réduire certains oxydes métalliques. On l'emploie aussi pour souder l'or et l'argent. Les deux parties à rapprocher sont humectées légèrement, pour y faire adhérer un peu de borax en poudre ; puis, on interpose un métal ou un alliage plus fusible que les parties à réunir ; on chauffe assez pour faire fondre la *soudure*, et on rapproche les parties. Le borax fondu ressemble au verre et peut s'étirer en fils. Lorsqu'on chauffe au chalumeau un fil de platine auquel on a fait adhérer un peu de borax, il se boursouffle, puis fond, en formant une perle incolore et transparente. Si on ajoute au borax quelques parcelles d'un oxyde métallique, la perle se colore suivant l'oxyde ajouté. Ce procédé est employé pour l'analyse.

Phosphate de soude. Verser du carbonate de soude dans une dissolution de phosphate acide de chaux ; filtrer et évaporer. Lorsqu'on chauffe ce sel, on obtient le *pyrophosphate de soude.* — Il existe dans l'urine. On l'emploie en médecine.

Silicate de soude. Fondre 1 p. carbonate de soude avec 3 p. silice. Le verre qu'on obtient est soluble dans l'eau chaude. Mélangé avec un lait de chaux ou une matière colorante, il produit une peinture solide et économique. Résistant au feu et à l'eau, il peut servir de ciment et de mastic, pour coller le verre, la porcelaine et pour recouvrir les murs en briques.

Chlorure de sodium. NaCl. (*Muriate de soude,*

sel marin, sel de cuisine.) Lorsqu'on évapore 1 litre d'eau de mer, on obtient un résidu d'environ 40 gr. de différents sels, dont 25 à 30 de chlorure de sodium. — On retire encore le chlorure de sodium de plusieurs sources. Il se trouve aussi naturellement à l'état solide sous le nom de *sel gemme.* — Les cristaux de sel marin contiennent de l'eau interposée, qui fait décrépiter le sel jeté sur des charbons ardents. Le sel qui devient humide à l'air contient du chlorure de magnésium ; en ajoutant un peu de chaux dans la dissolution, la magnésie est précipitée.

Acétate de soude. (*Terre foliée minérale*). Saturer une dissolution de carbonate de soude avec du vinaigre, et évaporer. — Sert à préparer l'acide acétique.

SELS AMMONIACAUX.

L'analogie singulière que présentent les composés à base ammoniacale, avec les sels alcalins que nous venons d'examiner, a fait admettre, par plusieurs chimistes, l'existence d'un métal composé, ou *radical*, AzH^4, auquel on a donné le nom d'*ammonium*. Nous n'avons pas à examiner cette théorie ; mais nous allons nous occuper ici des sels ammoniacaux, comme à leur ordre naturel. D'une manière générale, on peut les préparer en saturant l'ammoniaque liquide avec un acide.

Chlorhydrate d'ammoniaque. AzH^3,HCl. (*Sel ammoniac, sel des chaudronniers, chlorure d'ammonium.*) Mettre dans un ballon de l'urine putréfiée, dont on distille environ le tiers ; puis saturer le produit avec de l'acide chlorhydrique. On peut opérer de même avec les eaux du gaz d'éclairage, les eaux vannes, etc. Dissoudre dans l'eau du sulfate d'ammoniaque et du sel marin. Evaporer et recueillir les premiers cristaux qui se forment. Il reste dans l'eau-mère du sel marin. — Saturer une dissolution de carbonate d'ammoniaque avec de l'acide chlorhydrique. — Calciner un mélange de sulfate d'ammoniaque et de sel marin ; il se forme du sulfate de soude et le sel ammoniac se sublime. — Faire arriver, dans un flacon, du gaz acide chlorhydrique et du gaz ammoniac, qui se combinent à volumes égaux. — Mélanger de l'ammoniaque en dissolution et de l'acide chlorhydrique, jusqu'à neutralisation. — Pour purifier le sel ammoniac du commerce, on le dissout dans 3 p. d'eau, on filtre et on fait un peu évaporer, puis cristalliser. — Le sel ammoniac sert à décaper les objets qui doivent être soudés ou étamés ; on l'emploie pour préparer l'ammoniaque, et pour sceller le fer dans la pierre. Le fer étant placé dans le trou, on le remplit avec de la limaille de fer et un peu de soufre, puis on arrose avec une dissolution de sel ammoniac.

Sulfate d'ammoniaque. AzH^3,HO,SO^3. (*Sel secret de Glauber, sel ammoniac vitriolique*). Mettre du plâtre pulvérisé dans un entonnoir ; puis verser par-dessus, pour filtrer, de l'urine putréfiée, ou les autres liquides dont nous avons parlé. Le produit est ensuite filtré, puis évaporé. On le purifie en chauffant un peu, puis on dissout dans l'eau, et on fait cristalliser. — On peut aussi mélanger les liquides avec du sulfate de fer et opérer comme précédemment. — Verser de l'acide sulfurique étendu dans de l'ammoniaque en excès, puis évaporer. — Il sert à fabriquer l'alun.

Sulfhydrate d'ammoniaque. AzH^3,HS. (*Sulfure d'ammonium.*) Faire arriver un courant d'acide sulfhydrique gazeux dans l'ammoniaque liquide, jusqu'à saturation. — C'est un sel très-vénéneux, fréquemment employé comme réactif à l'état de dissolution.

Lorsqu'on distille un mélange de 2 p. sel ammoniac, 1 p. soufre et 2 p. chaux, on obtient un liquide jaune, huileux, volatil et très-fétide, qu'on nomme *liqueur fumante de Boyle.*

Azotate d'ammoniaque. AzH^3,HO,AzO^5. (*Nitre inflammable.*) Verser de l'ammoniaque liquide en léger excès dans de l'acide azotique ; faire concentrer ; puis laisser cristalliser. — Traiter le carbonate d'ammoniaque par l'acide azotique. Si on projette de l'azotate d'ammoniaque dans une capsule de fer chauffée au rouge blanc, il fond sans se décomposer ; mais lorsque la chaleur diminue, il se vaporise subitement. — Ce sel produit beaucoup de froid en se dissolvant dans l'eau. Il brûle sur les charbons avec une flamme rougeâtre.

Carbonates d'ammoniaque. Les eaux vannes et autres, dont nous avons parlé, contiennent l'ammoniaque à l'état de carbonates. — Lorsqu'on fait arriver dans un flacon un courant de gaz ammoniac et un courant d'acide carbonique, il se forme du carbonate anhydre, en poudre cristalline. — Si on fait arriver de l'acide carbonique en excès dans de l'ammoniaque liquide, il se forme du bicarbonate d'ammoniaque.

Azotite d'ammoniaque. Faire arriver des vapeurs nitreuses dans de l'ammoniaque liquide, et évaporer à froid. Ce sel se décompose à une faible chaleur, et dégage de l'ammoniaque.

Sesquicarbonate d'ammoniaque. (*Sel volatil d'Angleterre, esprit de corne de cerf.*) Chauffer dans un ballon 1 p. craie et 2 p. sel ammoniac. Lorsque des vapeurs se dégagent, recouvrir d'un flacon entouré d'un linge mouillé, où elles viennent se condenser. — S'emploie en médecine.

Phosphate d'ammoniaque. Verser de l'ammoniaque en léger excès dans une dissolution de phosphate acide de chaux ; filtrer, évaporer, ajouter un peu d'ammoniaque, et laisser cristalliser. Ce sel se trouve dans l'urine. On peut en enduire les étoffes pour empêcher leur inflammation. En faisant bouillir la dissolution, on obtient du biphosphate.

Phosphate de soude et d'ammoniaque. (*Sel de phosphore, sel microcosmique, sel fusible de l'urine.*) Dissoudre 6 p. phosphate de soude et 1 p. sel ammoniac, dans 2 p. eau chaude. — S'emploie comme fondant.

Cyanhydrate d'ammoniaque. $Az2H^3,HCy$. Distiller une dissolution de 3 p. sel ammoniac, et 2 p. cyanoferrure de potassium dans 10 p. eau. C'est un sel volatil très-vénéneux, à odeur d'ammoniaque et d'amandes amères.

Acétate d'ammoniaque. (*Esprit de Mindérérus.*) Saturer de l'ammoniaque avec du vinaigre ; ajouter de l'eau ; agiter avec du charbon animal ; filtrer et évaporer.

Oxalate d'ammoniaque. Verser de l'ammoniaque dans une dissolution tiède d'acide oxalique, puis faire concentrer et cristalliser. Sert à découvrir la chaux et à la séparer de la magnésie.— Si l'acide est en excès, il se forme du bioxalate.

Picrate d'ammoniaque. Saturer de l'acide picrique avec de l'ammoniaque. Il cristallise en aiguilles jaunes, brûle lentement, avec fumée, et s'emploie en pyrotechnie, mélangé avec des azotates.

BARYUM. Ba = 858 ou 68,5.

Le baryum a été isolé de la baryte au moyen de la pile, et par l'action du potassium. C'est un métal qui ressemble à l'argent, et s'oxyde rapidement à l'air.

Protoxyde de baryum. Baryte. BaO. (*Terre pesante, barote.*) Chauffer au rouge 10 p. carbonate de baryte avec un 1 p. charbon. — Calciner un peu d'azotate de baryte dans un grand creuset brasqué. — La baryte, mise en contact avec l'eau, l'absorbe rapidement, en dégageant beaucoup de chaleur. Dissoute dans l'eau et évaporée, elle forme des cristaux hydratés, dont l'eau ne peut être complétement séparée à la chaleur rouge. La baryte caustique détruit les substances organiques, comme la potasse et la soude. Mise en contact avec l'acide sulfurique concentré, elle devient incandescente. Tous les composés solubles du baryum sont vénéneux.

Bioxyde de baryum. BaO^2. (*Baryte oxygénée.*) Chauffer de la baryte, au rouge sombre, dans un tube où circule de l'air sec ou de l'oxygène. — Sert à préparer l'oxygène et l'eau oxygénée.

Sulfate de baryte. BaO,SO^3. (*Barytine, spath pesant.*) Verser de l'acide sulfurique dans une dissolution de baryte ou de chlorure de baryum, et laver le précipité. — Il est très-abondant dans la nature, et ne se dissout que dans l'acide sulfurique bouillant. S'emploie en peinture, mélangé avec le blanc de céruse.

Azotate de baryte. BaO,AzO^5. Dissoudre du sulfure de baryum dans de l'acide azotique étendu, et faire cristalliser. — Faire bouillir du sulfure de baryum pulvérisé, dans une dissolution de soude; filtrer et laisser cristalliser. — On l'emploie pour précipiter l'acide sulfurique et les sulfates. — Les artificiers composent un feu vert avec 8 p. azotate de baryte, 3 p. soufre et 5 p. chlorate de potasse.

Carbonate de baryte. BaO,CO^2. Verser du carbonate de soude dans une dissolution d'azotate de baryte, ou de chlorure de baryum et recueillir le précipité. La *withérite* est un carbonate de baryte naturel. — Ce sel entre dans la composition d'une pâte pour la destruction des rats.

Acétate de baryte. Chauffer du sulfure de baryum avec de l'ammoniaque et faire cristalliser. — Ce sel est plus soluble à froid qu'à chaud.

Sulfure de baryum. BaS. (*Phosphore de Bolo-*

gne.) Calciner un mélange de 50 p. sulfate de baryte, 5 p. charbon et 3 p. résine ou sucre ; dissoudre le produit dans l'eau ; filtrer et évaporer. — Ce sel, après une longue exposition au soleil, reste lumineux dans l'obscurité.

Chlorure de baryum. BaO,Cl,2HO. (*Terre pesante salée.*) Dissoudre du carbonate de baryte dans l'acide chlorydrique, et évaporer. — Saturer une dissolution de sulfure de baryum avec de l'acide chlorydrique, filtrer et évaporer. — S'emploie comme réactif des sulfates.

STRONTIUM. St ou Sr = 548 ou 43,8.

On l'extrait de la strontiane par les mêmes procédés que le baryum, avec lequel il a beaucoup d'analogie.

Protoxyde de strontium. Strontiane. StO. Chauffer fortement de l'azotate de strontiane. La strontiane ressemble à la baryte. — L'alcool contenant des sels de strontiane brûle avec une flamme rouge.

Azotate de strontiane StO,AzO^5. Dissoudre du carbonate de strontiane dans l'acide azotique et évaporer. — Les feux rouges de Bengale sont composées de 10 p. azotate de strontiane, 3 p. fleur de soufre, 2 p. chlorate de potasse, et 1 p. sulfure d'antimoine.

Carbonate de strontiane. StO,CO^2. Verser du carbonate de soude dans une dissolution d'azotate de strontiane et recueillir le précipité. La *strontianite* est du carbonate naturel.

Sulfate de strontiane. StO,SO^3. Verser du sulfate de soude dans une dissolution d'azotate de strontiane. Le sulfate de strontiane naturel, ou *célestine*, est ordinairement mélangé avec du carbonate de chaux, dont on le sépare au moyen de l'acide chlorhydrique.

Sulfure de strontium. StS. Chauffer un mélange de strontiane et de soufre. — Le sulfure de strontium, impressionné par la lumière, peut rester lumineux dans l'obscurité pendant 48 heures.

Chlorure de Strontiane. StCl,6HO. Dissoudre du carbonate de baryte dans l'acide chlorhydrique et évaporer.

CALCIUM. Ca = 250 ou 20.

Chauffer, dans un tube de fer bien clos, du sodium avec de l'iodure de calcium. — Ce métal est jaune, très-ductile, très-léger ; il reste brillant dans l'air sec, et brûle avec une flamme blanche.

Protoxyde de calcium. Chaux. CaO. Calciner du marbre blanc ou de la craie, dans un creuset fermé, ou sur du charbon, au moyen du chalumeau. — La chaux dégage de la chaleur au contact de l'eau ; la température devient surtout très-élevée lorsqu'on ajoute 1 p. d'eau à 2 p. chaux vive anhydre, ou caustique. La chaux, étant hydratée, se *délite*, c'est-à-dire se réduit en poudre ; on lui donne alors le nom de chaux *éteinte*. La bonne chaux *grasse foisonne*, ou augmente beaucoup de volume. La chaux *maigre* foisonne peu, et ne s'échauffe guère au contact de l'eau. — Lorsqu'on délaie la chaux dans l'eau, en bouillie claire, on obtient le *lait de chaux*. Filtrée ou éclaircie, l'eau contient en dissolution environ 1/800 de son poids de chaux. Pour obtenir de *l'eau de chaux* pure, on lave plusieurs fois la chaux avec de l'eau ; puis on en met un peu dans un flacon qu'on remplit d'eau distillée, et qu'on tient bien bouché. On agite de temps en temps, et la solution s'éclaircit par le repos. La même chaux peut servir très-longtemps. Il faut remplir d'eau et agiter ensuite, chaque fois qu'on a employé du réactif. — La chaux se dissout beaucoup plus dans l'eau sucrée que dans l'eau pure. Le sucre dans ce cas agit comme un acide. Lorsqu'on chauffe une dissolution de sucrate ou saccharate de chaux, il se forme une coagulation, qui se dissout par le refroidissement. Du reste, tous les sels de chaux sont moins solubles à chaud qu'à froid. La chaux en dissolution, ou à l'état solide, attire promptement l'acide carbonique de l'air. Il se forme alors sur l'eau de chaux une pellicule blanche de carbonate de chaux. Exposée à l'air à l'état solide, la chaux durcit en se carbonatant ; c'est pour cela qu'on l'emploie pour faire les *mortiers*. La chaux maigre est ordinairement mélangée avec de l'argile ; elle durcit au contact de l'eau, et trouve un emploi précieux dans certaines constructions. On la nomme souvent *chaux hydraulique*. Elle peut être obtenue en calcinant légèrement 1 p. d'argile avec 4 p. craie. La chaux a de nombreux usages dans l'industrie et l'agriculture.

Carbonate de chaux. CaO,CO^2. C'est un corps très-répandu dans la nature, sous divers aspects : *albâtre*, *onyx*, *marbre*, *spath d'Islande*, *aragonite*, *pierre à chaux*, *craie*, etc. Lorsqu'on chauffe au rouge du carbonate de chaux, il se décompose, l'acide carbonique se dégage, et il reste de la chaux. Mais lorsqu'on chauffe de la craie dans un tube de fer bien clos, elle fond sans se décomposer, cristallise, et prend l'aspect du marbre statuaire. Le carbonate de chaux est à peu près insoluble dans l'eau pure ; mais il se dissout dans l'eau contenant de l'acide carbonique, et lorsque ce gaz s'échappe de l'eau, le carbonate de chaux se dépose. C'est ainsi que se forment les *pétrifications* apparentes de divers objets. Soumis à l'action de certaines sources, ces objets, après quelque temps, sont recouverts d'une croûte calcaire. C'est encore l'origine des *tufs calcaires*, des *stalactites* et *stalagmites*, qui se trouvent dans les grottes, des *incrustations* dans les conduites d'eau, etc.

Sulfate de chaux. CaO,SO³. Lorsqu'on verse de l'acide sulfurique dans une dissolution d'azotate de chaux, il se produit un précipité de sulfate de chaux, qui devient promptement solide. — Le sulfate de chaux anhydre existe dans la nature ; on le nomme *karsténite* ou *anhydrite ;* mais il est bien plus répandu à l'état hydraté, sous le nom de *gypse*, *plâtre*, *albâtre gypseux*, *sélénite*, *pierre à Jésus*. Le plâtre chauffé à environ + 120°, devient anhydre, et se pulvérise facilement. C'est ce qu'on appelle la *cuisson*, qui doit avoir lieu à une température peu élevée. Lorsqu'on le *gâche* avec de l'eau, il redevient promptement solide, et augmente de volume ; c'est ce qui le rend surtout propre au moulage. Pour mouler une médaille, on la graisse légèrement ; on l'entoure d'une bande de fort papier huilé, on la pose à plat ; puis on coule dans cette sorte de boîte 2 v. de plâtre fin, délayé dans 1 v. d'eau. Lorsque le plâtre a fait prise, qu'il est solidifié, on détache l'empreinte, on la fait sécher, et après l'avoir graissée, ou imprégnée de savon, on l'entoure d'une bande de carton ; elle peut alors servir de moule, pour obtenir des reproductions de la médaille, en y coulant du plâtre délayé, ou du soufre fondu. Le plâtre employé dans la bâtisse se gâche ordinairement dans son volume d'eau. Il devient plus dur, si on le délaie dans un lait de chaux. — Le *stuc*, composition qui imite le marbre, s'obtient en gâchant du plâtre avec une dissolution de gélatine, ou colle-forte, et diverses matières colorantes. — Lorsqu'on plonge le plâtre cuit dans une dissolution d'alun, et qu'on le fait cuire une seconde fois, ce plâtre aluné employé dans les constructions, devient plus dur que le plâtre ordinaire ; il résiste même à l'humidité, et ressemble au marbre par sa demi-transparence. — 1 litre d'eau dissout environ 3g de plâtre.

Azotate de chaux. Dissoudre dans l'acide azotique une pâte claire formée d'eau et de craie ; puis évaporer. — Ce sel se trouve dans les matériaux dits salpêtrés, les écuries, les caves, etc. Il est très-soluble dans l'eau.

Phosphate de chaux basique. $(CaO)^3,PhO^5$. (*Phosphate des os*). Verser du chlorure de calcium dans une dissolution de phosphate de soude, et recueillir le précipité. — Les cendres d'os sont composées d'une p. carbonate de chaux et 4 p. phosphate.

Phosphate acide de chaux. $CaO(HO)^2,PhO^5$. (*Biphosphate de chaux.*) Traiter la cendre d'os par l'acide sulfurique ; décanter le liquide, et évaporer. S'emploie pour la fabrication du phosphore, et dans l'agriculture. — Pour ce dernier emploi, on peut l'obtenir par le procédé suivant. Mettre de l'urine dans un entonnoir dont la douille est presque bouchée, et le placer au-dessus d'un vase contenant un lait de chaux et du charbon pulvérisé. Remuer tout le temps que le liquide coule de l'entonnoir dans le lait de chaux ; laisser reposer, décanter, puis faire sécher le précipité. Le charbon n'est ajouté que pour enlever l'odeur. Le biphosphate de chaux est soluble dans l'eau. Lorsqu'on le chauffe au rouge, il fond et se transforme en une matière vitreuse insoluble qui est du métaphosphate de chaux.

Hypochlorite de chaux. CaO,ClO. (*Chlorure de chaux, chlorure décolorant.*) Délayer 1 p. chaux éteinte dans 1 p. eau ; faire passer un courant de chlore dans ce lait de chaux, et décanter le liquide. — Faire arriver un courant de chlore sur de la chaux éteinte. C'est par ce dernier procédé qu'on obtient le *chlorure de chaux* ordinaire du commerce. — C'est un mélange de chaux, chlorure de calcium et hypochlorite de chaux, qu'on emploie en dissolution pour décolorer les papiers et étoffes teintes par des substances organiques. Pour opérer, on trempe d'abord l'étoffe dans l'acide chlorydrique étendu ; puis dans la dissolution de chlorure de chaux, ensuite dans une lessive de soude, et enfin dans l'eau. Le chlorure de chaux est employé comme désinfectant. On détruit facilement les odeurs putrides, au moyen de linges trempés dans la dissolution, et suspendus à l'air dans les endroits infectés.

Acétate de chaux. Dissoudre de la craie dans l'acide acétique ; laisser reposer ; décanter le liquide clair ; puis le faire concentrer et cristalliser. — L'acétate de chaux est très-soluble dans l'eau. Chauffé et frotté dans l'obscurité, il devient phosphorescent. On l'emploie pour préparer l'acide acétique pur.

Citrate de chaux. Verser de l'acide citrique dans de l'eau de chaux ; chauffer et recueillir le précipité chaud.— Traiter la craie par le jus de citron, comme nous le verrons, pour obtenir l'acide citrique.

Picrate de chaux. Faire bouillir un lait de chaux avec de l'acide picrique, décanter et évaporer. Très-soluble.

Chlorure de calcium. $CaCl,6HO$. Dissoudre de la craie dans l'acide chlorhydrique, et évaporer.— On l'obtient anhydre en faisant passer un courant de chlore sur de la chaux portée au rouge.— Le chlorure de calcium hydraté contient environ la moitié de son poids d'eau (49 pour 100). Il est très-déliquescent ; l'eau peut en dissoudre 14 fois son poids, et cette dissolution ne bout qu'à $+ 169^{\circ}$. Si on verse de l'acide sulfurique dans une dissolution concentrée de chlorure de calcium, il produit une masse solide de sulfate de chaux. C'est le *miracle chimique* des alchimistes. Ce sel, bien desséché, devient spongieux ; chauffé fortement, il fond, et devient anhydre. Dans cet état, lorsqu'il a été exposé à la lumière, et qu'on le porte dans l'obscurité, il reste quelque temps lumineux. C'est le *phosphore de Homberg*. Le chlorure de calcium anhydre produit de la chaleur en se dissolvant dans l'eau, mais il produit du froid lorsqu'il est hydraté. Nous l'avons déjà indiqué comme un des meilleurs réfrigérants.

Il doit être conservé dans des flacons bien bouchés. On l'emploie pour dessécher les gaz.

Phosphure de calcium. $(CaO)^7,Ph^4$. (*Phosphure de chaux*). Calciner de petites boulettes faites avec de la chaux et un peu d'eau. Ensuite, dans un tube fermé d'un bout, introduire un peu de phosphore, remplir avec les boulettes ; puis chauffer au rouge sombre, le phosphore étant placé hors de l'action de la chaleur ; et le chauffer ensuite lui-même légèrement, afin que sa vapeur arrive sur la chaux. — Le phosphure de calcium ne brûle pas au contact du feu et peut être fondu sans s'altérer ; mais étant jeté dans l'eau, il dégage de l'hydrogène phosphoré, qui s'enflamme spontanément à l'air.

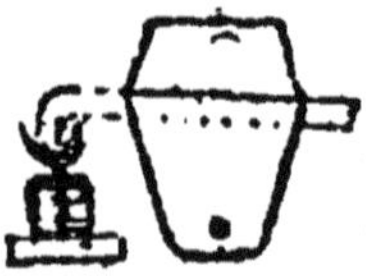

Fluorure de calcium. CaFl. (*Fluate de chaux, spath fluor*). Il existe dans la nature certaines variétés de spath fluor, qui, étant pulvérisées et chauffées légèrement dans une cuillère de fer, dégagent une lumière tantôt verte, tantôt violette. On l'emploie comme fondant, et pour la préparation de l'acide fluorhydrique.

Sulfure de calcium. CaS. (*Phosphore de Canton*). Chauffer fortement un mélange de sulfate de chaux et de charbon. — Faire arriver un mélange d'acide sulfhydrique dans un lait de chaux. — Le sulfure de calcium luit dans l'obscurité ; il sert à faire tomber le poil des peaux avant le tannage.

Bisulfure de calcium. CaS^2. Faire bouillir 7 p. chaux et 9 p. soufre dans 100 p. d'eau ; filtrer à chaud et laisser cristalliser.

Pentasulfure de calcium. CaS^5. Opérer de même avec 10 p. chaux, 12 p. soufre et 100 p. eau.

MAGNÉSIUM. Mg. = 150 ou 12.

Chauffer au rouge, à l'abri de l'air, un mélange de sodium et de chlorure de magnésium. — Le magnésium ressemble à l'argent ; mais il est plus fusible, volatil, très-léger, et reste brillant dans l'air sec. Réduit en fil ou en feuilles, il brûle à l'approche d'une flamme, avec un éclat comparable à celui de la lumière électrique.

Oxyde de magnésium. Magnésie. MgO. (*Terre amère, terre talqueuse.*) Chauffer au rouge, dans un creuset fermé, du carbonate et de l'azotate de magnésie. Dissoudre à chaud 1 p. sulfate de magnésie dans 10 p. eau, et ajouter de la potasse jusqu'à cessation du précipité; puis décanter, laver et faire sécher. — La magnésie obtenue ainsi est hydratée ; en la calcinant elle devient anhydre. La magnésie est blanche, à peine soluble dans l'eau, et infusible. Pure et délayée dans un peu d'eau, elle prend avec le temps l'aspect et la dureté du marbre. Les sels de magnésie ont une saveur amère. La magnésie hydratée est un contre-poison des acides, et en particulier de l'acide arsénieux.

Carbonate de magnésie. (*Magnésie blanche.*) Faire bouillir une solution de sulfate de magnésie avec un excès de carbonate de potasse ou de soude. S'emploie en médecine. La *magnésite* est un carbonate naturel.

Sulfate de magnésie. MgO,SO^3. (*Sel d'Epsom, de Sedlitz.*) Dissoudre du carbonate de magnésie dans l'acide sulfurique ; décanter, et faire cristalliser. S'emploie comme purgatif. — Par la calcination, il devient anhydre.

Azotate de magnésie. MgO,AzO^5. Dissoudre du carbonate de magnésie dans l'acide azotique et évaporer.

Silicates de magnésie. Il en existe plusieurs dans la nature ; ils sont infusibles. On utilise l'*écume de mer* et le *talc.*

Chlorure de magnésium. MgCl. Dissoudre dans l'acide chlorhydrique du carbonate de magnésie, et évaporer. Pour l'obtenir anhydre, ajouter à la dissolution du sel ammoniac en excès ; évaporer puis chauffer au rouge. — Très-soluble dans l'eau et l'alcool.

Citrate de magnésie. Dissoudre de la magnésie dans l'acide citrique, et évaporer à sec. — Le citrate de magnésie s'emploie comme purgatif.

ALUMINIUM. Al = 170,9 ou 13,7.

Délayer 2 p. argile dans 12 p. acide sulfurique ou chlorhydrique ; ajouter 4 p. cyanoferrure de potassium, 3 p. sel marin, et chauffer au rouge blanc. — Chauffer de la cryolithe et du sel marin, séparés par des plaques de sodium. — L'aluminium est moins blanc que l'argent, inattaquable à l'air, et peut être classé parmi les métaux précieux. Il est très-malléable et très-ductile ; on peut le forger à chaud et à froid. Il est inattaquable par le mercure et les acides, excepté l'acide chlorhydrique. Les chlorures et les acalis l'attaquent aussi. L'aluminium est d'une sonorité très-grande. Il fond à environ 600°. Ecroui, il est élastique ; il se refroidit lentement ; mais il est surtout remarquable par sa légèreté ; car il pèse moins que le verre, et il est environ 4 fois plus léger que l'argent, 9 fois plus que le platine. Sa densité est 2,56. — 1 p. aluminium et 9 p. cuivre forment un alliage couleur d'or, qui peut se forger. Ce bronze est plus tenace que le fer, et peut être employé à divers usages, entre autres pour les canons de fusil, les coussinets, etc.

Oxyde d'aluminium. Alumine. Al^2O^3. En chauffant au rouge de l'alun d'ammoniaque, on obtient l'alumine à l'état anhydre. — Verser du carbonate de soude, ou de l'ammoniaque, dans une dissolution d'alun de potasse faite à chaud ; recueillir sur un filtre le précipité gélatineux, le laver à l'eau bouillante, et le faire sécher. — Dans cet état, l'alumine est une poudre blanche, hydratée, qui se dissout facilement dans les acides, et les dissolutions de potasse et de soude. — L'alumine anhydre existe dans la nature à l'état cristallisé, et constitue les pierres précieuses, très-dures, qui portent différents noms, suivant leurs teintes : *corindon hyalin*, *rubis*, *saphir*, *émeraude*, *topaze*, *améthyste*, etc. L'alumine est infusible au feu de forge, mais elle fond au chalumeau à gaz oxygène et hydrogène. En fondant l'alumine avec un peu de chromate de potasse, on a obtenu des rubis artificiels. On est, du reste, parvenu à reproduire d'une manière analogue plusieurs pierres précieuses avec leurs propriétés et leurs compositions naturelles. L'*émeri* est un mélange d'alumine et de fer, qui s'emploie pour polir les corps durs. — Lorsqu'on verse un sel d'alumine dans la dissolution d'une matière colorante, et qu'on précipite l'alumine par un alcali, il se forme un composé coloré, insoluble, qu'on nomme *laque*, et le liquide est décoloré.

Sulfate d'alumine. $Al^2O^3,3SO^3$. Dissoudre de l'argile blanche, ou mieux, de l'alumine en gelée, dans l'acide sulfurique ; filtrer et évaporer. — Ce sel contient environ la moitié de son poids d'eau. Il s'emploie dans la teinture.

Alun de potasse. $(KO,SO^3)(Al^2O^3,3SO^3),24HO$. Dissoudre 1 p. sulfate de potasse dans 4 p. eau bouillante, et 1 p. sulfate d'alumine dans une p. eau. Mélanger les deux dissolutions chaudes, et par le refroidissement, il se forme des cristaux en *octaèdres*. Si on ajoute 3 p. 100 de carbonate de soude sec, dans la dissolution concentrée d'alun, ou qu'on y verse du carbonate de potasse, en agitant, pour dissoudre le précipité, l'alun cristallise à l'état *cubique*, et il est beaucoup plus estimé en cet état dans le commerce ; on le confond souvent avec l'*alun de Rome*, extrait de l'*alunite*, ou *pierre d'alun*. On le prépare aussi en faisant bouillir de l'alumine en gelée dans une dissolution d'alun. Lorsqu'on ajoute du carbonate de potasse en excès à une dissolution bouillante d'alun, on obtient un précipité *d'alun* *basique* insoluble, qui est analogue à l'alunite. — L'alun pulvérisé, chauffé légèrement, entre en fusion, et reste transparent après refroidissement. C'est ce qu'on nomme l'*alun de roche*. Si on chauffe davantage, l'alun, d'abord liquide, devient pâteux, se boursouffle, et augmente beaucoup de volume, tout en diminuant de moitié son poids. Il est alors anhydre, et prend le nom d'*alun calciné*, qu'on emploie en médecine comme caustique. Chauffé au rouge, l'alun se décompose. Si on chauffe fortement, dans un creuset, un mélange intime de 18 p. alun de potasse desséché, et 1 p. noir de fumée, on obtient le *pyrophore de Homberg*, qui prend feu quand on le projette dans l'air humide, et brûle comme de l'amadou. — L'alun a une saveur sucrée, d'abord, puis astringente. 100 p. d'eau à 0° dissolvent 3 p. alun, et 357 p. à 100°. — Si, dans une dissolution saturée on introduit un petit cristal d'alun, suspendu à un fil, il grossit rapidement, et finit par gagner les parois du vase. L'alun s'emploie principalement dans la teinture et la préparation des peaux.

Alun d'ammoniaque. Mélanger deux dissolutions concentrées, l'une d'une p. sulfate d'ammoniaque, l'autre de 2 p. sulfate d'alumine, et laisser cristalliser. — Ce sel possède les propriétés générales du précédent. Il est facile à reconnaître ; car lorsqu'on le triture avec de la chaux humide, il dégage de l'ammoniaque.

Alun de soude. Mélanger une dissolution de 3 p. sulfate de soude, avec une autre de 4 p. sulfate d'alumine, et faire cristalliser. Ce sel est analogue aux précédents, mais plus soluble.

Le nom d'alun a été donné non-seulement aux sulfates doubles dont nous venons de nous occuper, mais on l'a aussi appliqué à d'autres sels analogues, qui ne contiennent pas d'alumine.

Azotate d'alumine. Dissoudre de l'alumine en

gelée dans l'acide azotique, et évaporer. Ce sel est déliquescent.

Chlorure d'aluminium. Al^2Cl^3. Faire passer du chlore sec sur un mélange d'alumine et de charbon chauffé au rouge. — Dissoudre de l'alumine en gelée dans l'acide chlorhydrique, et évaporer.

Chlorure d'aluminium et de sodium. Chauffer un mélange bien sec d'alumine, de charbon et de sel marin.

Acétate d'alumine. Dissoudre 6 p. acétate de plomb et 5 p. sulfate d'alumine dans deux quantités d'eau égales ; mélanger les dissolutions ; filtrer et évaporer. Il reste sur le filtre du sulfate de plomb. — Ordinairement, on emploie l'alun, au lieu de sulfate d'alumine, et le produit sert dans la teinture sous le nom de *mordant rouge des indienneurs*. On peut l'employer pour rendre les vêtements imperméables à la pluie, mais non à l'air.

Silicates d'alumine. (*Argiles.*) Le *kaolin*, ou terre à porcelaine, est l'argile la plus pure. La *terre de pipe* est blanche. Les *ocres* sont des argiles colorées par du peroxyde de fer hydraté. Les *marnes* contiennent beaucoup de carbonate de chaux. — L'argile grasse forme avec l'eau une pâte liante, facile à pétrir. Bien humectée, elle est imperméable à l'eau : elle absorbe les substances colorantes, les gaz et les graisses. La *terre à foulon* sert à dégraisser les draps et les laines. On la répand en poudre sèche sur le drap avant de le passer au cylindre. On peut aussi l'employer pour enlever les taches. Pour cela, on délaie l'argile en bouillie, on l'étend sur l'étoffe, qu'on pétrit pour bien l'imprégner, et on lave ensuite à l'eau.— L'argile, façonnée de diverses manières, et soumise à la cuisson, forme les *poteries*, *faïences*, *grès*.

Verre. Composé de divers silicates, qui se combinent par l'effet de la chaleur. Pour le produire, on peut chauffer au rouge, dans un creuset, parties égales d'alumine, de sable blanc et de chaux. On enlève les scories qui surnagent. Le verre étant chauffé jusqu'à ce qu'il commence à s'amollir, puis plongé très-chaud dans un bain de graisse, cire, huile, paraffine, résine ou goudron, devient très-dur, C'est ce qu'on nomme le *verre trempé*. — Le *cristal* est formé de 3 p. sable, 1 p. carbonate de potasse. 2 p. minium. Nous avons déjà parlé du verre soluble. Le verre ordinaire, bien pulvérisé, se dissout en partie dans l'eau bouillante ; quelquefois 1/3. L'eau devient alors alcaline et bleuit le tournesol. Le verre peut être coloré en rouge par le pourpre de Cassius, en bleu par l'oxyde de cobalt, en jaune par l'urane, en violet par le manganèse, en vert par les oxydes de chrome, de nickel, etc. — L'*émail* est du cristal rendu opaque, ordinairement, par de l'oxyde d'étain. — Le *strass* est un cristal particulier, qui a l'aspect du diamant. Coloré par divers oxydes, il imite les pierres précieuses. Voici quelques compositions employées. *Strass*, 300 p. quartz blanc ; 470 p. minium ; 163 p. potasse pure ; 22 p. borax ; 1 p. acide arsénieux. Chauffer graduellement 24 heures et laisser lentement refroidir. — *Topaze*, 100 p. strass, 1 p. oxyde de fer. — *Emeraude*, 100 p. strass ; 1 p. oxyde de cuivre et un peu d'oxyde de chrome. — *Rubis*, 200 p. strass ; 5 p. oxyde de manganèse. — *Saphir*, 200 p. strass ; 3 p. oxyde de cobalt. — Il ne faut pas confondre ces imitations, qui n'ont que l'aspect, et non la composition ni la dureté des pierres précieuses, avec les pierres artificielles dont nous avons parlé (p. 181).

MANGANÈSE. Mn = 343,7 ou 27,5.

Chauffer dans un creuset couvert un mélange de 10 p. protoxyde de manganèse, avec 1 p. borax fondu et 1 p. charbon. — Le manganèse a l'aspect de la fonte de fer ; il est peu fusible, très-oxydable, très-dur, et peut couper le verre.

Protoxyde de manganèse. MnO. Chauffer dans un creuset brasqué du carbonate de manganèse. Le produit obtenu est verdâtre et anhydre ; chauffé à l'air, il se change en oxyde rouge. $Mn^{3}O^{4}$, analogue à l'*hausmanite*, qu'on trouve dans la nature. — En versant de la soude ou de la potasse dans une dissolution d'un sel de manganèse, il se forme un précipité de protoxyde hydraté, lequel, abandonné à l'air se change en sesquioxyde. $Mn^{2}O^{3}$, corps noirâtre, qui se trouve dans la nature, c'est la *braunite* et la *manganite* des minéralogistes.

Peroxyde de manganèse. MnO^{2}. (*Manganèse, magnésie noire, savon des verreries.*) Le bioxyde de manganèse est un corps noir très-répandu dans la nature. C'est le plus utile des composés du manganèse. Quelquefois il faut le purifier en le lavant avec de l'acide chlorhydrique étendu, puis avec de l'eau. Il est bon de le calciner légèrement avant de s'en servir, surtout pour la préparation de l'oxygène. On l'emploie pour la préparation du chlore et de l'oxygène, ainsi que dans les verreries, et pour le vernissage des poteries. Faire une bouillie claire avec de l'eau, 1 p. peroxyde de manganèse, 4 p. litharge et 4 p. terre de pipe. L'étendre sur une capsule brute ou sur une brique et chauffer. L'objet se recouvre d'un vernis noir et brillant.

Acide permanganique. $Mn^{2}O^{7}$. Calciner un mélange d'azotate de baryte et de peroxyde de manganèse ; traiter le produit par l'acide sulfurique étendu, filtrer et évaporer. — C'est un corps bien cristallisé, très-soluble et qui se décompose facilement.

Manganate de potasse. KO,MnO^{3}. Calciner, dans un creuset ouvert, parties égales de potasse caustique et de peroxyde de manganèse ; dissoudre dans l'eau, décanter, puis faire lentement évaporer.

Permanganate de potasse. $KO,Mn^{2}O^{7}$. (*Caméléon minéral.*) Traiter par l'eau chaude la solution de manganate de potasse ; décanter, puis évaporer lentement. Il ne faut pas filtrer ni toucher la dissolution avec du papier, car elle se décompose rapidement. Le permanganate de potasse peut servir de caustique, en l'humectant. Il peut souvent remplacer l'oxygène et l'eau oxygénée. C'est un réactif très-sensible. La dissolution de ce sel, abandonnée à l'air, verte d'abord, devient successivement bleue, violette, rouge et incolore. Ces changements se produisent rapidement par l'addition d'un acide, d'eau chaude ou froide, de potasse, de sucre, etc. Ce sel, produit avec le phosphore et le soufre des mélanges qui détonent par la chaleur ou le choc.

Acétate de manganèse. Dissoudre du protoxyde de manganèse dans l'acide acétique, et faire cristalliser. S'emploie comme mordant dans la teinture.

FER. Fe = 350 ou 28.

Chauffer fortement, dans un creuset brasqué, de l'oxyde de fer, mélangé avec du carbonate de soude. — Dans l'industrie, par la méthode des *hauts-fourneaux*, après avoir grillé le minerai, on le mélange avec de la chaux ; puis on le chauffe à une très-haute température. On obtient ainsi la *fonte*, qui doit être *affinée*, pour avoir du fer ductile. La fonte, chauffée au contact de l'air, devient peu à peu moins fusible ; arrivée à l'état pâteux, on la retire du feu, et on la bat au marteau. — Lorsque le minerai est très-riche, on peut obtenir tout d'abord le fer à l'état ductile. Pour cela, on chauffe le minerai avec le charbon ; puis on le bat au marteau, pour en séparer la scorie. C'est ce qu'on nomme la *méthode catalane*. Parmi les fers du commerce, celui des fils d'archal se rapproche le plus de l'état de pureté. On obtient du fer pur en chauffant légèrement, dans un courant d'hydrogène sec, de l'oxyde de fer pulvérisé. Le fer, qui est ainsi

obtenu en poudre grise, prend feu, lorsqu'on le répand dans l'air, et surtout dans l'oxygène, c'est le fer *pyrophorique*.

Le fer est le plus tenace des métaux ; il faut un poids de 775 kil. pour rompre un fil de 3 mil. de diamètre. Le fer fond entre 15 et 1,600° ; la fonte vers 1,250°. Exposé à l'air humide, le fer se couvre rapidement de *rouille*, ou oxyde de fer hydraté ; les alcalis le préservent de cette altération. Il s'oxyde très-rapidement lorsqu'on le chauffe au contact de l'air. Mais étant chauffé au rouge dans un courant de vapeur d'eau, il se couvre d'une très-légère couche d'oxyde qui le préserve de la rouille. Le fer se dissout dans les acides chlorhydrique, sulfurique et acétique. L'acide azotique ordinaire l'attaque aussi ; mais, lorsqu'il est très concentré, le fer n'est plus attaqué ; il devient *passif*, et l'acide azotique, étendu ou concentré, ne peut plus le dissoudre. Cependant, aussitôt qu'on le touche avec une tige de cuivre ou de fer ordinaire, qu'on retire de suite, il redevient attaquable. — Le fer est attiré par l'aimant ; il ne peut être aimanté d'une manière durable que lorsqu'il est à l'état d'acier.

Acier. En chauffant la fonte au contact de l'air, on obtient *l'acier naturel*, ou *acier de forge*. La transformation est beaucoup plus rapide lorsqu'on injecte de l'air dans la fonte en fusion (procédé Bessemer). Le fer ou la fonte chauffés au rouge, pendant quelques heures, avec du charbon, dans un courant d'azote, d'oxyde de carbone et d'hydrogène carboné, se convertissent en acier. *L'acier de cémentation*, ou *acier poule*, se produit en chauffant à blanc, pendant plusieurs jours, des barres de fer dans du charbon pulvérisé. — Par la fusion, on le transforme en *acier fondu*, qui est très-dur, et susceptible d'un beau poli. — Pour aciérer du fer, on le chauffe au rouge, on le recouvre de prussiate de potasse pulvérisé, et on le refroidit dans l'eau. — La *trempe* donne à l'acier beaucoup de dureté et d'élasticité. On le chauffe au rouge, puis on le plonge dans l'eau, ou le mercure, la graisse, la résine, etc. Ordinairement, après la trempe qui le rend cassant, on recuit l'acier en le plaçant sur une plaque de fer chauffée, et recouverte de sable ; sa couleur change suivant la température, par suite d'une légère oxydation. Ainsi, vers 220°, il devient jaune clair ; 245°, jaune d'or ; 255°, brun ; 265°, pourpre ; 285°, bleuâtre ; 300°, indigo ; 320 vert d'eau. Chauffé au rouge et refroidi lentement, l'acier est complètement détrempé.

Sesquioxyde ou peroxyde de fer. $Fe^2.O^3$. (*Rouge d'Angleterre, de Prusse*, *colcothar*, *sanguine*, *rouille.*) Ce corps a divers aspects, suivant son origine. En calcinant du sulfate de fer, on obtient un produit rouge, le *colcothar.* — En chauffant 1 p. de sulfate de fer mélangé à 3 p. de sel marin, il se produit des paillettes violettes. — En calcinant de l'azotate de fer, on obtient un produit noir. — Lorsqu'on mélange deux dissolutions bouillantes, l'une d'azotate de fer, l'autre de carbonate de soude, il se forme un précipité rouge vif. — Si on dissout du fer dans l'eau régale, en ajoutant de l'ammoniaque, il se forme des flocons rougeâtres. — Le peroxyde de fer est très-abondant dans la nature ; c'est le *fer oligiste*, *fer spéculaire*, *hématite*, etc. Le colcothar est employé dans la peinture, ainsi que pour le polissage des glaces, des métaux et des pierres précieuses.

Oxyde de fer magnétique. Fe^3O^4. Chauffer un mélange de chlorure de fer et de carbonate de soude. — L'oxyde de fer magnétique, qui se trouve dans la nature, est la *pierre d'aimant*. C'est le meilleur des minerais de fer. — Lorsqu'on frappe au marteau un morceau de fer rougi, il s'en détache en petites écailles *l'oxyde de fer des battitures*, qui n'a pas une composition bien définie.

Sulfate de protoxyde de fer. $FeO,SO^3,7HO$. (*Couperose verte, vitriol vert.*) Dissoudre du fer dans l'acide sulfurique étendu d'eau, et évaporer. — Griller des pyrites à l'air. — La dissolution de sulfate de fer s'altère promptement, si on n'a pas le soin d'y déposer des baguettes de fer. Ce sel s'emploie dans la teinture, et pour fabriquer l'encre noire.

Sulfate de peroxyde de fer. $Fe^2O^3,3SO^3$. Dissoudre du peroxyde de fer dans l'acide sulfurique concentré, et évaporer à sec.

Azotate de fer. $Fe^2O^3,3AzO^5$. Dissoudre à chaud de la limaille de fer dans l'acide azotique en excès et évaporer à sec.

Carbonate de fer. FeO,CO^2. (*Safran de Mars apéritif.*) Verser du carbonate de soude dans une dissolution de sulfate de fer, et recueillir le précipité. Le carbonate de fer naturel, ou *fer spathique*, est un très-bon minerai.

Acétate de peroxyde de fer. (*Pyrolignite de fer.*) Dissoudre du fer dans l'acide acétique. — La préparation dite *bouillon noir*, *liqueur de ferraille*, qu'on emploie en teinture, s'obtient en faisant digérer de la ferraille dans le vinaigre de bois.

Tartrate de fer. Verser de l'acide tartrique dans une dissolution de sulfate de fer, et recueillir le précipité.

Tartrate de fer et de potasse. (*Boules de Nancy*, *tartre martial soluble*, *tartre chalibé.*) Préparer du peroxyde de fer hydraté, et le faire digérer dans une dissolution de bitartrate de potasse ; filtrer et évaporer. — S'emploie en médecine

Citrate de fer. Dissoudre du peroxyde de fer hydraté dans de l'acide citrique. — S'emploie en médecine.

Protosulfure de fer. FeS. Chauffer fortement un morceau de fer et le plonger dans du soufre fondu. — Mélanger 3 p. limaille de fer avec 2 p. fleur de soufre et un peu d'eau ; la température s'élève peu à peu ; le mélange s'enflamme parfois, et si on l'a couvert de sable, il est projeté avec le produit incandescent. C'est le *volcan de Lémery*.

Bisulfure de fer. FeS^2. (*Pyrite martiale.*) Chauffer 2 p. sulfure de fer avec 1 p. soufre. — Les pyrites naturelles présentent l'aspect de l'or. Elles servent à fabriquer l'acide sulfurique. — En chauffant de l'oxyde de fer avec du soufre en excès, on obtient la *pyrite magnétique*, Fe^7S^8.

Protochlorure de fer. FeCl. Chauffer de la limaille de fer en excès avec de l'acide chlorhydrique ; filtrer et évaporer. S'emploie en médecine.

Perchlorure de fer. Fe^2Cl^3. Faire passer un courant de chlore sur du fer chauffé au rouge. — Dissoudre du fer dans de l'eau régale ou du peroxyde de fer dans l'acide chlorhydrique.

Iodure de fer. FeI. Faire bouillir dans l'eau de l'iode et de la limaille de fer ; filtrer et évaporer. — S'emploie en médecine.

Cyanure de fer. FeCy. Verser du cyanure de potassium dans une dissolution de sulfate de fer, et recueillir le précipité.

Cyanoferrure de potassium. $K^2Cy^3Fe,3HO$. (*Prussiate jaune.*) Chauffer au rouge, dans un vase de fer, 1 p. de matière azotée, sang, gélatine, cuir, corne, etc., avec 4 p. carbonate de potasse, et un peu de limaille de fer. Remuer fréquemment avec une tige de fer, jusqu'à ce que la masse soit devenue liquide ; et laisser refroidir. Ensuite faire bouillir dans l'eau, filtrer à chaud ; puis faire concentrer, et laisser cristalliser. — Faire bouillir du bleu de Prusse pulvérisé dans une dissolution de carbonate de potasse ; le liquide se décolore ; filtrer et évaporer.

Bleu de Prusse. $Fe^7Cy^9,9HO$. (*Bleu de Berlin.*) Verser du prussiate de potasse dans une dissolution de sulfate de fer un peu acidulée ; recueillir le précipité, le laver, et dessécher lentement. Dans une dissolution de prussiate de potasse, verser une dissolution de 1 p. sulfate de fer et 3 p. alun ; agiter, laisser déposer, décanter, laver plusieurs fois, recevoir sur un filtre, puis presser et faire sécher. — Le bleu de Prusse s'emploie dans la peinture et la teinture.

Cyanoferride de potassium. $K^3Cy^6Fe^2$. (*Prussiate rouge, sel rouge de Gmelin.*) Faire arriver un courant de chlore dans une dissolution de prussiate jaune, en agitant, jusqu'à ce que le liquide soit bien rouge. Ajouter du carbonate de potasse pour alcaliser, filtrer et évaporer. — Le prussiate rouge précipite en bleu les sels de protoxyde de fer, qui ne sont pas colorés par le prussiate jaune. On produit ainsi le *bleu de Turnbull* qui est moins foncé que le bleu de Prusse. — Ces deux prussiates sont fréquemment employés comme réactifs, par suite des précipités très-variés qu'ils forment dans les dissolutions métalliques.

CHROME. Cr. = 328,5 ou 26,3.

Chauffer fortement, dans un creuset brasqué, 1 p. sesquioxyde de chrome, mélangé à 6 p. charbon. — C'est un métal blanc, dur, sans usage à l'état libre.

Sesquioxyde de chrome. CrO^3. Verser de l'ammoniaque dans une dissolution de bichromate de potasse et recueillir le précipité, qui est alors hydraté. En le calcinant, il devient anhydre. — On l'emploie pour colorer en vert le cristal, le verre, la porcelaine. — Le *vert Guignet* se prépare en chauffant au rouge sombre 1 p. bichromate de potasse et 3 p. acide borique ; puis on lave à l'eau bouillante.

Acide chromique. CrO^3. A 2 volumes d'une dissolution saturée de bichromate de potasse, ajouter, peu à peu, 3 vol. d'acide sulfurique ; laisser refroidir, décanter et recueillir des cristaux en longues aiguilles rouges, qu'on fait égoutter et sécher sur une brique tiède. — L'acide chromique doit être conservé dans des flacons bien secs, car il est déliquescent. Si on laisse tomber une goutte d'alcool sur un mélange de 4 p. acide chromique et 1 p. camphre, ce mélange s'enflamme avec détonation.

Aluns de chrome. Chauffer légèrement un mélange de bichromate de potasse, sucre et acide sulfurique étendu ; puis concentrer et laisser cristalliser. — On prépare aussi des aluns de chrome avec la soude et l'ammoniaque. —S'emploient en teinture.

Chromate de potasse. KO,CrO^3. Chauffer 2 p. de fer chromé naturel avec 1 p. d'azotate de potasse. — Dissoudre 2 p. bichromate de potasse dans 20 p. d'eau ; ajouter 1 p. carbonate de potasse, concentrer et laisser cristalliser. — Ce sel est jaune ; il devient rouge quand on le chauffe. Il est vénéneux, très-soluble dans l'eau, surtout à chaud, et possède une grande puissance colorante. Un gramme suffit pour teinter 40 litres d'eau.

Bichromate de potasse. $KO,2CrO^3$. Chauffer un mélange de craie et de fer chromé ; délayer le produit dans l'eau ; ajouter un peu en excès de l'acide sulfurique étendu ; puis du carbonate de potasse ; filtrer et évaporer. — Ajouter de l'acide azotique à une dissolution de chromate de potasse, et évaporer. Ce sel est rouge. — Le *vert de chrome* s'obtient en calcinant un mélange de 3 p. plâtre et 1 p. bichromate de potasse, qu'on fait ensuite bouillir dans l'acide chlorhydrique étendu.

Lorsqu'on verse du chromate ou du bichromate de potasse dans une dissolution saline de plomb, zinc, chaux, baryte, bismuth, mercure, argent, cuivre, on obtient des chromates jaunes, à l'exception des trois derniers sels, qui sont rouges.

Chlorhydrate de chrome. $Cr^2Cl^3,3HCl,6HO$. Chauffer du chromate de potasse avec de l'acide chlorhydrique en excès. Ce sel est vert et déliquescent.

Protochlorure de chrome. $CrCl$. Faire passer

un courant d'hydrogène sur du sesquichlorure anhydre chauffé au rouge. Ce sel, qui est blanc, donne à l'eau une teinte bleue, qui passe au vert.

COBALT. Co = 368,6 ou 29,5.

Chauffer dans un creuset brasqué, ou au chalumeau, un mélange de carbonate de soude et d'un sel de cobalt. — Le cobalt ressemble à l'argent ; il est attirable à l'aimant, très-difficile à fondre, et peu oxydable.

Protoxyde de cobalt. CoO. Calciner du carbonate de cobalt. — Le protoxyde de cobalt se dissout dans l'ammoniaque. Sous l'influence de la chaleur, il forme des combinaisons colorées en rose avec la magnésie, en bleu avec l'alumine, en vert avec l'oxyde de zinc. On obtient une belle couleur bleue, très-estimée dans la peinture, en chauffant fortement le précipité formé par le bicarbonate de potasse dans un mélange de 50 p. alun et 1 p. oxyde de cobalt. Le verre, la porcelaine, le borax, etc., sont colorés en bleu par l'oxyde de cobalt, ce qui le fait employer dans la décoration du verre et des poteries. Le *safre* est un silicate de cobalt naturel, et le *smalt* un verre bleu, préparé en chauffant de la potasse, du quartz et du cobalt grillé. Ces composés, réduits en poudre impalpable, produisent le *bleu d'azur*, employé pour teinter le linge et le papier.

Sesquioxyde de cobalt. CO^2O^3. Traiter le protoxyde de cobalt par une dissolution d'hypochlorite de soude. — S'emploie dans la peinture sur verre et sur porcelaine.

Azotate de cobalt. CoO,AzO^5. Dissoudre dans l'acide azotique du cobalt, de l'oxyde ou du carbonate, et évaporer. — Lorsqu'on chauffe au chalumeau un morceau d'alun trempé dans l'azotate de cobalt, on obtient une couleur bleue solide, l'*outremer de cobalt*.

Carbonate de cobalt. Verser du carbonate de soude dans une dissolution de chlorure de cobalt, et recueillir le précipité. — Lorsqu'on fait bouillir du carbonate de cobalt avec du carbonate de soude, on obtient un précipité bleu.

Phosphate de cobalt. Verser du carbonate de soude ou de potasse dans une dissolution d'azotate ou de chlorure de cobalt, et recueillir le précipité. — Pour obtenir le *bleu de cobalt* ou *bleu Thénard*, on mélange 1 p. phosphate de cobalt avec 8 p. alumine en gelée ; faire sécher, pulvériser ; puis chauffer au rouge dans un creuset fermé.

Acétate de cobalt. Dissoudre du carbonate de cobalt dans l'acide acétique et évaporer.

Chlorure de cobalt. CoCl. Dissoudre dans l'acide chlorhydrique de l'oxyde ou du carbonate de cobalt. Ce sel forme dans l'eau une dissolution rouge, qui devient bleue, lorsqu'elle est chauffée et concentrée.

NICKEL. Ni = 368,6 ou 29,5.

On opère comme pour le cobalt, avec lequel le nickel a beaucoup d'analogie. Ainsi, il est inaltérable à l'air, attirable à l'aimant et d'une fusion difficile. 1/100e de nickel allié au fer le garantit de la rouille. — Au moyen de la galvanoplastie, on recouvre les métaux d'une couche de nickel, qui les rend inoxydables. En Belgique, il existe des monnaies à base de nickel. Il se dissout lentement dans les acides azotique, sulfurique et chlorhydrique, avec lesquels il forme des sels.

Protoxyde de nickel. NiO. Calciner de l'azotate, du carbonate, ou de l'oxalate de nickel.

Chlorure de nickel. NiCl. Dissoudre du nickel, de l'oxyde ou du carbonate de nickel, dans l'acide chlorhydrique, et évaporer.

URANIUM. U = 747,5 ou 59,8.

On l'extrait d'un oxyde naturel le *pechblende*. Sans

usage à l'état métallique. Sert surtout à colorer le verre en jaune.

Azotate d'urane. Dissoudre le pechblende dans de l'acide azotique et évaporer. — S'emploie en photographie.

ZINC. Zn = 408,7 ou 32,7.

Chauffer le carbonate de zinc dans un creuset brasqué. — Dans l'industrie, le zinc s'extrait de deux minerais ; un carbonate, la *calamine*, un sulfure, la *blende*. On grille le minerai ; on le pulvérise ; puis on le chauffe avec du charbon, dans des cornues, pour le distiller. On peut aussi se servir d'un creuset percé dans lequel on lute un tube de grès. On le couvre et on le dispose dans la forge ; puis on chauffe fortement ; le métal se volatilise par le tube, se condense, et vient tomber dans un vase plein d'eau. — A froid, le zinc pur s'aplatit facilement au marteau, mais le métal ordinaire est cassant ; chauffé de 130 à 150°, il devient malléable ; redevient cassant vers 160°, et peut se pulvériser au-dessus de 200. A 412°, il entre en fusion, et se volatilise au rouge blanc. Chauffé à l'air, il s'enflamme vers 300°, en produisant de l'oxyde. Le zinc en feuilles très-minces, chauffé à la flamme d'une bougie, brûle avec éclat. Le zinc se dissout dans les acides chlorhydrique et sulfurique étendus, et dans les solutions bouillantes de potasse et de soude, en produisant de l'hydrogène et des *zincates* solubles. Le zinc étant attaqué facilement, il serait dangereux de l'employer pour faire des ustensiles culinaires. Le zinc le plus pur du commerce est celui qu'on travaille, en lames minces. Le zinc s'oxyde rapidement dans l'air humide, mais d'une manière très-superficielle. Une couche de zinc étendue sur le fer, par une sorte d'étamage, le protége de la rouille. Le fer, bien décapé dans l'acide chlorhydrique étendu, puis recouvert de sel ammoniac, est plongé dans du zinc en fusion; on obtient ainsi ce qu'on nomme assez improprement le *fer galvanisé.* — Le zinc laminé a remplacé le ferblanc dans plusieurs emplois. 12 p. zinc et 1 p. fer, produisent un alliage très-dur.

Oxyde de zinc. ZnO. (*Pompholix, fleur de zinc, rien blanc, laine philosophique.*) Chauffer dans un creuset ouvert, du zinc, jusqu'à ce qu'il s'enflamme ; et couvrir ensuite le creuset. — On peut aussi calciner de l'azotate ou du carbonate de zinc hydraté. — On emploie l'oxyde de zinc en peinture, sous le nom de *blanc de zinc.* Délayé dans une dissolution de chlorure de zinc, avec un peu de carbonate de soude, il produit une peinture solide et économique. On obtient aussi par ce moyen un ciment très-dur, en y ajoutant 1/30° de borax. — L'oxyde de zinc hydraté se produit en versant une dissolution étendue de potasse dans un sel de zinc ; on lave le précipité et on le chauffe au rouge. Les sels de zinc sont généralement incolores et vénéneux.

Sulfate de zinc. $ZnO,SO^3,7HO$. (*Vitriol blanc, couperose blanche*). Dissoudre du zinc dans de l'acide sulfurique étendu ; puis évaporer. Ce sel s'emploie en médecine, dans la teinture, et pour la désinfection des fosses d'aisances. En ajoutant du sulfure de baryum à une dissolution de sulfate de zinc, on obtient un précipité qui s'emploie en peinture ; c'est le *blanc métallique.*

Azotate de zinc. $ZnO,AzO^5,6HO$. Dissoudre de l'oxyde ou du zinc en excès, dans 1 p. d'acide azotique et 4 p. eau ; puis évaporer à sec. Ce sel est déliquescent.

Chromate de zinc. (*Jaune bouton d'or.*) Dissoudre 1 p. bichromate de potasse dans l'eau ; délayer à part 4 p. oxyde de zinc pur ; mélanger, et faire bouillir, jusqu'à ce qu'on ait obtenu la teinte désirée. Puis recevoir sur un filtre, laver et faire sécher.

Fulminate de zinc. Mélanger 2 p. limaille de

zinc, 1 p. mercure et **24** p. eau ; agiter puis maintenir quelque temps à environ + 30° ; décanter, et évaporer le liquide clair. Les paillettes qu'on obtient détonent par le choc, le frottement, la chaleur, et le contact de l'acide sulfurique. Eviter cette préparation.

Acétate de zinc. Dissoudre du zinc ou de l'oxyde dans l'acide acétique, et faire cristalliser. — Si on abandonne la dissolution à l'air, il s'y forme une sorte de végétation moussue. — S'emploie en médecine.

Carbonate de zinc. Verser du carbonate de soude dans une dissolution de sulfate de zinc, et recueillir le précipité.

Sulfure de zinc. ZnS. Chauffer du sulfate de zinc avec du charbon. La *blende* est un sulfure de zinc naturel. — Le sulfure hydraté, s'obtient en versant du sulfhydrate d'ammoniaque dans une dissolution de sulfate de zinc.

Chlorure de zinc. ZnCl. Dissoudre du zinc dans l'acide chlorhydrique et évaporer. Le produit est le *beurre de zinc*, substance déliquescente, qui peut être chauffée à plus de 400° sans se décomposer. C'est ce qui l'a fait employer pour des bains de chauffe. Le chlorure de zinc dissout la soie, surtout à chaud. — Si on fait bouillir de la limaille de zinc dans une dissolution de chlorure de zinc, on obtient un oxychlorure.

Iodure de zinc. ZnI. Chauffer légèrement parties égales d'iode et de zinc en limaille.

Bromure de zinc. ZnBr. Faire passer du brome en vapeur sur du zinc chauffé au rouge.

CADMIUM. Cd = 700 ou 56.

Dissoudre le sulfure de cadmium dans l'acide chlorhydrique ; ajouter du carbonate de soude, et chauffer le précipité avec du charbon, pour le distiller, comme il est indiqué pour le zinc. — Le cadmium, est un métal rare, blanc, fusible vers 500°, malléable et ductile. — 1 p. cadmium, 1 p. plomb, 2 p. étain, produisent l'*alliage de Wood*, qui fond dans l'eau chaude.

Sulfure de cadmium. CdS. Faire passer un courant d'acide sulfhydrique dans la dissolution d'un sel de cadmium. Le précipité est une belle couleur jaune, qui s'emploie en peinture.

Iodure de cadmium. CdI. Chauffer, sans faire bouillir, 1 p. cadmium et 2 p. iode, dans 10 p. eau, jusqu'à ce que le liquide soit incolore ; décanter et évaporer. — S'emploie en photographie et en médecine.

ÉTAIN. Sn = 737,5 ou 59 (*Stannum*).

Chauffer, dans un creuset brasqué, parties égales d'acide stannique et de carbonate de soude. On peut aussi opérer au chalumeau, sur le charbon. — Lorsqu'on plonge une lame de zinc dans une dissolution acide d'un sel d'étain, on obtient de l'étain cristallisé. Si on agite la dissolution avec du zinc en fragments, l'étain se précipite en poudre. — L'étain est un métal blanc, peu oxydable à l'air sec, très-fusible, mou, très-malléable, peu tenace. Il a une certaine saveur, et une odeur peu agréable, lorsqu'on le frotte avec les doigts. Quand on courbe une barre d'étain, il se produit un craquement connu sous le nom de *cri de l'étain*. Il fond à 235°, et peut être coulé chaud sur du papier ou du linge, sans les brûler. Coulé en lingots, sa surface est lisse, lorsqu'il est pur ; dans le cas contraire, on y remarque des apparences de cristallisation. Lorsque l'étain est en fusion, si on l'agite vivement jusqu'au refroidissement, avec un petit balai, on l'obtient en poudre, qu'on peut traiter par la lévigation. L'étain est attaqué par les acides sulfurique et chlorhydrique. L'acide azotique très-concentré n'attaque pas l'étain ; mais lorsqu'on ajoute quelques gouttes d'eau dans l'acide il attaque vivement le métal ; il se produit beaucoup de chaleur, et parfois de la lumière. — L'*étamage* consiste à recouvrir d'une couche d'étain le fer ou le cuivre. Pour étamer, on saupoudre la pièce de sel ammoniac ; on chauffe ; on frotte pour bien décaper, puis on plonge dans l'étain fondu, et on enlève l'excès de métal avec une brosse ou de la filasse. C'est par une méthode analogue qu'on produit le *ferblanc*, qui est de la tôle étamée. Pour donner au ferblanc un aspect *moiré*, on projette de l'eau froide sur la plaque légèrement chauffée ; puis on passe dessus une éponge mouillée d'eau régale étendue et une autre de potasse. Ensuite on lave à l'eau. Le moiré, séché rapidement, se conserve bien si on le vernit. On étame les épingles, et certains objets bien décapés, en les faisant bouillir dans l'eau contenant de la crème de tartre et des feuilles d'étain. — On emploie l'étain dans de nombreux alliages. La *soudure* la plus fusible est formée de 2 p. étain et 1 p. plomb; celle des plombiers contient 1 p. étain, et 2 p. plomb ; celle des ferblantiers, parties égales d'étain et de plomb. — Les poteries sont formées de 8 p. étain, 2 p. antimoine, ou 4 p. étain, 1 p. plomb. L'étain pur est préférable pour cet usage. — 7 p. étain et 3 p. plomb, donnent un alliage dur et tenace. L'alliage de *Budi*, contient 89 p. étain, 6 p. nickel, 5 p. fer ; l'alliage de *Biberel*, 6 p. étain, 1 p. fer.

Protoxyde d'étain. SnO. Verser du carbonate de soude dans une dissolution de protochlorure d'étain. Le précipité, séché rapidement, et chauffé, prend feu comme de l'amadou, et se change en acide stannique.

Acide stannique. SnO^2. (*Peroxyde d'étain.*) Verser de l'ammoniaque dans une dissolution de bichlorure d'étain, et recueillir le précipité. En chauffant de l'étain à l'air libre, il se produit une poudre blanche, dure, insoluble dans les acides, et qu'on emploie pour polir les glaces et le verre, sous le nom de *potée d'étain*. Si on chauffe de même le mélange de 1 p. étain et 4 p. plomb, l'alliage se fond, s'oxyde, et le produit broyé et fondu avec du borax, forme l'*émail*. On peut opérer au chalumeau.

Protochlorure d'étain. $SnCl$. (*Sel d'étain.*) Chauffer de l'étain dans un courant d'acide chlorhydrique gazeux. — Dissoudre de l'étain dans l'acide chlorhydrique bouillant, et évaporer jusqu'à cristallisation. S'emploie dans la teinture.

Bichlorure d'étain. $SnCl^2$. (*Mordant ou oxymuriate d'étain.*) Faire passer du chlore sec sur de l'étain un peu chauffé. On obtient ainsi un liquide anhydre, la *liqueur fumante de Libavius*. — Chauffer 1 p. étain avec 1 p. acide azotique et 5 p. acide chlorhydrique, jusqu'à ce qu'il se dégage des fumées blanches. Le bichlorure d'étain est alors hydraté ; il dissout le soufre et le phosphore. — S'emploie dans la teinture.

Protosulfure d'étain. SnS. Chauffer 2 p. étain avec 1 p. soufre. — Précipiter du protochlorure d'étain par l'acide sulfurique.

Bisulfure d'étain. SnS^2. (*Or mussif, or de Judée, or mosaïque.*) Chauffer, au-dessous du rouge, parties égales de limaille d'étain, de soufre et de sel ammoniac, jusqu'à ce qu'il ne se dégage plus de fumées blanches. — L'or mussif, broyé avec de la gomme, est employé pour imiter le bronze et la dorure, ainsi que pour frotter les coussins des machines électriques. — Le bisulfure hydraté s'obtient en faisant arriver du gaz acide sulfhydrique dans une dissolution de bichlorure d'étain.

PLOMB. $Pb = 1294,5$ ou $103,65$.

Chauffer dans un creuset 3 p. sulfate de plomb naturel ou *galène*, avec 1 p. fer. — Chauffer au chalumeau, sur le charbon, un oxyde ou du carbonate de plomb. — On obtient du plomb pur en plongeant des lames de zinc dans une dissolution d'acétate

de plomb. La cristallisation du plomb dite *arbre de Saturne* s'obtient de la manière suivante : on dissout 1 p. acétate de plomb dans 30 p. eau et 1 p. d'acide acétique; puis, avec un fil, on suspend dans le liquide une lame de zinc, à laquelle on fixe des fragments de fil de cuivre roulés en spirales. — Le plomb est un métal mou, très-malléable et peu tenace. Il fond à 334°, et s'oxyde facilement à l'air, lorsqu'on le chauffe. Il est peu attaquable à froid par les acides sulfurique et chlorhydrique; mais il se dissout facilement dans les acides azotique et acétique. L'eau distillée attaque le plomb; mais cet effet ne se produit pas avec l'eau ordinaire de source ou de rivière. Les sels de plomb sont très-vénéneux, et ont une saveur sucrée.

Protoxyde de plomb. PbO. Verser de l'ammoniaque dans une dissolution d'acétate de plomb, et calciner le précipité. — Calciner de l'azotate ou du carbonate de plomb. — Le protoxyde de plomb prend des teintes différentes, suivant la manière dont on l'a préparé. On le nomme *massicot*, lorsqu'il est en poudre jaune, et *litharge*, s'il a été fondu. La litharge peut servir à sceller le fer dans la pierre. Chauffée dans les creusets, elle les traverse facilement.

Bioxyde de plomb. PbO^2. (*Acide plombique, oxyde puce.*) Calciner de la litharge à l'air. — Faire bouillir du minium dans 1 p. acide azotique et 3 p. eau; puis laver et sécher le précipité. Le mélange de 6 p. acide plombique et 1 p. soufre prend feu par le frottement. S'emploie dans la fabrication des allumettes à friction.

Minium. Chauffer du massicot à l'air. — Chauffer au rouge sombre 4 p. litharge avec 1 p. chlorate de potasse, et laver le produit. — En chauffant du carbonate de plomb à l'air, on obtient la *mine orange*, qui est un minium pâle. — Le minium est employé dans la peinture, et pour la fabrication du cristal.

Lorsqu'on chauffe un mélange intime de 3 p. massicot et 1 p. oxyde d'antimoine, on obtient le *jaune de Naples*, employé en peinture.

Carbonate de plomb. PbO,CO^2. (*Céruse, blanc de plomb, blanc d'argent.*) Faire arriver un courant d'acide carbonique dans une dissolution d'acétate de plomb, et dessécher le précipité. — Chauffer du sulfate de plomb avec du carbonate de soude. — Verser du carbonate de soude dans une dissolution d'azotate de plomb.— Faire passer un courant d'acide carbonique sur de la litharge mouillée de vinaigre. — La céruse est surtout employée pour la peinture à l'huile. Elle est souvent mélangée avec du sulfate de baryte, sous le nom de *blanc de Hambourg, de Hollande, de Venise*. La céruse pure se dissout dans l'acide acétique. Parties égales de céruse, de minium et d'huile de lin produisent un mastic qui devient très dur.

Sulfate de plomb. PbO,SO^3. Verser de l'acide sulfurique dans une dissolution d'acétate ou d'azotate de plomb, et laver le précipité.— Ce sel n'est pas décomposé par la chaleur seule ; chauffé avec du zinc et de l'eau acidulée, il produit du plomb pur.

Azotate de plomb. PbO,AzO^5. Dissoudre du plomb dans l'acide azotique étendu ; évaporer, puis dissoudre dans l'eau, pour faire cristalliser.

Chromate de plomb. PbO,CrO^3. (*Jaune de chrome, jaune impérial.*) Verser du chromate de potasse, en léger excès, dans une dissolution d'acétate ou mieux d'azotate de plomb, et recueillir le précipité. On l'emploie en peinture. — En mélangeant le jaune de chrome avec du bleu de Prusse et du sulfate de baryte, on obtient le *vert anglais*, qui peut remplacer le dangereux vert de Scheele. — Le *jaune de Cologne* est composé de 5 p. chromate de plomb, 3 p. sulfate de plomb et 12 p. sulfate de chaux. — Le *chrome orange* s'obtient en faisant bouillir le chromate de plomb dans une dissolution de carbonate de potasse, et le *chrome rouge* en le fondant avec de l'azotate de potasse.

Arsénite de plomb. Chauffer au rouge 7 p. litharge et 10 p. acide arsénieux, bien mélangés. On obtient un produit jaune, qui s'emploie en peinture.

Silicate de plomb. Fondre un mélange de silice et d'oxyde de plomb. Il entre dans la composition du cristal, du vernis des poteries, etc.

Acétate neutre de plomb. (*Sel de Saturne, sucre de plomb.*) Dissoudre de la litharge dans l'acide acétique ou du vinaigre en excès, et évaporer un peu pour faire cristalliser. — S'emploie dans la teinture.

Acétate de plomb tribasique. (*Sous-acétate de plomb, extrait de Saturne.*) Faire digérer 7 p. litharge et 10 p. acétate neutre, dans 30 p. eau. — Le papier, le carton, le bois, etc., qu'on a fait séjourner dans une dissolution de ce sel, contractent les propriétés de l'amadou. On l'emploie en médecine sous le nom d'*eau de Goulard, eau blanche, eau végéto-minérale.*

Tartrate de plomb. Verser de l'acide tartrique dans une dissolution d'acétate de plomb, et faire sécher le précipité. Si on le chauffe jusqu'à ce qu'il ne se dégage plus de gaz, on obtient un *pyrophore*, qui prend feu, lorsqu'on le répand dans l'air.

Sulfure de plomb. PbS. (*Alquifoux, galène.*) Chauffer 3 p. plomb en grenaille, avec une partie soufre pulvérisé. — S'emploie pour vernir les poteries.

Chlorure de plomb. $PbCl$. (*Plomb corné.*) Dissoudre 1 p. oxyde de plomb dans 4 p. acide chlorhydrique bouillant, et évaporer. — Verser du sel marin dans une dissolution d'azotate de plomb, et recueillir le précipité. — Dissout à chaud dans l'acide azotique, le chlorure de plomb cristallise par refroidissement. — Lorsqu'on met un fragment de sel ammoniaque dans une dissolution d'azotate de plomb, il se forme du chlorure de plomb en forme de végétation. — Après avoir été fondu, le chlorure de plomb est flexible et transparent.

Oxychlorure de plomb. $PbCl,7PbO$. (*Jaune minéral, de Paris, de Cassel, de Vérone, de Turner, de Kassler.*) Chauffer 1 p. chlorure de plomb avec 6 p. litharge, ou 4 p. minium et 1 p. sel ammoniac. Le produit pulvérisé est employé dans la peinture.

Iodure de plomb. PbI. Mélanger deux dissolutions bouillantes, l'une d'azotate de plomb, l'autre d'iodure de potassium ; il se forme, en refroidissant, des paillettes ressemblant à l'or. — S'emploie pour les fleurs artificielles.

BISMUTH. Bi = 2,625 ou 210.

Chauffer un sel de bismuth avec de l'azotate de potasse. — Le bismuth se trouvant dans la nature à l'état natif, il suffit, pour l'extraire, de chauffer le minerai dans un creuset. — Le bismuth est un métal blanc, peu oxydable, cassant, très-fusible. Pour l'obtenir en beaux cristaux irrisés, on opère comme il est indiqué pour le soufre. Le bismuth fond à 265°. — L'*alliage de Darcet* est formé de 2 p. bismuth, 1 p. étain, 1 p. plomb. Il fond dans l'eau à + 91°, c'est-à-dire avant l'ébullition. On l'a employé pour prendre des empreintes de médailles et faire des clichés d'imprimerie. — En ajoutant 1/9 de mercure, on obtient l'*amalgame des dentistes*, qui fond à 53°. — L'*alliage de Newton*, formé de 8 p. bismuth, 5 p. plomb, 3 p. étain, fond à 94°. — 2 p. bismuth et 5 p. plomb forment un alliage ductile et malléable.

Protoxyde de bismuth. Bi^2O^3. (*Magister de bismuth.*) Verser de l'ammoniaque dans la dissolution d'un sel de bismuth ; il se précipite un oxyde hydraté. Bouilli avec une dissolution de potasse, il devient anhydre. Lorsqu'on chauffe à l'air de l'azotate de bismuth, on obtient l'oxyde en poudre jaune. La chaleur rouge le fond en une sorte de verre, qui traverse facilement les creusets. — Chauffé à l'air avec de la potasse, il se transforme en acide bismuthique Bi^2O^5.

Azotate de bismuth. Dissoudre du bismuth dans l'acide azotique un peu étendu, et évaporer. — Ce sel se dissout dans une petite quantité d'eau ordinaire ; mais lorsqu'on en ajoute beaucoup, il se décompose, et il se forme un précipité blanc de sous-azotate de bismuth, ou *blanc de fard*, employé dans la parfumerie et la médecine.

Chlorure de bismuth. (*Beurre de bismuth.*) Dissoudre du bismuth dans l'eau régale et évaporer. Lorsqu'on ajoute au chlorure de l'eau en excès, il se précipite un oxychlorure, le *blanc de perle*. On peut aussi l'obtenir en mélangeant des dissolutions d'azotate de bismuth et de sel marin.

ANTIMOINE. Sb = 1525 ou 122 (*Stibium*, *régule*).

Chauffer au rouge blanc, dans un creuset à moitié rempli, 1 p. fine limaille de fer et 2 p. sulfure d'antimoine ; on obtient ainsi un culot de *régule* d'antimoine. — Chauffer le sulfure avec du charbon et du carbonate de soude. — Si on projette de la poudre d'antimoine dans un flacon plein de chlore gazeux, le métal devient incandescent. — L'antimoine a de l'analogie avec l'arsenic. C'est un métal blanc, très-brillant, cassant, et pouvant se pulvériser facilement. Il fond à 440°. Il est peu altérable à l'air, excepté lorsqu'il est fortement chauffé ; alors il s'oxyde d'abord, puis il brûle avec flamme. Les caractères d'imprimerie sont formés d'environ 1 p. d'antimoine et de 4 p. plomb ; le *métal d'Alger* est composé de 60 p. étain, 35 p. plomb et 5 p. antimoine. — Lorsqu'on met quelques gouttes d'un sel d'antimoine dans un flacon d'où se dégage de l'hydrogène, le gaz produit brûle avec une flamme jaune, qui forme une tache noire d'antimoine métallique, lorsqu'on l'approche d'une porcelaine froide. Les taches produites par l'hydrogène antimonié sont bien moins volatiles que celles provenant de l'hydrogène arsénié (V. p. 132).

Protoxyde d'antimoine. Sb^2O^3. (*Acide antimonieux.*) Chauffer au rouge de l'antimoine dans un petit creuset recouvert d'un plus grand; on nomme le sublimé *fleurs argentines*, ou *neige d'antimoine.* — Griller à l'air du sulfure d'antimoine.

Antimoniate de potasse. KO,SbO^5. (*Antimoine diaphorétique.*) Chauffer 1 p. antimoine avec 4 p. salpêtre; pulvériser le produit, le laver à l'eau tiède; puis faire bouillir avec de l'eau, et filtrer.

Tartrate d'antimoine et de potasse. (*Emétique, tartre stibié.*) Faire bouillir avec de l'eau un mélange de 3 p. oxyde d'antimoine et 4 p. crème de tartre. On emploie en médecine l'émétique comme vomitif. Mélangé et calciné avec du noir de fumée, il devient pyrophorique et prend feu dans l'air humide.

Protosulfure d'antimoine. Sb^2S^3. (*Antimoine cru.*) Faire fondre un mélange de 4 p. soufre et 1 p. antimoine. — Le sulfure d'antimoine est le minerai dont on tire le métal. Il est très-fusible et volatil. — Le *kermès* est employé en médecine. Pour l'obtenir, fondre 5 p. sulfure d'antimoine avec 3 p. carbonate de soude sec; couler sur une plaque; pulvériser le produit, et le faire bouillir dans 600 p. d'eau. Le kermès se dépose par le refroidissement; on le lave et on le fait sécher. — Si on verse de l'acide chlorique dans l'eau-mère décantée du kermès, il se forme un précipité nommé *soufre doré.* — Le sulfure d'antimoine, chauffé à l'air, se décompose, et il forme des oxysulfures qu'on emploie en médecine sous différents noms. Le *crocus* contient 1 p. sulfure et 2 p. oxyde; le *verre d'antimoine*, 1 p. sulfure et 8 p. oxyde; le *foie* ou *safran d'antimoine*, 1 p. sulfure et 3 p. oxyde. On peut les préparer directement en chauffant les proportions indiquées.

Protochlorure d'antimoine. Sb^2Cl^3. *Beurre d'antimoine.* Dissoudre à chaud 1 p. sulfure d'antimoine dans 5 p. acide chlorhydrique, et évaporer. — S'emploie en médecine comme caustique. On *bronze* les canons de fusils en les couvrant de chlorure d'antimoine qui les préserve de l'oxydation. Lorsqu'on étend d'eau la dissolution de chlorure d'antimoine, il se forme un oxychlorure insoluble, la *poudre d'algaroth.* Le chlorure d'antimoine dissout dans l'acide chlorhydrique forme le *beurre* d'antimoine liquide. Le *vermillon d'antimoine* se produit en chauffant, à 30 ou 35°, le chlorure d'antimoine avec de l'hyposulfite de soude. On remue jusqu'à cessation du précipité, et on le lave avec de l'acide acétique étendu.

Bichlorure d'antimoine. Sb^2Cl^5. Faire passer un courant de chlore sec dans un tube contenant de l'antimoine chauffé. — Dissoudre 1 p. sulfure d'antimoine dans 15 p. acide chlorhydrique, et évaporer. — C'est un liquide très-volatil, qui répand à l'air des fumées blanches, suffocantes.

CUIVRE. Cu = 397,5, ou 318.

Chauffer au chalumeau, ou dans un creuset, un mélange de carbonate ou de sulfate de cuivre, avec du carbonate de soude et du charbon.— On obtient du cuivre pur par la galvanoplastie. — On peut aussi chauffer dans un courant d'hydrogène de l'oxyde ou du chlorure de cuivre. Il faut d'abord retirer la lampe qui chauffe le tube de verre, puis laisser le métal refroidir au contact du gaz. — On obtient du cuivre en poudre en faisant bouillir une dissolution de sulfate de cuivre avec des fragments de zinc, ou bien en agitant la dissolution froide avec du zinc en gre-

nailles et du sel marin en excès. Laver la poudre avec de l'eau bouillante ou acidulée, et la dessécher à l'abri de l'air, ou dans un courant d'hydrogène. — Le cuivre est un métal rouge, très-malléable, ductile, tenace, sonore ; il s'altère promptement à l'air humide, et se couvre d'une couche de *vert-de-gris* ou *patine*, substance moins vénéneuse qu'on ne le croit généralement. L'ammoniaque, les acides, mais surtout l'acide azotique, attaquent le cuivre. Pour le décaper, on le trempe dans un mélange d'acide azotique et de sel marin ; on lave à l'eau, et on essuie avec de la sciure de bois. — Le cuivre fond vers 1050°. Il entre dans la composition de divers alliages. L'étain donne de la dureté au cuivre, le zinc le rend plus facile à mouler, et le plomb le rend plus apte au travail du tour et de la lime. — Le *laiton*, ou *cuivre jaune*, s'obtient en chauffant fortement, dans un creuset brasqué, 7 p. cuivre et 3 p. zinc, en plaçant le zinc au fond. — Le *chrysocale* contient 18 p. cuivre, 1 p. zinc, 1 p. étain ; le *similor*, ou *or de Manheim*, 4 à 9 p. cuivre et 1 p. zinc. Le *tombac*, le *pinchbeck*, l'*or de Corse*, le *clinquant*, le *métal du prince Robert*, etc., sont des compositions analogues ; ils ressemblent davantage à l'or, si la proportion du zinc est faible — Le *maillechort*, *packfong*, ou *argentan*, se prépare en fondant 2 p. cuivre et 1 p. nickel, en y ajoutant ensuite 1 p. zinc. — Le *bronze*, ou *airain*, des canons, est formé de 9 p. cuivre, 1 p. étain ; pour les tams-tams et cymbales, même composition ; mais après le moulage, on chauffe le métal au rouge vif, et on le plonge brusquement dans l'eau, ce qui le rend propre à être aminci au marteau ; ensuite, on fait rougir, et on refroidit lentement, pour le durcir. C'est le contraire de ce qui arrive pour le fer et l'acier. — Les sous de la monnaie française sont formés de 95 p. cuivre, 4 p. étain, 1 p. zinc. — Le bronze des médailles contient 19 p. cuivre, 1 p. étain, et un peu de zinc. On donne aux médailles l'aspect du *bronze florentin*, en les frottant avec un peu d'huile et d'oxyde de fer. Si on veut donner l'apparence du *vert antique*, on applique, au pinceau, une dissolution formée de 7 p. vinaigre, 1 p. sel ammoniac, 1 p. sel marin, 2 p. ammoniaque liquide.

Protoxyde de cuivre. Cu^2O. (*Oxydule ou sous-oxyde, oxyde rouge.*) Chauffer au rouge sombre une plaque de cuivre; la refroidir dans l'eau et enlever la couche d'oxyde. — Chauffer au rouge, dans un creuset fermé, un mélange de carbonate de soude et de protochlorure de cuivre; laver le produit et le faire sécher. — Calciner 5 p. de bioxyde de cuivre, avec 4 p. limaille de cuivre. — Faire bouillir de l'acétate de cuivre avec du sucre. — On l'obtient hydraté en versant de la potasse dans la dissolution d'un sel de cuivre; le précipité mélangé avec du plâtre forme le *bleu de Brême*. — Le protoxyde de cuivre est rouge, très-fusible, et se dissout dans l'ammoniaque.

Bioxyde de cuivre. CuO. (*Protoxyde, oxyde noir.*) Calciner à l'air de l'azotate, de l'acétate ou de la tournure de cuivre. — Verser de l'ammoniaque dans une dissolution d'azotate de cuivre, et recueillir le précipité hydraté. Dissout dans l'ammoniaque, il produit l'*eau céleste* des pharmaciens, qu'on peut obtenir aussi avec le sulfate de cuivre.

Sulfate de cuivre. $CuO,SO^3,5HO$. (*Couperose bleue, vitriol bleu.*) Griller des pyrites de cuivre; les traiter par l'eau; filtrer et faire cristalliser. — Chauffer du cuivre avec de l'acide sulfurique, puis faire concentrer et cristalliser. — Abandonner à l'air du cuivre mouillé avec de l'acide sulfurique étendu. — Le sulfate de cuivre devient blanc et anhydre, lorsqu'on le chauffe. Bien desséché, et mis en contact avec l'eau, il l'échauffe presque jusqu'à l'ébullition. — Le sulfate anhydre, mis en contact avec certains liquides, comme l'alcool, l'éther, etc., décèle en bleuissant la présence de l'eau. — On l'emploie dans la teinture, la galvanoplastie, la médecine, pour le chaulage des blés, etc.

Azotate de cuivre. $CuO,AzO^5,4HO$. Dissoudre du cuivre dans l'acide azotique étendu, et évaporer. — Il est bleu, déliquescent, et s'emploie en teinture. Si on met dans une feuille d'étain un cristal d'azotate de cuivre mouillé, il se produit une température très-élevée.

Carbonate de cuivre. Verser du carbonate de soude dans une dissolution de sulfate de cuivre ; puis faire bouillir et recueillir le précipité, qui s'emploie dans la peinture sous le nom de *vert minéral*. — Les carbonates naturels sont la *malachite*, dont on fait des objets d'art, et l'*azurite*, ou *bleu de montagne*, qu'on pulvérise pour produire les *cendres bleues naturelles*. — Pour produire les cendres bleues artificielles, on dissout du sulfate de cuivre dans de l'ammoniaque, puis on ajoute de la potasse ou de la chaux, et on sèche le précipité.

Arsénite de cuivre. (*Vert de Scheele.*) Dissoudre 1 p. acide arsénieux et 3 p. carbonate de potasse ou de soude dans 15 p. eau ; puis y verser peu à peu, en agitant, 3 p. sulfate de cuivre dissoutes dans 20 p. eau. Opérer à chaud. Le précipité est lavé et séché de suite. — Le *vert de Schweinfurt* s'obtient en faisant chauffer, avec du vinaigre, l'arsénite de cuivre fraîchement précipité. Ces deux produits sont très-vénéneux. On les emploie en peinture et en teinture.

Acétate de cuivre. (*Verdet, cristaux de Vénus.*) Dissoudre du bioxyde de cuivre ou du vert-de-gris dans l'acide acétique ou le vinaigre chaud, et évaporer. Verser de l'acétate de plomb dans une dissolution de sulfate de cuivre ; filtrer et évaporer. — On l'emploie en teinture.

Acétate de cuivre bibasique. (*Sous-acétate*

de cuivre, vert-de-gris.) Mouiller des plaques de cuivre avec du vinaigre, et recueillir le sel qui se forme à la surface. Il ne faut pas confondre ce sel avec le *vert-de-gris* qui se forme sur le cuivre au simple contact de l'air humide. On l'emploie en teinture et en peinture.

Bichlorure de cuivre. CuCl. Dissoudre du cuivre dans l'eau régale, et évaporer à sec. — Lorsqu'on abandonne à l'air de la tournure de cuivre, mouillée par de l'acide chlorhydrique étendu, on obtient un oxychlorure, le *vert de Brunswick*, qui s'emploie en peinture. On le prépare aussi en versant de la potasse dans une dissolution de bichlorure de cuivre.

Protochlorure de cuivre. Cu^2Cl. Dissoudre de la limaille de cuivre dans l'acide chlorhydrique bouillant, et évaporer.

Protosulfure de cuivre. Cu^2S. Chauffer 8 p. limaille de cuivre et 3 p. soufre jusqu'à ce que le mélange devienne incandescent. Pulvériser le produit, puis le chauffer avec le double de son poids de soufre. Chauffer du bisulfure de cuivre. — C'est un corps gris foncé, fusible, que la chaleur transforme en sulfate de cuivre. Il se trouve dans la nature.

Ammoniure de cuivre. Verser de l'ammoniaque sur de la tournure de cuivre contenue dans un entonnoir. Le liquide obtenu dissout la cellulose et la soie.

MERCURE. Hg = 1250 ou 100. (*Vif-argent, hydrargyrum.*)

Distiller dans une cornue, ou un tube, un mélange de 2 p. cinabre avec 1 p. soude ou chaux vive. — Mélanger une dissolution de bichlorure d'étain avec une de bichlorure de mercure ; faire bouillir avec de

l'acide chlorhydrique, et recueillir le précipité. — Le mercure, liquide ordinairement, devient solide à — 40°. Il ressemble alors à l'argent ; il est brillant, malléable, et s'applatit sous le marteau. Le mercure pur bout à + 360° ; 1 litre de ce métal, pèse 13 k. 595 gr., c'est-à-dire 13 fois et 1/2 plus que l'eau. Il forme des globules sphériques lorsqu'il est pur, et allongés lorsqu'il ne l'est pas. Pour le purifier, on peut l'agiter dans l'air, le presser dans une peau de chamois et le distiller. Pour cela on le chauffe au bain de sable dans une cornue de verre dont l'ouverture est terminée par un linge, qui plonge dans l'eau, où l'on recueille le métal. On peut purifier le mercure ne contenant ni or ni argent, en l'agitant avec 1 p. acide azotique et 7 p. eau, ou une dissolution de perchlorure de fer. — L'*onguent mercuriel* est formé de graisse broyée avec du mercure. — Lorsqu'on met le mercure en contact avec la plupart des métaux, il se forme des alliages, ou *amalgames*, d'autant moins homogènes que la proportion de mercure est plus grande. — Le *tain* des glaces est un amalgame d'étain. Pour étamer on verse du mercure sur une feuille d'étain, étendue sur une table ; puis on place la glace par dessus, et on la presse avec des poids, pendant quelques jours. — 1 p. bismuth et 4 p. mercure forment un amalgame très-adhérent à la surface des corps. Si on le promène sur les parois d'une fiole sèche et un peu chaude, elle s'*étame* rapidement.

Protoxyde de mercure. Hg^2O. (*Sous-oxyde, oxydule, oxyde noir, mercure d'Hanhemann.*) Traiter à chaud l'azotate de mercure par la potasse. On obtient un précipité noir qu'il faut conserver à l'abri de la lumière.

Bioxyde de mercure. HgO. (*Protoxyde, oxyde rouge.*) Lorsqu'on fait bouillir longtemps du mercure, il se couvre d'un oxyde rouge que les anciens nommaient *précipité per se.* — Chauffer avec précaution de l'azotate de mercure ; la matière devient successivement noire, rouge, jaune, orange. — Verser de la potasse ou de la soude dans une dissolution de bichlorure de mercure. — On emploie le bioxyde de mercure en médecine. Lorsqu'on le chauffe, il dégage de l'oxygène, et il reste du mercure.

Azotate de protoxyde de mercure. Agiter dans un flacon parties égales de mercure et d'acide azotique, et laisser cristalliser à froid. — Si, avec la dissolution, on fait un trait sur une lame de cuivre, elle se brise nettement à cet endroit, lorsqu'on la courbe.

Azotate de bioxyde de mercure. Dissoudre du mercure dans l'acide azotique chaud et en léger excès.

Pour préparer le *fulminate de mercure*, ou *poudre d'Howard*, qui sert pour la fabrication des capsules de guerre, on dissout 1 p. de mercure dans 12 p. acide azotique ; puis on ajoute, peu à peu, 1 p. alcool, en chauffant, jusqu'à ce qu'il se dégage des vapeurs blanches. Alors, on laisse refroidir et cristalliser. Ce corps détone violemment par un léger frottement ; il faut donc le manier avec beaucoup de prudence. 1 p. de fulminate mouillée de 5 p. eau, détone sous le choc du marteau. Pour l'usage des capsules, on mélange 5 p. fulminate avec 2 p. salpêtre.

Sulfate de protoxyde mercure. Hg^2O,SO^3. Chauffer légèrement parties égales de mercure, d'acide sulfurique et d'eau, jusqu'à ce qu'il ne se dégage plus d'acide sulfureux. Séparer le mercure resté en excès.

Sulfate de bioxyde mercure. HgO,SO^3. Chauffer 1 p. mercure avec 3 p. acide sulfurique. Lorsqu'il ne se dégage plus d'acide sulfureux, ajouter 1 p. acide sulfurique et évaporer à sec. Traité par l'eau froide en excès, il se décompose en un sel très-acide qui reste en dissolution, et il se précipite un sel neutre, jaune, connu en médecine sous le nom de *turbith minéral*, qui se décompose aussi dans l'eau bouillante, en produisant du bioxyde de mercure. Le sulfate traité par l'ammoniaque en excès, produit le *turbith ammoniacal*, en poudre blanche.

Protochlorure de mercure. Hg^2Cl. (*Sous-chlorure, calomel, mercure doux, panacée mercurielle universelle.*) Chauffer dans un ballon 4 p. bichlorure de mercure avec 3 p. mercure, et recueillir les cristaux qui se forment sur les parois. — Verser du sel marin, ou de l'acide chlorhydrique, dans une dissolution d'azotate de protoxyde de mercure, et recueillir le précipité. De quelque manière qu'on le prépare, il faut bien le laver à l'eau bouillante. Une lame de fer polie ne noircit pas au contact du calomel pur. S'emploie en médecine.

Bichlorure de mercure. $HgCl$. (*Protochlorure, sublimé corrosif.*) Chauffer un mélange de 5 p. sulfate de mercure, 5 p. chlorure de sodium sec, 1 p. peroxyde de manganèse, et recueillir le sublimé qui s'est formé dans les parties froides. — Dissoudre, jusqu'à saturation, du mercure dans l'acide chlorhydrique, et faire cristalliser. — Ce sel est un poison des plus violents ; on l'emploie cependant quelquefois en médecine. Son contre-poison le plus sûr est le blanc d'œuf.

Protosulfure de mercure. Hg^2S. Verser de l'acide sulfhydrique dans une dissolution d'azotate de protoxyde de mercure, et recueillir le précipité.

Bisulfure de mercure. HgS. (*Cinabre, vermillon.*) Triturer ensemble 5 p. mercure et 5 p. fleur de soufre, avec un peu de potasse et d'eau, jusqu'à ce que le mélange soit devenu noir. C'est ce qu'on nomme l'*éthiops minéral*, qui s'emploie en médecine. Lorsqu'on le sublime, il devient rouge, surtout après avoir été broyé avec de l'eau. — Chauffer un mélange de mercure et de soufre. — Verser de l'acide sulfhydrique dans la dissolution de bichlorure de mercure. Le précipité devient successivement blanc, jaune, brun, noir. Le vermillon est très employé dans la peinture. Le sulfure naturel est le minerai de mercure.

Protoiodure de mercure. Hg^2I. Triturer de l'iode avec un peu d'alcool et du mercure en excès.

Biiodure de mercure. HgI. Verser de l'iodure de potassium dans une dissolution de bichlorure de mercure ; laisser refroidir et dessécher les cristaux rouges déposés. Si on chauffe le sel, il devient jaune. S'emploie en peinture.

Cyanure de mercure. HgCy. Faire bouillir 2 p. cyanoferrure de potassium, 3 p. sulfate de mercure et 20 p. eau ; filtrer et évaporer. — C'est un poison violent. Lorsqu'on le chauffe légèrement, il se dégage du cyanogène.

Sulfocyanure de mercure. Hg^2CyS^2. Mélanger des dissolutions d'azotate de protoxyde de mercure, et de sulfocyanure de potassium. Le précipité est un poison violent, qui brûle facilement et augmente considérablement de volume, en produisant le phénomène connu sous le nom de *serpents de Pharaon*.

ARGENT. Ag = 1350 ou 108.

Chauffer au chalumeau un mélange d'azotate d'argent et de carbonate de soude. — Chauffer, dans un creuset rempli à moitié, 25 p. chlorure d'argent, 18 p. craie, et 1 p. noir de fumée. — Chauffer du chlorure d'argent avec de l'eau et un peu d'acide sulfurique, dans un vase de fer. Il se produit de l'argent en masse poreuse. — Divers procédés sont employés pour extraire l'argent de ses minérais. Par *dissolution*, le minerai divisé est grillé avec du sel marin ; puis on le fait bouillir avec une dissolution du même sel qui dissout le chlorure d'argent produit, ensuite on y plonge des lames de cuivre qui précipitent l'argent. — Par *amalgamation*, après avoir grillé le minerai avec du sel marin, on le triture avec de l'eau, du fer et du mercure ; on délaye ensuite dans l'eau pour séparer l'amalgame, qui gagne le fond du vase, puis on le distille ; le mercure se vaporise et l'argent reste. — Par *liquation*, lorsque l'argent est allié au cuivre, on fond le minerai avec un grand excès de plomb ; puis on chauffe dans un fourneau les lingots mélangés avec de l'argent ; le plomb entraîne l'argent, qu'on soumet ensuite à la coupelle.

La *coupellation* sert à extraire et à doser l'argent par la voie sèche. Pour un essai, on chauffe au chalumeau 1 décig. d'alliage et autant de plomb, dans une cavité de charbon enduite de cendres d'os, et qui sert de coupelle, ou bien on en chauffe 1 gr. à la coupelle. Le plomb passe à l'état de litharge et s'imbibe dans la coupelle, en entraînant les autres métaux oxydables. Lorsque la matière est diminuée d'à peu-près la moitié, on la chauffe dans une une autre coupelle ; le globule s'agite, s'irrise, jette une vive lueur, l'*éclair*, et il reste de l'argent pur. Si l'effet tardait, il faudrait ajouter un peu de plomb.

L'argent est un métal très-blanc, ductile et malléable ; il est peu oxydable, et fond à 954°. Il se dissout très-facilement dans l'acide azotique. Il est attaqué par l'acide sulfurique concentré et par l'acide chlorhydrique chaud. L'acide sulfhydrique l'attaque également et le noircit. L'argenterie est souvent altérée ainsi ; on peut la nettoyer en la plongeant dans l'acide chlorhydrique froid. L'argent n'est pas attaqué par les acides végétaux ni par les alcalis caustiques, et il ne s'oxyde pas à la chaleur rouge. — Pour donner de la dureté à l'argent, on l'allie ordinairement avec le cuivre. Les pièces de cinq francs de la monnaie française, contiennent 1/10ᵉ de cuivre; les autres pièces contiennent 93 de cuivre, 72 de zinc et 835 d'argent. La vaisselle au 1ᵉʳ titre, et les médailles contiennent 1/20ᵉ de cuivre ; l'argenterie 2ᵉ titre, 1/5ᵉ de cuivre.

Le *plaqué* est formé au moyen de feuilles de cuivre recouvertes de feuilles d'argent fortement adhérentes. L'argent doré se nomme *vermeil.*—Lorsqu'on suspend un morceau de phosphore dans une dissolution de 1 p. azotate d'argent et 10 p. eau, il se forme, au bout de quelques jours, une sorte de végétation d'argent cristallisé. Un effet analogue se produit promptement lorsqu'on met sur une lame de verre un fragment de cuivre bien décapé et quelques gouttes d'une dissolution étendue d'azotate d'argent. On peut encore mettre un peu de mercure dans un verre à pied, et verser par-dessus une dissolution d'azotate d'argent ; la cristallisation qui se produit se nomme *arbre de Diane.*

Protoxyde d'argent. AgO. Verser de la potasse ou de l'eau de chaux en excès dans une dissolution d'azotate d'argent ; laver le précipité sur un filtre et le faire sécher. — Si on fait digérer l'oxyde d'argent encore humide dans de l'ammoniaque, ou si on verse de la potasse dans une dissolution d'azotate d'argent et d'ammoniaque, il se forme une poudre noire, qu'il faut bien se garder de conserver. C'est l'ammoniure, ou azoture d'argent, nommé plus fréquemment *argent fulminant*, corps très-dangereux, qui, lorsqu'il est sec, détone violemment par le frottement d'une barbe de plume ou d'un papier. Il éclate même sous l'eau, lorsqu'on le frotte avec un corps dur. Il ne faut pas opérer sur plus de quelques centigrammes.

Azotate d'argent. AgO,AzO^5.(*Nitrate d'argent.*) Dissoudre à chaud 1 p. d'argent pur dans 2 p. acide azotique, et évaporer. — Si on opère avec une pièce de monnaie, la dissolution bleue indique la présence du cuivre. Evaporer à sec, chauffer, et maintenir quelque temps le sel en fusion. Ensuite dissoudre dans l'eau, filtrer et évaporer. L'oxyde de cuivre reste sur le filtre. On peut aussi précipiter le cuivre en versant de la potasse dans la dissolution, jusqu'à ce que le précipité, d'abord bleu, devienne brun. Pour s'assurer de la pureté de l'azotate d'argent, on verse de l'acide chlorhydrique dans la dissolution, jusqu'à cessation du précipité; on filtre, et le liquide évaporé sur une lame de verre ne doit pas laisser de résidu.— L'azotate d'argent se dissout dans son poids d'eau froide. Il corrode la peau et la tache en noir ; fondu en cylindre, il sert en chirurgie, sous le nom de *pierre infernale*, pour cautériser les plaies. On l'emploie en photographie.

Fulminate d'argent. $(AgO)^2,2(CyO)$. Dissoudre 1 décigr. argent dans 2 gr. acide azotique ; ajouter 3 gr. alcool, et faire bouillir. Ensuite, retirer du feu, ajouter peu à peu 3 gr. alcool ; recevoir sur un filtre le fulminate, laver, et faire sécher par petites fractions. Il faut éviter de le toucher avec des corps durs, car il détone par un choc ou une faible chaleur. On l'emploie à la fabrication de quelques jouets fulminants. Eviter cette préparation dangereuse.

Sulfure d'argent. AgS. Faire arriver de l'acide sulfhydrique dans une dissolution d'azotate d'argent, et recueillir le précipité. — Chauffer 1 p. soufre avec 7 p. argent. — Ce corps ressemble un peu au plomb ; il est assez malléable, et on a pu en frapper des médailles. Exposé à la chaleur, il se transforme en argent. On le trouve dans la nature.

Chlorure d'argent. $AgCl$. (*Lune cornée, argent corné.*) Verser de l'acide chlorhydrique ou du sel marin dans une dissolution d'azotate d'argent, et recueillir le précipité. Dissout dans l'ammoniaque, on l'obtient cristallisé en évaporant lentement le liquide. Chauffé à + 260°, il fond en masse translucide, qui a de l'analogie avec la corne. Le chlorure d'argent est insoluble dans l'eau, mais très-soluble dans le cyanure de potassium, les sulfites et hyposulfites alcalins.

Bromure d'argent. AgBr. Verser du bromure de potassium dans de l'azotate d'argent, et recueillir le précipité. S'emploie en photographie.

Cyanure de potassium et d'argent. AgCy,KCy. Verser du cyanure de potassium dans de l'azotate d'argent, jusqu'à ce que le précipité qui se forme d'abord soit dissout, et évaporer. S'emploie dans l'argenture galvanique.

OR. Au = 1229,1 ou 98,3. (*Aurum*).

L'or s'extrait des sables aurifères par le lavage, qui entraîne les substances plus légères. — On traite aussi le minerai par amalgamation ; pour cela, on le broie avec du mercure ; on lave l'almagame dans un courant d'eau, puis on filtre, pour séparer l'excès du mercure, et ensuite on distille. — Pour obtenir de l'or pur, on dissout dans l'eau régale une monnaie d'or, ou un bijou ; on étend d'eau distillée ; on ajoute une dissolution concentrée de sulfate de fer, qui précipite l'or ; on le lave sur un filtre, puis on le fond. — L'or est un métal jaune, brillant, mou ; mais il durcit en l'alliant au cuivre. Il est si malléable et si ductible que dix mille feuilles d'or ne forment qu'un millimètre d'épaisseur, et qu'un gramme d'or étiré peut donner un fil de plus de trois mille mètres. Les feuilles minces d'or laissent passer la lumière, qui se colore en vert. L'or fond à la chaleur blanche, c'est-à-dire vers 1250°. Sa densité est 19,5 : c'est donc le plus pesant des métaux après le platine. C'est aussi un des métaux les moins altérables ; mais il se dissout facilement dans l'eau régale, formée d'une p. acide azotique, et 4 p. acide chlorhydrique. La poudre d'or, précipitée par le sulfate de fer, s'emploie pour décorer le verre et la porcelaine. — La monnaie d'or contient 1/10e de cuivre, la bijouterie ordinaire 1/4. L'alliage de 7 p. or et 3 p. argent, forme l'or *jaune, pâle*, ou *vert* des orfèvres. — On essaie rapidement l'or à la *pierre de touche*. C'est un morceau de basalte noire, qu'on peut remplacer par du silex ou du verre dépoli, sur lequel on frotte le métal pour y laisser une légère trace ; puis on met par dessus une goutte d'acide azotique. Si la trace n'est pas attaquée, l'or est pur. S'il y a du cuivre, elle s'efface plus ou moins, selon la proportion de l'alliage, et le liquide se colore en vert. Il est bon d'agir par comparaison avec d'autres traces d'alliages dont la composition est connue, et qu'on nomme *touchaux*. La coupellation sert pour la purification et l'analyse de l'or, de même que pour l'argent.

Protoxyde d'or. Au^2O. *Oxydule d'or.* Mélanger une dissolution d'azotate de mercure et une de chlorure d'or étendue et en léger excès ; faire bouillir et recueillir le précipité.

Acide aurique. Au^2O^3. Chauffer de la magnésie dans une dissolution de chlorure d'or, puis traiter par l'acide azotique. — L'acide aurique, exposé au soleil, se réduit en or.

Azoture d'or. (*Or fulminant*). Lorsqu'on laisse digérer un peu d'acide aurique dans l'ammoniaque, on obtient une matière grise, très-dangereuse, qui détone par le moindre choc et une faible chaleur. — On obtient encore un or fulminant en versant de l'ammoniaque dans une dissolution de chlorure d'or.

Protochlorure d'or. Au^2Cl. Chauffer légèrement du bichlorure d'or, il se dégage du chlore. En chauffant davantage il se transforme en or.

Bichlorure d'or. Au^2Cl^3. Dissoudre de l'or dans

l'eau régale ; puis évaporer et dissoudre dans l'eau. Le chlorure d'or se dissout facilement dans l'*éther*. C'est l'*or potable* des anciens médecins. Le chlorure d'or chauffé dans un tube avec l'acide oxalique, précipite l'or métallique qui souvent dore le tube. Il se combine avec d'autres chlorures métalliques, lorsqu'on mélange les deux dissolutions. C'est ainsi qu'on obtient les chlorures doubles d'or et de potassium, d'or et de sodium, etc. Lorsqu'on verse dans une dissolution étendue de chlorure d'or un mélange de protochlorure et de bichlorure d'étain, on obtient un précipité rouge, le *pourpre de Cassius*, qui fournit de belles couleurs à la peinture sur porcelaine et sur verre.

Cyanure d'or et de potassium. Verser du cyanure de potassium dans une dissolution concentrée et bouillante de chlorure d'or, et laver les cristaux obtenus par refroidissement. S'emploie pour la dorure.

PLATINE. Pt = 1232,1 ou 98,6 (*Or blanc.*)

Lorsqu'on verse du sel ammoniac dans une dissolution de chlorure de platine, et qu'on calcine le précipité, on obtient le métal à l'état d'*éponge* ou de *mousse*. On peut alors le forger et le réduire en plaques. — C'est un métal blanc, assez mou, très-ductile et malléable. Sa densité est 21,5. C'est le plus pesant et le moins fusible des métaux. Il résiste aux feux de forge ; on peut le fondre dans des creusets de chaux, au moyen du chalumeau à gaz hydrogène et oxygène, à une température de 1,780°. Il est inattaquable à l'air et par les acides ; mais il se dissout dans l'eau régale. Il est attaqué par la soude, la potasse, les carbonates alcalins, le salpêtre. — Lorsqu'on fait bouillir une dissolution de chlorure de platine avec du carbonate de soude et du sucre, ou lorsqu'on dissout du chlorure de platine dans une dissolution concentrée de potasse, et

12.

qu'on verse de l'alcool dans le liquide bouillant, le platine se précipite en poudre, qu'on nomme *noir de platine*. On peut encore l'obtenir en cet état en brûlant, au bout d'un fil de fer, un morceau de papier à filtre imbibé de chlorure de platine. Le platine, à l'état d'éponge, et surtout de noir, peut condenser les gaz en grandes quantités, et produire différents phénomènes. Ainsi une trace de noir sur de l'amiante, projetée dans un mélange d'oxygène et d'hydrogène, produit, à l'instant même, une forte détonation. Un jet d'hydrogène s'enflamme lorsqu'on le projette sur de l'éponge de platine. C'est cet effet qu'on utilise dans les briquets à hydrogène. Si on chauffe au rouge un fil de platine tourné en spirale, et qu'on le suspende rapidement dans un verre contenant un peu d'éther, la spirale reste longtemps incandescente. C'est la *lampe sans flamme de Davy*. Le platine est surtout employé à la fabrication des ustensiles de chimie, creusets, capsules, etc. On l'a employé aussi à l'étamage des glaces.

Protoxyde de platine. PtO. Verser de la potasse caustique dans une dissolution de chlorure de platine, et laver le précipité.

Bichlorure de platine. $PtCl^2$. Dissoudre du platine dans l'eau régale, et évaporer. Ce sel ne cristallise pas. En ajoutant à la dissolution du sel ammoniac ou du chlorure de potassium, on obtient un précipité de chlorure double ; le chlorure de platine sert ainsi à déceler la présence des sels de potasse et d'ammoniaque.

Protosulfure de platine. PtS. Chauffer 2 p. soufre et 1 p. platine divisé.

Cyanure de platine et de potassium. Chauffer au rouge sombre du noir de platine avec du cyanoferrure jaune de potassium. Dissoudre dans l'eau chaude ; laisser cristalliser ; décanter l'eau-mère, et la faire évaporer, pour recueillir le sel.

L'iridium, l'osmium, le palladium, le rhodium, le ruthénium, le dawyum sont des métaux rares, qui se trouvent dans le minerai de platine et ont de l'analogie avec ce métal.

Galvanoplastie. Moyen de mouler les métaux à froid, et sans pression. On fait ramollir de la gutta-percha dans l'eau chaude, pour prendre l'empreinte de l'objet qu'on veut mouler, une médaille, par exemple. On la couvre, avec un pinceau, d'une couche de plombagine très-fine. On y fixe un fil de cuivre qui correspond au pôle négatif — d'une pile et on le plonge dans une dissolution saturée de sulfate de cuivre, un peu aiguisée d'acide sulfurique. Dans le même bain, on plonge une lame de cuivre qui communique avec le pôle positif +. — L'*appareil simple* est formé d'un vase poreux, ou d'un bocal dont on a enlevé le fond, et qui est fermé avec une vessie ficelée au goulot ; on y met de l'eau salée, ou une p. acide sulfurique et 10 p. eau, dans laquelle plonge une lame de zinc, communiquant, par un fil de cuivre, à l'objet à galvaniser, et on plonge le tout dans la dissolution de sulfate de cuivre.

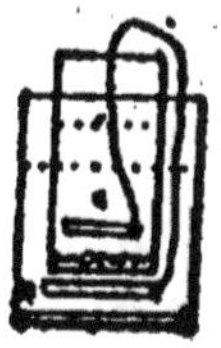

Argenture galvanique. On plonge les objets bien décapés dans un bain composé de 1 p. cyanure d'argent, 5 p. cyanure de potassium, 125 p. eau ; on les met en communication avec le pôle négatif — d'une pile. Dans le même bain plonge une lame d'argent, communiquant avec le pôle positif +. Lorsqu'on a obtenu la couche d'argent qu'on désire, on retire les objets, on les frotte avec un gratte-brosse, puis on les brunit au moyen de la sanguine en frottant avec une agathe, et la couche devient brillante. — On argente au trempé, sans pile, en plongeant les objets bien nets dans un bain de 10 p. eau, 1 p. azotate d'argent, 10 p. sulfite de soude. — Avec un peu de sulfure d'argent ajouté au bain, on obtient une argenture brillante et non mate.

Dorure galvanique. On opère comme pour l'argenture, mais on chauffe le bain, qui est composé de 1 p. cyanure d'or, 10 p. cyanure de potassium, 100 p. eau; ou 1 p. chlorure d'or, 10 p. cyanure de potassium et 200 p. eau. Il faut fixer une lame d'or au pôle positif +. Les objets à dorer doivent être en cuivre, alliage de cuivre, ou cuivrés. On peut dorer divers métaux avec un bain chaud composé de 1 p. chlorure d'or, 10 p. prussiate jaune de potasse, 5 p. carbonate de potasse, dissous à chaud et filtrés.

Par les procédés galvaniques, on peut déposer des couches de platine, bronze, laiton, zinc, nickel, cobalt, étain, plomb, etc.

Dorure au trempé. On plonge, une demi-minute, les objets bien décapés dans un bain chaud de chlorure d'or et de bicarbonate de potasse ; puis on lave à l'eau, et on sèche avec de la sciure de bois chaude.

CHIMIE ORGANIQUE

Considérée sous certains aspects, la chimie organique n'est pas encore à la hauteur de la chimie minérale. Les formules de composition n'ont qu'une importance secondaire; car beaucoup de corps, très-différents, ont une composition élémentaire identique ; ils sont *isomères*. Certaines substances organiques, c'est-à-dire d'origine végétale ou animale, peuvent être assimilées à celles de la chimie minérale ; elles peuvent cristalliser, former des bases, des acides, des sels, etc. D'autres substances sont très-différentes ; elles subissent de nombreuses transformations, par suite d'une cause mystérieuse qu'on a nommée la *force vitale*.

Le carbone se trouve dans toutes les substances organiques ; le plus souvent, il est associé à l'hydrogène, à l'oxygène, parfois à l'azote. On peut en conclure que la chimie organique n'est autre chose que l'étude des combinaisons du carbone. Cette étude, qui paraît simple, au premier abord, est cependant très-difficile et très compliquée, surtout par le nombre considérable des combinaisons, quoiqu'elles ne soient formées le plus souvent que de deux ou trois éléments. On peut séparer les substances organiques en deux classes d'une manière très-simple. Exposé au-dessus d'une substance organique chauffée, le papier rouge de tournesol bleuit, si la substance est azotée, et le papier bleu rougit, si elle ne l'est pas. Les matières organiques contiennent parfois du phosphore, du silicium, du sodium, du potassium, du soufre, du fer, etc.

On a nommé *principes immédiats* les substances formées dans les matières organiques, et qu'on peut isoler sans les altérer : ainsi le sucre, les extraits des bois de teinture, le jus des fruits, etc. Par extension, on a donné ce nom à d'autres composés, comme l'alcoöl, l'éther, etc. On nomme *produits immédiats* les mélanges de principes ; ainsi, le suif, l'huile, les gommes, les résines, la gutta-percha, etc., dont on peut séparer diverses substances. Il y a des matières différentes des précédentes, et qu'on nomme *substances organisées ;* tels sont le ligneux, l'amidon, le gluten, etc.

Par l'*analyse immédiate*, on sépare les différents principes. On emploie, pour cela, des méthodes très-diverses, ainsi qu'on le verra par la préparation et l'étude des différents corps. La synthèse, ou recomposition des corps organiques avec leurs éléments constituants, était naguères regardée comme impossible ; mais, depuis quelques années, on est parvenu à en reconstituer un grand nombre, au moyen de leurs éléments minéraux. Nous ne pourrons nous occuper que d'une petite partie des substances organiques, naturelles ou artificielles, que l'on pourrait compter par centaines de milliers, et dont le nombre s'accroît tous les jours.

CORPS NEUTRES.

Cellulose. $C^{12}H^{10}O^{10}$. Le *ligneux*, tissu fibreux qui forme la partie solide des végétaux, est formé de cellulose et d'une matière incrustante dure, qu'on a nommée *sclérogène*. La moelle de sureau, la charpie, le coton cardé, le papier blanc à filtre, sont de la cellulose presque pure. En agitant dans un flacon de la tournure de cuivre, de l'ammoniaque et du papier à filtre, on a promptement une dissolution de cellulose, qui a de l'analogie avec le collodion. La cellulose résiste à l'action des alcalis concentrés ; mais un tissu plongé dans une solution chaude de soude se contracte et diminue beaucoup de surface. La cellulose bouillie longtemps dans l'acide sulfurique étendu, se transforme d'abord en dextrine, puis en glucose. — Le papier à filtre plongé quelques secondes dans un mélange de parties égales d'acide sulfurique et d'eau, puis lavé ensuite à l'eau et un peu d'ammoniaque, produit le *parchemin factice*.

Pyroxyline. (*Pyroxyle*, *fulmi-coton*, *poudre-coton*, *coton-azotique*.) Mélanger 5 vol. d'acide sulfurique et 2 vol d'acide azotique bien concentrés. Lorsque le liquide est froid, y plonger du coton cardé pendant 15 à 20 minutes, le retirer, et le comprimer entre deux lames de verre, puis laver au carbonate de soude ensuite à grande eau, et faire sécher. 10 p. de coton produisent de 17 à 18 p. de pyroxyline. Les mêmes acides peuvent servir à plusieurs opérations. Au lieu de coton, on peut employer du papier, des tissus de coton, de la sciure de bois, etc. On peut aussi opérer avec l'acide azotique très-concentré seul. Pour obtenir un produit supérieur, on fait bouillir le coton dans une faible dissolution de potasse ; on le fait ensuite séjourner 48 heures dans un mélange d'acides sulfurique et azotique très-concentrés, puis on abandonne pendant 4 semaines dans un courant d'eau. — Faire macérer 1 p. coton, pendant 24 heures, dans un mélange de 20 p. azotate desséché et 30 p. acide sulfurique concentré ; laver et faire sécher. — L'aspect du coton est peu changé après l'opération.

La pyroxyline pure, enflammée sur un papier ou un tissu, ne les altère pas, et ne laisse pas de résidu. On peut même l'enflammer sur de la poudre ordinaire, sans que celle-ci prenne feu. Elle détone lorsqu'on la frappe avec un marteau, et s'enflamme ordinairement vers + 140° quelquefois même au-dessous de + 100°. Employée pour le tir, la poudre-coton agit avec bien plus d'énergie que la poudre ordinaire, mais elle est *brisante* et détériore les armes ; c'est ce qui a fait renoncer à son emploi dans l'armée. Elle est excellente pour le tirage des mines, et se conserve longtemps dans l'air, et même dans l'eau, sans s'altérer.

Collodion. Agiter dans un flacon 2 p. de coton-poudre préparé par l'azotate de potasse et l'acide sulfurique, 25 p. éther sulfurique, et 4 p. alcool. Il se forme un liquide sirupeux, qu'on passe à travers un linge clair. — Dissoudre 1 p. coton-poudre dans 12 p. d'esprit de bois. — Le collodion s'évapore rapidement à l'air, et laisse une membrane adhérente, flexible, transparente, insoluble dans l'eau et dans l'alcool. On l'emploie, en médecine, pour traiter les brûlures, et dans certains pansements. Pour l'usage de la photographie, on ajoute au collodion une substance sensible à la lumière, ordinairement un iodure. Par l'addition d'un peu d'huile de ricin, le collodion produit une membrane flexible, qui peut servir à faire de petits ballons.

Amidon ou fécule. $C^{12}H^{10}O^{10}$. Laver sur un tamis de la pomme de terre râpée finement ; on recueille dans l'eau de lavage une substance blanche qu'il faut laver plusieurs fois à l'eau froide, et on la fait ensuite sécher au soleil ou à l'étuve. 1 kil. de pommes de terre contient 750g d'eau, et donne environ 170g de fécule sèche. — L'eau, dans laquelle on obtenu la fécule, se trouble quand on la fait bouillir, par suite de la présence de *l'albumine végétale*, matière azotée, que l'ébullition fait coaguler. — La pomme de terre brunit à l'air lorsqu'elle a été pelée ; mais si on la coupe en tranches minces, qu'on laisse séjourner 24 heures dans l'eau avec un peu d'acide sulfurique, et qu'on lave bien ensuite, la pomme de terre reste blanche, en séchant, et possède une bonne saveur, après avoir été gonflée dans l'eau bouillante. — La fécule du blé se nomme *amidon*. Pour l'obtenir, on fait une pâte ferme avec deux p. farine de blé et une p. eau ; puis, on la pétrit sous un filet d'eau, à la main, ou bien encore dans un nouet de toile, agité dans l'eau, jusqu'à ce qu'il ne se dégage plus de matière blanche. Ce qui reste est le *gluten*. Lorsque l'eau s'est éclaircie, on décante et on recueille l'amidon qui s'est déposé. — La fécule peut s'extraire aussi des marrons d'Inde, haricots, pois, lentilles, vesces, etc., qu'on écrase après les avoir fait séjourner dans l'eau, pour les amollir. Si on fait bouillir l'eau de lavage, pour précipiter l'albumine, et qu'on ajoute au liquide filtré un peu d'acide acétique, il se forme un précipité blanc de *légumine*, matière azotée, analogue à la *caséine* du lait.

La fécule et l'amidon ont une composition chimique identique ; examinée au microscope, on reconnait que cette substance est formée de grains à plusieurs couches concentriques. Ces grains varient de grosseur et de forme, suivant l'origine de la fécule. L'amidon est insoluble dans l'alcool, l'éther et l'eau froide. — Si on verse dans l'eau bouillante un peu de fécule délayée, elle se dissout promptement. Mais si on l'ajoute, en certaine quantité, elle se change en une masse gélatineuse, l'*empois*. A froid, les solutions de soude et de potasse transforment aussi la fécule et l'amidon en empois. La solution d'iode colore l'empois en bleu ; il agit de même avec les farines et les pommes de terre en nature. L'empois se fait ordinairement en chauffant une partie d'amidon dans 10 p. d'eau. On l'emploie dans le blanchissage et l'apprêt des tissus, pour leur donner de la raideur ; il sert aussi pour coller les papiers, pour épaissir les couleurs d'impression, etc.

Le *sagou* et le *tapioca* sont des substances alimentaires exotiques, dont on prépare des imitations avec la fécule. On la mouille un peu ; puis on presse et on agite dans un tamis un peu large, de manière à faire tomber des granules sur une plaque de fer-blanc, qui recouvre un vase d'eau bouillante. Il faut bien agiter pendant la dessication. Le sagou et le tapioca, dont on fait des potages, se gonflent dans l'eau bouillante, et forment une sorte de gelée transparente.

Nous mentionnerons encore deux substances analogues à la fécule : la *lichénine*, extraite du lichen d'Islande, et l'*inuline*, qu'on tire des racines du dalhia et de différentes autres plantes.

Gluten. Dans la préparation de l'amidon du blé, la matière qui n'a pas été entraînée par l'eau est le *gluten*, matière azotée, qui se gonfle dans l'eau bouillante, mais ne s'y dissout pas. Lorsqu'on fait bouillir le gluten avec de l'alcool, il se dissout en partie et il reste de la *fibrine végétale*. Le liquide décanté à chaud laisse déposer de la *caséine végétale*, en se refroidissant. Si ensuite on fait évaporer l'alcool, on obtient une substance albumineuse, la *glutine* qui, étant traitée par l'éther, produit une matière grasse se rapprochant du beurre. — Le gluten est employé à faire un pain spécial pour les diabètes. On le mélange aussi avec la farine, pour fabriquer le vermicelle et le macaroni.

Diastase. Lorsqu'on abandonne, pendant quelque temps, de l'orge imbibée d'eau, il s'y forme un germe peu de temps après. Si alors on la dessèche, à environ 50°, on obtient le *malt* des brasseurs. Concasser 1 p. de malt, et délayer avec 10 p. d'eau ; laisser reposer à une douce chaleur, et filtrer au bout de quelques heures. Le liquide contient alors de la diastase.

Dextrine. (*Gommeline.*) Porte, dans le commerce, différents noms, suivant les modes de préparation. — Mélanger 1 p. du liquide précédent avec 4 p. empois, puis chauffer à environ 60°, jusqu'à ce qu'on obtienne un liquide clair; ensuite faire bouillir, filtrer et évaporer. — Chauffer doucement, sur une plaque de tôle, de l'amidon pulvérisé, en remuant, jusqu'à ce qu'il devienne brun. C'est l'*amidon brûlé* ou *grillé*. — A 4 p. amidon, ajouter 1 p. eau avec un peu d'acide azotique ; faire sécher à l'air, puis à environ 120°, et retirer lorsque la substance est en poudre jaune clair. C'est le *léïocome*. — Ajouter un peu d'acide sulfurique à de l'empois chaud ; il devient alors liquide ; faire bouillir, et lorsque le liquide est bien clair, ajouter de la craie jusqu'à ce qu'il n'y ait plus d'effervescence ; laisser déposer, décanter et évaporer. — La dextrine a de l'analogie avec la gomme, et peut la remplacer dans beaucoup d'applications. On l'emploie pour la fabrication de la bière, des liqueurs, du pain de luxe, l'apprêt des tissus, etc. — Elle se dissout dans l'eau et non dans l'alcool.

Gommes et mucilages. Substances se rapprochant, par leur composition, de la cellulose. Les gommes se dissolvent ou se gonflent dans l'eau, et forment un liquide visqueux. Elles sont insolubles dans l'alcool. Les gommes s'écoulent de certains arbres, et contiennent différents principes. L'*arabine* forme presque toute la gomme arabique ; elle se dissout dans l'eau et se précipite lorsqu'on y ajoute de l'alcool. La *cérasine* se trouve dans les gommes de pruniers, de cerisiers, etc., dites *gommes du pays*. Elle ne se dissout bien que dans l'eau chaude. La *bassorine* est contenue dans la gomme adragante ou de Bassora. Elle se gonfle dans l'eau froide et ne s'y dissout pas. La cérasine et la bassorine se transforment en arabine par l'ébullition. Les mucilages, de la graine de lin, de la guimauve, etc., ont de l'analogie avec les gommes. — Le suc de groseilles, cerises, poires, pommes, carottes, navets, etc., contient un mucillage, la *pectine*, qui forme une gelée épaisse par le refroidissement.

Matières sucrées. On nomme *sucres* les matières sucrées, susceptibles de fermenter et de se transformer en alcool.

Sucre ordinaire. $C^{12}H^{11}O^{11}$. Chauffer à 60° ou 80° du jus de betterave, avec 1/200 de chaux en bouillie ; écumer et décanter sur un filtre chargé de noir animal en grains. Le liquide passe décoloré ; on y mêle de la poudre de charbon animal, et on évapore rapidement. Le sirop est assez cuit, lorsqu'en en prenant un peu entre le pouce et l'index, il se forme, en les séparant, un filet cassant. On peut arrêter là l'opération, et on a ainsi le *sucre brut* ou *cassonnade*. Pour l'obtenir plus pur, on ajoute 1 p. sang et 2 p. eau, fouettées avec un peu de sirop froid ; on chauffe, mais on arrête quand l'ébullition se produit. On filtre, puis on fait cuire, et ensuite on verse dans des vases conique, fermés en bas par un bouchon, qu'on ôte le lendemain, afin de laisser écouler la *mélasse* qui s'est séparée du sucre cristallisé. — Par des procédés analogues, on peut fabriquer les sucres de

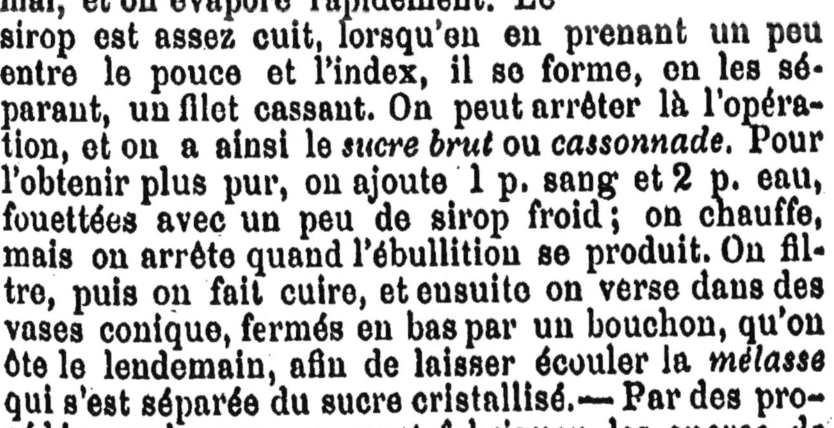

canne, érable, sorgho, caroubier, maïs, carottes, navets, châtaignes, melons, pastèques, etc., qui, étant raffinés, sont tous tellement analogues, qu'on ne peut reconnaître leur origine. — On peut encore opérer autrement. Chauffer le jus en y ajoutant 3 gr. de plâtre crû par kil. Enlever l'écume, décanter, et, dans le liquide éclairci, ajouter 6 à 8 p. 0/0 de peroxyde de fer hydraté ; évaporer ensuite pour obtenir le sucre cristallisé. Cette fabrication peut se faire en petit. Le même protoxyde de fer peut s'employer indéfiniment ; le plâtre peut servir d'engrais, et la pulpe de betterave de nourriture pour le bétail. — La *mélasse* est un mélange de sucre incristallisable, de matière colorante, d'eau, et environ 1/10 de sels alcalins.

Le sucre est soluble dans 1/3 de son poids d'eau froide, et beaucoup plus encore dans l'eau bouillante. Il est à peu près insoluble dans l'éther et l'alcool absolu. L'eau sucrée dissout la chaux, la baryte, l'oxyde de plomb, etc., et forme des *saccharates* ou *sucrates*. — Lorsqu'on chauffe une dissolution limpide de chaux dans l'eau sucrée, elle se trouble, se coagule ; mais elle redevient claire par le refroidissement. Le sucre se combine aussi au sel marin, et on en trouve en cet état dans les mélasses. — 2 p. sucre, dissoutes dans 1 p. eau, forment un *sirop*, qui, abandonné quelque temps, laisse déposer des cristaux de *sucre candi*. On place ordinairement dans la dissolution des baguettes ou des ficelles auxquelles le sucre adhère, et qui permettent de le séparer facilement de l'eau-mère. — Lorsqu'on chauffe 4 p. sucre et 1 p. eau, on obtient une masse visqueuse, transparente, c'est le *sucre d'orge*, avec le sucre brut, et le *sucre de pomme*, avec le sucre blanc. On le coule dans des moules ou sur un marbre graissé, pour le diviser en bâtons. On y ajoute parfois un peu de vinaigre, ou certaines essences, pour le parfumer. Le sucre d'orge, transparent d'abord, devient opaque lorsqu'il est conservé à l'air. — Chauffé vers + 200°, le sucre brunit, et se change en *caramel*, qu'on emploie pour colorer divers liquides. Si on continue de chauffer, il se change d'abord en charbon, puis se vaporise. — Le sucre se transforme en acide oxalique par l'action de l'acide azotique bouillant ; à froid, cet acide produit avec le sucre une sorte de *pyroxyle*. — Le sucre brisé ou frotté dans l'obscurité devient phosphorescent.

Glucose. $C^{12}H^{12}O^{12},2HO$. (*Glycose, sucre de raisin, de fécule, de miel.*) Délayer 20 p. amidon ou fécule en bouillie épaisse, avec un peu d'eau tiède ; puis l'incorporer peu à peu à 50 p. eau bouillante contenant 1 p. acide sulfurique. Continuer l'ébullition plusieurs heures, en ajoutant un peu d'eau. Laisser refroidir, puis mettre de la craie jusqu'à ce qu'il n'y ait plus d'effervescence, laisser reposer, décanter, puis évaporer. — Chauffer à 70° 1 p. de diastase et 4 p. amidon, qui se changent d'abord en dextrine, puis en glucose. — Le *sucre de chiffons* s'obtient en versant peu à peu 4 p. acide sulfurique concentré sur 3 p. de charpie. Abandonner pendant deux jours ; puis étendre d'eau la pâte obtenue ; faire bouillir 5 ou 6 heures, ensuite opérer avec la craie comme précédemment. Au lieu de chiffons, on peut employer du papier, de la sciure de bois, de la paille, etc. — Lorsqu'on abandonne, pendant quelques jours, du miel blanc sur des blocs de plâtre, ou autre substance poreuse, on obtient du glucose cristallisé. — La *diabète* est une maladie qui développe du glucose dans la vessie. Pour l'extraire, il suffit parfois d'évaporer l'urine, le plus souvent, on ajoute au liquide du sous-acétate de plomb ; filtrer, évaporer, faire bouillir le résidu dans l'alcool, agiter avec du noir animal, filtrer et évaporer. Certains malades produisent 500 gr. de sucre par jour. — Le glucose est bien moins soluble dans l'eau que le sucre. Sa saveur est aussi beaucoup moins sucrée.

Sucre des fruits acides. $C^{12}H^{12}O^{12}$. (*Lévulose, sucre incristallisable*). Mêler du jus de groseilles, cerises, prunes, etc., avec de la craie en poudre, jusqu'à ce qu'il n'y ait plus d'effervescence ; ajouter du blanc d'œuf pour clarifier ; filtrer et évaporer. Ce sucre ressemble beaucoup à la gomme. Il est très-déliquescent.

Sucre de lait. $C^{24}H^{24}O^{24}$. (*Lactose, lactine.*) Filtrer du lait caillé, ajouter un peu de craie, décanter et évaporer le petit-lait, jusqu'à ce qu'il se cristallise. — La lactine est moins sucrée et moins soluble que le glucose. On l'emploie quelquefois en médecine.

Diverses autres substances ont encore été classées parmi les sucres. La *mannite* s'extrait de la manne, des oignons, etc., par l'alcool bouillant ; la *quercite* des glands de chêne, la *sorbine* des baies du sorbier, l'*inosite* de la chair musculaire, la *glycyrrhizine* de la racine de réglisse, etc.

Principes extractifs neutres. On a extrait des végétaux un grand nombre de corps neutres, généralement sans usage. Nous en mentionnerons quelques-uns. — La *saponine* s'extrait de la saponaire et du marron d'Inde. C'est une poudre blanche vénéneuse. En dissolution, elle mousse comme de l'eau de savon. — La *digitaline* s'extrait de la digitale pourprée. C'est un poison violent. — L'*amygdaline* s'extrait du tourteau épuisé des amandes amères, au moyen de l'alcool bouillant. — La *phlorhydzine*, extraite par l'alcool de l'écorce des racines de poiriers, pruniers, etc., s'emploie contre la fièvre, ainsi que la *salicine*, extraite par l'eau bouillante de l'écorce du saule. L'acide sulfurique colore la salicine en rouge intense. — L'*esculine* provient de l'écorce du marronnier d'Inde. Le chlore la colore en rouge. La *lupuline* s'extrait du houblon, la *quercétine* de l'écorce du chêne noir, la *phycite* de certaines algues ; l'*absinthine* de l'absinthe, la *gentianine* de la gentiane, l'*asparagine* de l'asperge et de la racine de guimauve, etc.

BOISSONS FERMENTÉES, ALCOOLS, ÉTHERS.

Fermentation. Altération qui se manifeste dans certaines matières organiques, en donnant naissance à de nouveaux produits, dans des circonstances particulières. Elle exige la présence d'une matière fermentescible, d'un ferment, de l'eau, de l'air, et plus ou moins de chaleur. Ce phénomène a été expliqué par des théories très-diverses, dans lesquelles nous n'interviendrons pas. Nous nous occuperons ici de la fermentation alcoolique.

Vin. Pour faire le vin rouge, on écrase le raisin, on laisse fermenter le jus, ou *moût*, avec la pulpe ; puis on l'exprime au moyen du pressoir. Lorsque le raisin n'est pas assez mûr, comme en certaines années, le moût est trop acide. On peut y ajouter alors son volume d'eau, puis du sucre blanc, dont 1,700 gr. par hectolitre, donnent au vin 1/100 d'alcool. — Le vin blanc se fait en exprimant le jus du raisin avant la fermentation. Le marc de raisin, épuisé par la pression, mis à macérer avec de l'eau, produit une boisson économique, la *piquette*: — Le vin de *Champagne mousseux* se prépare en mettant le vin en bouteilles aussitôt après la fermentation tumultueuse ; on retire plus tard des bouteilles le dépôt qui s'est formé, et on ajoute environ 5 % de sucre candi en solution concentrée. Les bouchons doivent être bien ficelés et les bouteilles en verre épais, afin de résister à la pression du gaz acide carbonique qui se dégage, et qui donne au vin la propriété de mousser à l'air. On fait une sorte de champagne artificiel en ajoutant à du vin blanc ordinaire 50 gr. de sucre par litre ; puis, ensuite, 7 gr. d'acide tartrique et 8 gr. de bicarbonate de soude, c'est-à-dire les poudres qui sont ordinairement employées pour faire l'eau de Seltz dans les ménages. — Les *vins de liqueur* s'obtiennent souvent par la cuisson.

Le vin est sujet à diverses altérations, qu'on nomme maladies. La *graisse* disparait en ajoutant 8 gr. de tannin ou 50 gr, de pepins écrasés par hectolitre ; le *bleu*, avec 6 gr. d'acide tartrique par hectolitre ; le *goût de fût*, en agitant bien un litre d'huile dans chaque tonneau ; *l'amer*, en ajoutant de l'alcool. Si on chauffe du vin, pendant quelques minutes, de 50° à 70°, il s'améliore et se conserve parfaitement.

Cidre et poiré. On écrase les pommes ou les poires en ajoutant ordinairement un peu d'eau ; on laisse reposer, puis on exprime le jus, et on abandonne à la fermentation.

Hydromel. On délaie 1 p. miel dans 12 p. eau ; on fait bouillir et évaporer environ 1/3 ; on écume, on remplit un fût, et lorsque le liquide est presque froid, on ajoute un peu de levure de bière et on laisse fermenter pendant 10 à 20 jours. On obtient ainsi une boisson agréable, qui se rapproche du vin muscat.

Bière. On écrase une p. malt sec, qu'on délaie avec 3 p. eau froide, puis 4 p. eau bouillante ; on maintient quelques heures vers 70° ; on filtre, puis on fait bouillir, avec 4 ou 5 gr. de houblon par litre ; on retire du feu, et lorsque la température est à 30°, on ajoute un peu de levure de bière, qui produit la fermentation. Deux jours après, on peut mettre en fût, où la fermentation s'achève. Au besoin, on remplace le malt par de l'orge ordinaire, légèrement torréfiée et moulue ; mais il faut alors ajouter 25 gr. de mélasse par litre.

Toutes les boissons dont nous venons de parler, qui ne sont pas claires après la fermentation, doivent être clarifiées par le *collage*. Pour cela, on agite le liquide avec des blancs d'œufs battus en mousse, ou avec une dissolution de gélatine blanche.

Eau-de-vie. On chauffe du vin, et on reçoit le produit qui distille dans un réfrigérant (voir p. 62). Le résidu se nomme *vinasse*. La qualité de l'eau-de-vie obtenue dépend de celle du vin, qui contient de 2 à 20 % d'alcool. — On fait fermenter du jus de betterave avec deux gr. d'acide sulfurique et 5 gr. de levure de bière par litre de jus, puis on distille. 1,000 kil. de betterave donnent 35 litres d'alcool à 95°. — On délaie 1 p. de mélasse dans 10 p. d'eau chaude ; on ajoute de l'acide sulfurique étendu, jusqu'à ce que le liquide soit légèrement acide ; puis un peu de levure délayée ; on laisse fermenter à environ 25°, sans boucher, et on distille. 4 kil. de mélasse produisent un litre d'alcool absolu. — On mélange 1 p. malt avec 4 p. seigle ou orge en farine, et 4 p. eau tiède ; on y ajoute peu à peu 20 p. eau bouillante ; on couvre, on laisse refroidir et fermenter ; deux jours après, on peut distiller. 10 kil. de grains donnent environ 3 litres d'alcool à 95°. — On délaie en bouillie claire 10 p. pommes de terre cuites, on ajoute 1/10 de malt, un peu de levure de bière, on laisse fermenter et on distille. 2 kil. de pulpe donnent 1 litre d'alcool à 50°. — Certains alcools ont une odeur et une saveur particulières, qu'on nomme *mauvais goût*. Pour y remédier, on délaie 1 p. savon dur de soude dans 25 p. d'alcool, et on distille ; ou bien, on fait passer les vapeurs alcooliques dans un tube contenant du charbon divisé. — On peut encore obtenir de l'alcool en mélangeant 2 p. d'entrailles d'animaux, 10 p. d'eau et 3 p. d'acide sulfurique ; on ajoute de la levure de bière ; on laisse fermenter à environ 30°, et on distille.

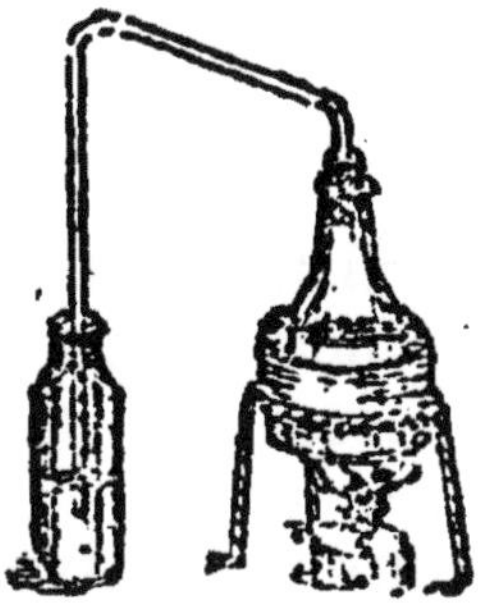

Les différentes boissons spiritueuses s'obtiennent par des procédés analogues. Le *rhum* et le *tafia*, en distillant les mélasses, les écumes et les jus de la canne à sucre, le *kirsch-waser*, ou *kirsch*, et le *marasquin*, en distillant les cerises écrasées et fermentées avec leurs noyaux ; le *gin* ou *genièvre*, en distillant de la bière avec des baies de genièvre, ou en ajoutant de l'huile de genièvre à l'eau-de-vie ordinaire, etc. — Le plus ordinairement, dans les villes, on fabrique les eaux-de-vie en ajoutant de l'eau à l'alcool dit *esprit trois-six* ; puis on les colore avec du caramel, du jus de réglisse, etc., et on y ajoute parfois divers aromates. On leur donne aussi le goût de vieux, en agitant le liquide avec un peu d'ammoniaque.

Lorsqu'on n'a pas à sa disposition les appareils perfectionnés de l'industrie, l'eau-de-vie qu'on a obtenue primitivement doit être rectifiée, c'est-à-dire, qu'on la distille à nouveau, en ne recueillant que la moitié du liquide. — On peut encore obtenir de l'eau-de-vie et de l'alcool par une seule opération.

Si on chauffe de l'eau-de-vie faible, les vapeurs viennent se condenser dans un premier flacon, qui est sec ; puis le liquide obtenu s'échauffe, bout, et l'alcool vaporisé vient se condenser dans le 2e flacon qui peut être entouré d'un réfrigérant.

Alcool absolu ou anhydre. $C^4H^6O^2$. (*Alcool éthylique*). L'alcool le plus concentré par la distillation contient encore 1/10e d'eau. On obtient l'alcool absolu en distillant de l'alcool concentré, qu'on a agité et fait digérer avec de la chaux éteinte, du carbonate de potasse, ou du sulfate de cuivre, bien séchés et pulvérisés. L'alcool ne contient plus d'eau, lorsqu'il ne ramène pas au bleu le sulfate de cuivre calciné et blanc. — L'alcool anhydre est un liquide incolore, d'une saveur brûlante et d'une odeur agréable. C'est un poison à l'état pur ; étendu d'eau, il a des effets fortifiants, ou enivrants, suivant les doses employées. Il bout à + 79°, et se vaporise peu à peu à l'air libre. Il s'enflamme à l'approche d'une bougie, et commence à se congeler vers — 100°. Lorsqu'il est étendu d'eau, ses propriétés sont plus ou moins modifiées. Un litre d'alcool pèse 792 gr., tandis qu'un litre d'eau pèse 1,000 gr. ; sa densité est donc 0,792. C'est sur cette différence de densité qu'on se fonde pour mesurer la force des alcools du commerce. On emploie pour cela les *aréomètres*, *alcoomètres*, ou *pèse-esprits* (voir page 21), sortes de tubes gradués, qui plongent jusqu'au haut de l'échelle dans l'alcool absolu, et au bas seulement dans l'eau pure. L'aréomètre de Cartier marque 0° dans l'eau pure, et 44° dans l'alcool absolu ; celui de Gay-Lussac marque aussi 0° dans l'eau pure, mais 100° dans l'alcool absolu. C'est le plus commode ; car chaque degré indique par centième la quantité en volume d'alcool contenu dans un liquide. Ainsi, quand on dit de l'alcool à 80° ou 90°, de l'eau-de-vie à 40° ou 50°, cela veut dire que le liquide contient 40, 50, ou 90 p. d'alcol absolu, ou anhydre, le reste étant de l'eau. Les indications de l'alcoomètré décimal ne sont rigoureusement exactes que lorsque les liquides ne contiennent pas certaines substances en dissolution, et qu'ils sont à la température de + 15°, ou qu'on les y ramène. Du reste, il existe des tables indiquant les corrections à faire, suivant la température. L'alcoomètre plongé dans le vin, n'indique pas la quantité d'alcool qu'il renferme, parce que le vin contient en dissolution différentes substances qui augmentent sa densité. Il faut mettre dans un ballon 3 décilitres du vin à essayer, recueillir 1 décilitre par la distillation, y ajouter 2 décilitres d'eau, afin d'avoir le volume primitif du vin ; puis on y plonge l'alcoomètre, qui indique alors le degré réel. — On peut opérer, d'une manière contraire, et sans distiller. Plonger d'abord

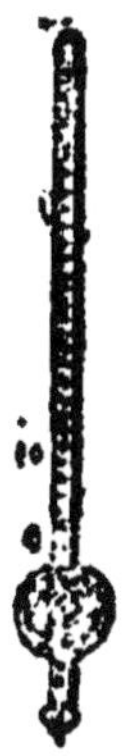

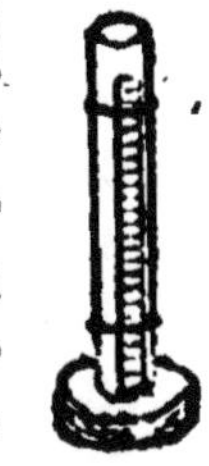

l'alcoomètre dans le vin, dont on fait ensuite évaporer environ 1/3, qu'on remplace par de l'eau ; puis on y plonge de nouveau l'alcoomètre. La quantité d'alcool se déduit de la différence de densité constatée entre les deux observations.

L'alcool est un dissolvant très-employé. Certaines substances, solubles dans l'eau, sont insolubles dans l'alcool, telles que les gommes ; d'autres, insolubles dans l'eau, se dissolvent dans l'alcool, comme les résines, les essences ; d'autres, enfin, sont solubles dans les deux liquides. L'alcool est employé pour la fabrication des eaux spiritueuses dont la plus répandue est l'*eau de Cologne*. On peut l'imiter, en ajoutant à 1 litre d'alcool à 36°, 5 gr. essence de citron, 3 gr. essence de bergamotte, 3 gr. essence de cédrat et 80 gr. esprit de romarin. — Les *teintures* pharmaceutiques sont des extraits alcooliques de certaines substances.

Alcool méthylique. $C^2H^4O^2$. (*Esprit de bois.*) Distiller lentement de l'acide pyroligneux, et recueillir environ 1/5e du liquide ; puis le distiller de nouveau avec de la chaux. — Distiller un mélange de potasse et de sciure de bois, avec un peu d'eau. — L'esprit de bois a beaucoup d'analogie avec l'alcool, auquel on le substitue pour plusieurs usages, à cause de son bon marché.

Alcool amylique. (*Huile de pommes de terre.*) Liquide à odeur fade et saveur âcre, qui se trouve dans les derniers produits de la distillation des alcools de fécule.

Aldéhyde. $C^4H^4O^2$. Distiller un mélange de 2 p. alcool, 3 p. acide sulfurique, 3 p. peroxyde de manganèse, et recueillir le produit dans un flacon entouré de neige. L'aldéhyde bout à 21° et brûle avec une flamme blanche. C'est une substance qui tient le milieu entre l'alcool et l'acide acétique.

Chloroforme. C^2HCl^3. Délayer 5 p. chaux délitée et 10 p. hypochlorite de chaux, dans 80 p. eau tiède ;

puis ajouter 3 p. alcool, et distiller jusqu'à ce qu'il soit passé environ 6 p. du mélange. Laisser reposer ; décanter, pour recueillir la couche inférieure, qu'on lave avec de l'eau, puis avec du carbonate de soude ; ensuite ajouter du chlorure de calcium ou de l'acide sulfurique, et distiller. — Le chloroforme est un liquide incolore, pesant, très-volatil, à odeur de pommes et saveur éthérée. Il bout à + 61°, et brûle avec une flamme verte. Lorsqu'on respire le chloroforme versé sur un linge ou une éponge, il détermine l'*anesthésie*, c'est-à-dire l'insensibilité et le sommeil. Cette propriété le fait employer, ainsi que l'éther, pour rendre insensibles aux malades les opérations chirurgicales.

Chloral. C^2Cl^3HO. Refroidir de l'alcool à 0°, puis y faire arriver un courant prolongé de chlore; laisser la température s'élever jusqu'à l'ébullition et s'arrêter lorsque l'alcool n'absorbe plus de chlore. Le liquide est ensuite distillé avec de l'acide sulfurique, puis avec de la chaux vive.—Le chloral est un liquide incolore, d'une odeur pénétrante. Il forme avec l'eau un hydrate cristallisé, qui fond à 46°. C'est un anesthésique qu'on emploie en médecine.

Ether. C^4H^5O. (*Ether hydrique, sulfurique, oxyde d'éthyle.*) — Mélanger avec précaution 10 p. d'acide sulfurique concentré et 7 p. d'alcool. Il est bon d'ajouter au liquide assez de grès en poudre pour l'absorber ; puis distiller au bain de sable, et les vapeurs d'éther viennent se condenser dans un flacon refroidi, qui ne bouche pas hermétiquement. On recueille environ le quart du volume primitif, et on peut renouveler 3 ou 4 fois l'alcool, sans ajouter d'acide sulfurique. Pour purifier l'éther, on le mélange avec du lait de chaux, et on distille quelques jours après. — L'éther bout à 35° ; il est donc très-volatil. Si on approche une flamme d'un verre

contenant quelques gouttes d'éther, il se produit une détonation. L'éther formant avec l'air un mélange détonant, on comprend qu'il faut toujours le manier loin du feu. L'éther produit du froid en s'évaporant; c'est ce qu'on constate facilement lorsque la main est mouillée d'éther. Si on met dans un verre de montre de l'eau avec de l'éther, et qu'on souffle rapidement avec un soufflet, l'eau se congèle. L'éther a une odeur forte, agréable, une saveur fraîche, aromatique. Il se mêle en toutes proportions avec l'alcool, les graisses, huiles, essences; il dissout le caoutchouc et la plupart des résines. L'éther *pur* est préféré au chloroforme, par certains praticiens, pour produire l'*anesthésie*. Les *gouttes d'Hoffmann*, employées en médecine, contiennent 8 p. alcool et 1 p. éther.

Ether chlorhydrique. C^4H^5Cl. Distiller 5 p. alcool, avec 1 p. acide sulfurique et 12 p. sel marin, ou un mélange d'alcool et d'acide chlorhydrique. — Il bout à 11° et a une odeur agréable.

Ether azotique. Distiller un mélange d'acide azotique et d'alcool. Il bout à 85°. Saveur sucrée et odeur agréable.

Ether acétique. Distiller un mélange d'alcool et d'acide acétique, ou bien 8 p. acétate de plomb sec, 3 p. acide sulfurique et 4 p. alcool. Odeur très-agréable.

Tous ces éthers s'emploient en médecine.

Ether méthylique. Distiller parties égales d'esprit de bois et d'acide sulfurique.

Ether butyrique. (*Essence d'ananas*). Faire un savon avec du beurre et de la potasse caustique; le dissoudre dans de l'alcool pur, bouillant; puis traiter par un mélange d'alcool et d'acide sulfurique, et distiller.

Ether amylacétique. (*Essence de poires.*) Distiller 1 p. alcool amylique, avec 2 p. acétate de potasse, et 1 p. acide sulfurique.

Ether valéramylique. (*Essence de pommes*). Distiller un mélange d'acide valérianique et d'alcool amylique.

On produit encore différentes essences artificielles qui sont, comme les précédentes, employées par les confiseurs et distillateurs.

Il y a beaucoup d'autres éthers et alcools, la plupart sans intérêt pratique.

ACIDES ORGANIQUES.

Il existe naturellement de nombreux acides dans les substances végétales et animales ; mais on en produit davantage encore par divers procédés. Nous ne pouvons examiner que les plus importants. Les sels organiques sont fort nombreux aussi. Il y en a de trois sortes : à acide minéral et base organique, à acide organique et base minérale, à acide et base organiques. Ils se décomposent tous par la chaleur. Nous avons déjà parlé de ceux qui sont à base minérale, en étudiant les métaux.

Acide acétique. $C^4H^3O^3,HO$. Le vinaigre ordinaire peut s'obtenir par plusieurs procédés. — Dans un tonneau percé latéralement de plusieurs trous, on place des copeaux de bois de hêtre en spirales, qu'il est bon de faire bouillir d'abord dans du vinaigre ; puis, on fait couler peu à peu, par-dessus, du vin, de la bière, du cidre, ou un mélange de 5 à 10 p. d'eau et 1 p. alcool, avec un peu de levure de bière, ou une tranche de pain trempée dans du vinaigre. Il faut faire passer le liquide 3 ou 4 fois. On peut aussi tasser les copeaux dans un entonnoir, et y faire tomber le liquide goutte à goutte. Il faut opérer dans un endroit chaud. — A 10 p. vinaigre on ajoute 1 p. vin, puis, après quelques semaines, une autre p. vin; et ainsi de suite. — On abandonne pendant quelques semaines, dans un endroit un peu chaud, 20 p.

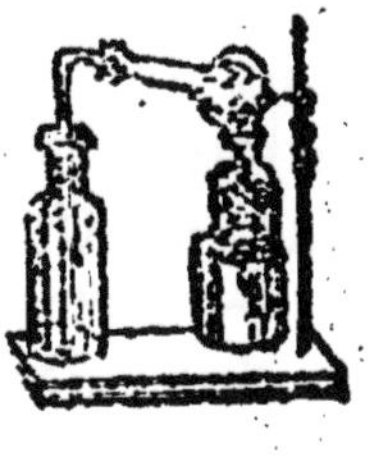

d'eau, 2 p. de lévure et 3 p. de sucre. — Lorsqu'on distille 2 p. copeaux de frêne, ou de hêtre sec, on obtient l'*acide pyroligneux*, ou *vinaigre de bois* impur. Si, dans cet état, on en imprègne de la viande, elle peut se conserver sans altération, grâce à la *créosote* de l'acide.

Le vinaigre exposé à l'air se décompose, se couvre de moisissures, et on peut y apercevoir des animalcules, même sans microscope. En le faisant bouillir, on le remet en bon état. Pour concentrer le vinaigre, on le fait chauffer, ou bien on l'expose au froid. L'eau s'évapore et se congèle la première. — Pour déterminer la force des vinaigres, on met dans un tube gradué un peu de teinture de tournesol, puis un peu de vinaigre, et ensuite une solution alcaline de soude ou de potasse, jusqu'à ce que le tournesol rougi devienne bleu. Il en faudra d'autant plus que le vinaigre sera plus fort. Les vinaigres du commerce contiennent 2 à 12 pour 100 d'acide acétique. Les vinaigres de vin sont les plus estimés.

Le *vinaigre radical* est de l'acide acétique concentré. Mélanger 4 p. acétate de plomb avec 1 p. acide sulfurique; distiller au bain de sable, en recueillant le tiers du liquide. — Distiller de l'acétate de cuivre pulvérisé ou un des mélanges suivants : parties égales d'acétate de chaux et d'acide chlorhydrique ; 1 p. sulfate de soude, 3 p. acétate de plomb, 1 p. eau et 1 p. acide sulfurique ; 1 p. acétate de soude sec et 3 p. acide sulfurique ; 1 p. acétate de plomb, et 2 p. sulfate de fer. Le produit obtenu peut être rectifié par une nouvelle distillation. Pour avoir l'acide cristallisé, lorsqu'il est bien concentré, on le met dans un flacon; on bouche bien, et on le maintient à — 4° ou 5° dans un réfrigérant.

L'acide acétique pur reste solide et cristallisé jusqu'à + 16° ; il devient alors liquide, et bout à + 120°. Son odeur est forte et pénétrante, sa saveur très-acide ; il brûle la peau et prend feu à l'approche d'une flamme. Il dissout les résines, le camphre, le gluten, l'albumine, les essences. Cette dernière propriété l'a fait employer pour les *vinaigres de toilette*. — Le *sel de vinaigre* est du sulfate de soude mouillé d'acide acétique. On le fait respirer aux personnes tombées en syncope. — Les acétates sont presque tous solubles dans l'eau.

Acétone. $C^6H^6O^2$. Distiller à sec parties égales d'acétate de plomb et de chaux vive. — C'est un liquide très-inflammable, à odeur de menthe. Sans usages.

Cacodyle. C^4H^6As. (*Liqueur fumante de Cadet, alcarsine.*) Distiller parties égales d'acétate de potasse et d'acide arsénieux. Liquide huileux, très-vénéneux, d'une odeur fétide ; il s'enflamme spontanément à l'air. On doit éviter sa préparation dangereuse. Le cacodyle dissout le phosphore, le soufre, l'iode ; il réduit les sels de mercure, d'argent, d'or, et forme des composés analogues à ceux des métaux.

Acide oxalique. C^2O^3HO ou $C^4H^2O^8$. Chauffer 1 p. sucre, 6 p. acide azotique et 4 p. eau, jusqu'à ce qu'il ne se dégage plus de vapeurs rouges. Après refroidissement, on recueille les cristaux et on les dissout dans l'eau, pour cristalliser à nouveau. — On peut opérer de même avec la mélasse, l'amidon, le ligneux, etc. — Calciner de la potasse caustique avec du sucre ou de la fécule. — Verser de l'acétate de plomb dans une dissolution de bioxalate de potasse (sel d'oseille), traiter le précipité par l'acide sulfurique étendu, ou par un courant d'acide sulfhydrique, laver, filtrer et évaporer. — Traiter les rognures de cuir, laine, poils, corne, etc., par 1 p. acide sulfurique et 4 p. eau. Le produit est repris par 1 p. acide azotique et 3 p. eau, et chauffé légèrement. — L'acide oxalique est solide, cristallisé, sans odeur, d'une saveur très-acide ; il est soluble dans l'eau, vénéneux, et brûle sans laisser de résidu. On l'emploie comme rongeant dans l'impression des tissus. C'est le réactif des sels de chaux, qu'il précipite en blanc. Il sert à enlever les taches d'encre, de rouille, et pour nettoyer le cuivre.

Acide tartrique. $C^8H^4O^{10},2HO$. Faire bouillir de la crême de tartre délayée dans l'eau ; neutraliser avec de la craie, recueillir le précipité ; verser dans le liquide une dissolution de chlorure de calcium ou d'azotate de chaux ; réunir le nouveau précipité au premier ; laver le tout ; puis décomposer avec l'acide sulfurique étendu ; filtrer, concentrer, et laisser cristalliser. — L'acide tartrique est très-soluble. Il brûle sur le charbon avec une odeur de pain grillé. Il a une saveur acide, agréable. C'est un des réactifs de la potasse, qu'il précipite en blanc. On l'emploie dans l'impression des tissus, dans la confiserie, les eaux gazeuses, etc. On fait une bonne limonade avec 1 litre d'eau, 100 gr. de sucre, 2 gr. d'acide tartrique, et un peu d'essence de citron.

Acide citrique. $C^{12}H^5O^{11},3HO$. Extraire le jus de citrons pourris ; laisser reposer ; décanter, faire chauffer avec de la craie, puis avec de l'eau de chaux, jusqu'à neutralisation ; laver à l'eau chaude le précipité, et le faire sécher. Délayer dans l'eau 4 p. du citrate de chaux obtenu, y ajouter peu à peu 3 p. acide sulfurique, étendu de 15 p. eau ; filtrer, puis concentrer le liquide et laisser cristalliser. — On peut extraire l'acide citrique des oranges, groseilles, cerises, prunes, etc. — On l'emploie comme mordant dans la teinture. Plusieurs citrates s'emploient en médecine.

Acide malique. Verser de l'acétate de plomb dans du jus fermenté de pommes, poires, prunes, baies de sorbier, etc.; laisser cristalliser ; puis délayer dans l'eau le malate de plomb obtenu ; y faire arriver un courant d'acide sulfhydrique ; décanter ; concentrer la dissolution, et laisser cristalliser. —

L'acide malique pourrait être employé aux mêmes usages que les acides tartrique et citrique.

Acide tannique. $C^{18}H^{8}O^{12}$. (*Tannin.*) Placer du coton dans la partie inférieure d'une pipette ; puis mettre par-dessus de la noix de galle pulvérisée, et ensuite de l'éther ordinaire, ou parties égales d'éther et d'alcool, et boucher. Placer le tout sur un flacon ; après quelques heures, déboucher un peu, pour laisser écouler le liquide, et évaporer. — On peut encore exprimer la noix de galle qui a séjourné dans l'éther. — Le tannin se trouve aussi dans le cachou, le sumac, le brou de noix, l'écorce de grenade, celle d'arbres, etc. Le tannin est solide, blanc, inodore, soluble dans l'eau, l'alcool et l'éther. Il précipite la gélatine et presque toutes les matières animales. Il existe beaucoup de tannin dans l'écorce du chêne ; c'est pour cela qu'elle est employée dans le *tannage*, c'est-à-dire pour amener les peaux à l'état de *cuir*. On laisse quelque temps les peaux dans un lait de chaux ; puis on enlève, avec un couteau, le poil et l'épiderme ; on les fait gonfler dans l'eau, quelquefois acidulée, ensuite on les place dans des dissolutions de tan, de plus en plus concentrées. — Le perchlorure ou l'acétate de fer, additionnés de sel marin, produisent aussi une sorte de tannage. — On peut encore préparer les peaux avec des dissolutions d'alun et de sel marin. Quelquefois on se borne à corroyer la peau avec de la graisse. — On obtient très-promptement une sorte de cuir en agitant quelques heures, dans l'essence de térébenthine, les peaux épilées. — Le tannate de fer est la base de l'encre noire. On fait bouillir 2 p. noix de galle d'Alep, dans 30 p. eau ; on filtre ; puis on ajoute 1 p. sulfate de fer et 1 p. gomme arabique. Il faut laisser ensuite le liquide longtemps exposé à l'air, l'agiter de temps en temps, puis décanter.

Acide gallique. $C^7H^4O^6$. Faire bouillir du tannin dans de l'eau contenant 1/10 d'acide sulfurique ou chlorhydrique, et laisser cristalliser. — Maintenir plusieurs semaines de la noix de galle pulvérisée et humide, à une température de $+25°$ à $30°$, puis faire bouillir dans l'eau ou l'alcool, filtrer et laisser cristalliser. — L'acide gallique ne précipite pas la gélatine, comme le tannin.

Acide pyrogallique. $C^6H^3O^3$. Chauffer dans un courant d'acide carbonique de l'acide gallique mélangé avec de la pierre-ponce. — Faire sublimer de l'acide gallique ou de la noix de galle pulvérisée au moyen de deux creusets, dont l'un recouvre l'autre. — On emploie l'acide pyrogallique en photographie et pour teindre les cheveux en blond.

Acide formique. $C^2H^2O^4$. Ecraser des fourmis rouges, délayer dans l'eau et distiller. — Mélanger 1 p. sucre, 2 p. acide sulfurique et 4 p. eau, ou bien, 6 p. acide oxalique, 3 p. glycérine, 1 p. eau, et distiller au bain-marie. — C'est un liquide incolore, volatil, d'une odeur piquante, désagréable ; il produit des ampoules sur la peau.— L'*esprit formique* des pharmaciens est de l'alcool distillé sur des fourmis.

Acide benzoïque. (*Fleurs de benjoin*). Chauffer légèrement du benjoin pulvérisé, dans une capsule ou un creuset couvert d'un papier buvard, et surmonté d'un cone en fort papier, où l'acide vient se sublimer en aiguilles blanches. — Faire bouillir du benjoin avec un lait de chaux ; ajouter de l'acide chlorhydrique en excès ; l'acide benzoïque se dépose par le refroidissement, et on le lave à l'eau. — Concentrer de l'urine d'animaux herbivores, ajouter de l'acide chlorhydrique en excès ; puis sécher et sublimer

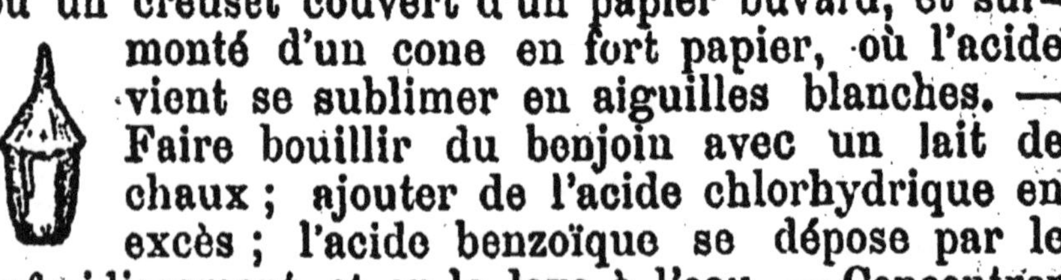

le précipité. — L'acide benzoïque sublimé a une odeur agréable. Lorsqu'on le chauffe avec de l'acide azotique, il devient inodore, sans être autrement altéré. Il se trouve dans la vanille, la sauge, etc. On l'emploie en médecine.

Acide salicylique. Chauffer légèrement de l'huile de gaultheria avec un excès de potasse. Après refroidissement, ajouter de l'acide chlorhydrique, et faire cristalliser plusieurs fois dans l'eau. Divers salicylates s'emploient en médecine.

Acide valérianique. Distiller 1 p. racine de valériane macérée dans 10 p. eau, avec un peu d'acide sulfurique et de bichromate de potasse ; puis recueillir le produit qui surnage. — Les valérianates d'ammoniaque, de quinine, etc., s'emploient en médecine.

Nous parlerons plus loin de quelques acides organiques dont l'étude se rattache à celle de certaines autres substances.

ALCALOÏDES OU ALCALIS ORGANIQUES.

Les alcaloïdes sont des bases salifiables végétales, qui ont de l'analogie avec les bases minérales. Il y en a de solides, liquides, fixes, volatils. Pour extraire les alcaloïdes, on fait ordinairement digérer la plante dans de l'eau contenant un peu d'acide chlorhydrique ou sulfurique ; on décante ; puis on ajoute au liquide de l'ammoniaque ; on traite le précipité par l'acide chlorhydrique étendu, puis on fait cristalliser et on traite par l'alcool bouillant. Si l'alcaloïde est volatil, on distille la plante avec de l'eau contenant de la chaux ou de la potasse. Lorsque le même végétal contient plusieurs bases, on les sépare au moyen de divers procédés. En général es alcaloïdes sont solubles dans l'eau et l'alcool, ont le tannin les précipite. Comme ce sont, pour a plupart, des poisons violents, le tannin peut être mployé comme antidote et quelquefois comme réactif pour les reconnaître. Beaucoup d'alcaloïdes sont employés en médecine.

Quinine. Tasser dans un entonnoir ou une pipette un mélange de chaux et de quinquina jaune pulvérisé ; verser dessus de l'alcool bouillant ; évaporer le liquide, et recueillir le résidu, qui est soluble dans l'éther. — Si on le traite par l'acide sulfurique étendu, et qu'on agite le liquide jaunâtre avec du charbon, on obtient le *sulfate de quinine*, qu'on peut faire cristalliser. — On peut aussi traiter le quinquina jaune par l'acide sulfurique étendu et chaud, filtrer et laisser cristalliser. C'est l'antidote de la fièvre.

Cinchonine. Traiter de même le quinquina gris; le produit est repris par l'éther, qui dissout la quinine, et il reste la cinchonine, qui est aussi un fébrifuge.

Morphine. L'extrait d'opium traité par l'eau est neutralisé avec de la craie ; filtrer, faire bouillir avec du noir d'os ; ajouter de l'acide chlorhydrique, filtrer et évaporer. Ensuite dissoudre les cristaux dans l'eau bouillante ; puis ajouter l'ammoniaque ; dissoudre le précipité dans l'alcool bouillant, et la morphine cristallise par refroidissement. — Le *sulfate*, le *chlorhydrate* et l'*acétate de morphine* s'obtiennent en la dissolvant dans les acides sulfurique, chlorhydrique et acétique étendus, et en faisant cristalliser. Ce sont des narcotiques qu'on emploie en médecine.

Codéine. Evaporer un peu le liquide d'où on a précipité la morphine ; ajouter de la potasse ; puis évaporer à sec ; traiter le résidu par l'éther, et laisser cristalliser. S'emploie en médecine.

On a extrait encore de l'opium la *narcotine*, la *narcéine*, la *thébaïne*, l'*opianine*, la *porphyroxine* et la *papavérine*.

Strychnine. S'extrait de la noix vomique. C'est un poison violent, connu des sauvages de l'Amérique. S'emploie en médecine.

Brucine. On l'extrait de la fausse angusture. L'acide azotique la colore en rouge. Substance très-vénéneuse.

Caféine ou Théine. Verser de l'acétate de plomb dans une décoction de thé ou de café non torréfié; filtrer, puis faire passer, dans le liquide, un courant d'acide sulfhydrique; filtrer et faire cristalliser.

Théobromine. S'extrait de la graine de cacao.

Nicotine. S'extrait du tabac. Son action vénéneuse est comparable à celle de l'acide prussique.

L'*aconitine*, qui s'extrait de l'aconit, l'*atropine*, de la belladone, la *daturine*, de la graine de stramoine, l'*hyosciamine*, de la jusquiame, la *solanine*, des germes de la pomme de terre, la *vératrine*, de la racine d'ellébore blanc, la *conine* ou *conicine*, de la ciguë, sont toutes des poisons. La *colchicine*, extraite de la colchique, la *cyclamine*, du cyclamen, et l'*émétine*, de l'ipécacuanha, sont de violents vomitifs.

CORPS GRAS.

Substances neutres, douces au toucher, non volatiles, insolubles dans l'eau, et brûlant avec fumées. A la température ordinaire, les corps gras peuvent être liquides comme les *huiles*, solides comme le *suif*, ou dans un état intermédiaire, comme l'*axonge* ou *saindoux*. Les corps gras sont insolubles dans l'eau, sur laquelle ils surnagent. Cependant, lorsqu'on agite de l'huile avec de l'eau, il se produit une *émulsion*, sorte de mélange qui ne tarde pas à se décomposer.

Les huiles végétales sont produites en écrasant certains fruits ou graines, soit à froid, soit entre des plaques métalliques chauffées. On nomme *tourteau* ce qui reste des graines après l'extraction de l'huile. Il sert souvent à la nourriture du bétail. — Les huiles *grasses* sont surtout employées pour le graissage et l'éclairage. Elles se conservent longtemps à l'air. Pour épurer les huiles d'éclairage, on les agite avec 1/40 d'acide sulfurique ; on laisse reposer ; on ajoute 1/3 d'eau chaude ; on agite encore ; puis, après quelque temps de repos, on décante et on filtre à travers du coton. On peut encore agiter l'huile avec une bouillie d'argile, qui entraîne les impuretés ; on laisse reposer et on décante. — Les huiles d'olive, navette, noix, œillette, faîne, chenevis, etc., sont employées comme aliments. — Les huiles *siccatives*, c'est-à-dire celles qui sèchent promptement, et principalement l'huile de lin, s'emploient dans la peinture. L'huile de lin devient très-siccative lorsqu'on fait digérer 24 heures, dans un lieu chaud, 10 p. d'huile, avec 1 p. litharge, et 1 p. acétate de plomb, en agitant à diverses reprises. On peut aussi chauffer une heure, au bain-marie, 100 p. d'huile avec 1 p. litharge, et on décante l'huile de lin *cuite*. L'huile mélangée à l'acide oxalique, et maintenue dans un lieu sec et chaud, devient blanche et siccative. — L'*huile de baleine* s'extrait en faisant chauffer, avec un peu d'eau, le lard de ce cétacé. Certaines baleines fournissent jusqu'à 50,000 kil. de lard, qui peuvent donner 100 tonneaux d'huile. On extrait l'huile de divers poissons, morue, raie, hareng, etc., en faisant bouillir dans l'eau, soit les poissons entiers, soit leurs foies seulement. L'*huile de foie de morue*, employée en médecine, contient un peu d'iode, de brôme, de chlore, de soufre et de phosphore. L'*huile de pieds de bœuf* et *de mouton* est aussi extraite par l'ébullition, dans l'eau, des abattis de ces animaux.

Lorsqu'on fait bouillir de la chair de porc, ou celle d'autres animaux carnassiers, on obtient l'*axonge* ou *saindoux*. Si on opère de même avec du gras de bœuf ou de mouton, on obtient le *suif*. On peut aussi traiter les parties grasses par l'acide sulfurique, qui détruit les membranes et en sépare le suif.

L'ébullition des matières grasses n'a lieu que vers 300°. Elles dégagent alors des vapeurs analogues au gaz de l'éclairage, qui prennent feu au contact d'un corps enflammé. Nous avons vu qu'on peut préparer du gaz d'éclairage par la décomposition des huiles. On peut d'ailleurs considérer les lampes, chandelles, bougies, comme des appareils à gaz. La combustion de la mèche, en échauffant le corps gras, produit, peu à peu, les vapeurs gazeuses, qui alimentent la flamme. — Les matières grasses s'altèrent par la chaleur. L'huile de lin ou de noix chauffée fortement, forme une sorte de *glu* ou de *vernis*, lequel, broyé avec du noir de fumée, compose l'encre d'imprimerie. Si on fait bouillir longtemps ce vernis, avec de l'eau additionnée d'acide azotique, on obtient un *caoutchouc artificiel*, élastique, qui se dissout dans le sulfure de carbone, l'essence de térébenthine et les solutions alcalines très-étendues. Il durcit avec la potasse concentrée.

Savons. Dissoudre 1 p. soude caustique dans 16 p. eau ; ajouter 12 p. suif ou huile d'olive ; faire bouillir quelque temps, en remuant constamment, et en remplaçant l'eau qui s'évapore, par de l'eau bouillante ; puis verser peu à peu une solution de 1 p. soude dans 8 p. eau, en continuant l'ébullition, jusqu'à ce qu'un peu de matière refroidie et solidifiée se dissolve dans l'eau distillée. Ajouter alors 2 p. sel marin ; faire encore bouillir un peu ; puis laisser refroidir, décanter, et on obtient le *savon dur*, en masse blanche, analogue au savon de Marseille, qu'on a l'habitude de mélanger avec un savon d'alumine ferrugineuse, pour former la marbrure bleue. — Le *savon à froid* s'obtient en incorporant peu à peu 1 p. lessive de soude à 36°, et 2 p. huile d'amande douce. — Si dans la *saponification* on remplace la soude par la potasse, sans addition de sel marin, on obtient les *savons mous*, *verts* ou *noirs*, qu'on colore ordinairement avec de l'indigo et du cucurma. Si on dissout dans l'eau du savon mou, et qu'on y ajoute du sel marin, il se change en savon dur. — Le *savon médicinal* se prépare à froid, en agitant une lessive de soude avec de l'huile d'amandes douces. On le coule ensuite dans des moules. Il faut plusieurs semaines pour le durcir. — Les *savons de toilette* sont colorés par diverses matières, orseille, curcuma, etc., et parfumés avec des essences. — Le *savon-ponce* ou *savon-sable* est mélangé de grès, sable fin, ou autres poudres siliceuses. — Le savon *transparent* s'obtient en dissolvant 1 p. savon de soude dans 5 p. alcool, et en faisant évaporer. — L'*essence de savon* des parfumeurs, est une dissolution de savon dans l'alcool chaud, à laquelle on ajoute ensuite un peu d'essence odorante.

Les savons ont la propriété de dissoudre les matières grasses, et un grand nombre de substances organiques. C'est pour cela qu'on les emploie dans le blanchissage du linge. L'eau qui contient en dissolution des sels de chaux, comme celle des puits de Paris, est impropre au savonnage, parce qu'il s'y forme des grumeaux de *savon de chaux*, qui est insoluble. De même, lorsqu'on mélange une dissolution d'acétate de plomb avec de l'eau de savon, il s'y forme un précipité de savon de plomb insoluble, qui est mou comme la cire, et fusible. On l'emploie pour préparer certains onguents. — Lorsqu'on chauffe 1 p. savon de suif avec 8 p. alcool, il se forme, en refroidissant, une sorte de gelée, qui, étant mélangée avec de l'ammoniaque et du camphre, forme le *baume Opodeldoch* des pharmaciens. — Lorsqu'on agite un mélange d'huile et d'ammoniaque, on obtient un savon ammoniacal, liquide, laiteux ; c'est un *liniment*, qui s'emploie en médecine, pour les frictions.

Les corps gras sont formés de plusieurs principes qu'on peut isoler par divers procédés.

Glycérine. $C^6H^8O^6$. (*Principe doux des huiles.*) Faire chauffer dans l'eau un mélange de litharge avec de l'huile d'olive, de l'axonge ou du suif, en ajoutant de l'eau chaude, pour remplacer celle qui s'évapore. Il se forme un savon de plomb, l'*emplâtre simple*, des pharmaciens, qu'on lave bien à l'eau bouillante ; la glycérine reste dissoute dans l'eau, qu'on décante lorsqu'elle est refroidie. Si on veut la purifier, on y fait passer un courant d'acide sulfhydrique, on filtre et on évapore. — Verser de l'acide tartrique dans une dissolution de savon mou ; filtrer, évaporer, traiter le résidu par l'alcool ; filtrer et évaporer. — La glycérine est un liquide sirupeux, inflammable, inodore, d'une saveur très-sucrée. Elle se mélange bien avec l'eau, l'alcool, les graisses, les essences, les savons, etc. Elle dissout tous les acides végétaux, et beaucoup de sels minéraux et organiques. On s'en sert pour imprégner les vessies à gaz, pour conserver l'humidité, sucrer et colorer les vins et liqueurs, pour extraire les essences odorantes et les matières colorantes, pour conserver les fruits, etc. On l'emploie dans la parfumerie et en médecine, pour les maladies de la peau, la surdité, etc. Par la chaleur, la glycérine se décompose, et produit l'*acroléine*, qui donne une odeur désagréable aux graisses brûlées incomplètement.

Nitroglycérine. (*Huile explosive, nitroleum.*) Faire concentrer de la glycérine par évaporation. Mélanger à part 1 p. acide azotique et 2 p. acide sulfurique très-concentré. Le tout étant bien refroidi, le mélanger dans un vase entouré d'eau froide, en versant peu à peu la glycérine, et en remuant. Ajouter 7 ou 8 vol. d'eau froide ; puis décanter. Le précipité est un liquide jaune, huileux, soluble dans l'alcool. — La nitroglycérine cristallise par refroidissement. C'est un corps très-dangereux, qui produit une violente détonation par le choc ou l'approche du feu. Elle est 13 fois plus puissante que la poudre à poids égal, et s'emploie pour le travail des mines. C'est un poison violent. — La *dynamite* est une sorte de poudre produite en imbibant 1 p. de sable fin ou brique pilée avec 3 p. de nitroglycérine. Elle est explosive, mais elle ne détone pas par le choc, et se manie assez facilement.

Stéarine et oléine. Chauffer 1 p. de suif avec 10 p. d'essence de térébenthine ou d'alcool ; décanter le liquide un peu chaud ; laisser refroidir, et il se dépose alors de la stéarine solide, qu'on essuie dans du papier à filtre ; par l'évaporation, on obtient l'oléine liquide. — L'huile congelée, étant pressée dans du papier buvard, se divise en deux parties, l'une solide, la stéarine, l'autre liquide, l'oléine, Les corps gras sont solides ou liquides, suivant les proportions de stéarine ou d'oléine qu'ils contiennent.

Margarine et palmitine. Analogues à la stéarine ; s'extraient par les mêmes procédés ; la première de la graisse humaine, du beurre et de l'huile d'olive ; la seconde des huiles de palme et de coco.

Elaïdine. C'est l'oléine des huiles siccatives.

Acide stéarique. $C^{68}H^{68}O^{7}$. Mélanger 2 p. suif et 1 p. d'acide sulfurique ; chauffer avec de l'eau ; l'acide stéarique surnage, et on l'enlève après le refroidissement. — Dissoudre du savon de suif dans l'eau chaude, ajouter du vinaigre jusqu'à cessation du précipité, et recueillir la partie solide, qui surnage, après le refroidissement. — Chauffer du savon de suif avec de l'acide chlorhydrique. — L'acide stéarique fond à 70°. Pour le purifier, on le dissout à chaud dans l'alcool, et il cristallise, par le refroidissement, en lames nacrées ; mais si la dissolution est versée dans l'eau, l'acide se prend en masse brillante. S'emploie pour fabriquer les bougies.

Acide margarique. $C^{34}H^{34}O^{4}$. Chauffer parties égales d'acide stéarique et azotique, et recueillir le produit solide après refroidissement. — Dissoudre du savon d'huile ; ajouter de l'acétate de plomb ; traiter le précipité par l'éther ; puis le chauffer avec de l'acide azotique étendu. — L'acide margarique a beaucoup d'analogie avec le précédent ; il fond à 60° et peut être purifié par cristallisation dans l'alcool.

Acide oléique. $C^{36}H^{34}O^{4}$. Dissoudre du savon d'huile dans l'eau chaude ; ajouter du vinaigre, et recueillir le liquide qui surnage. — Faire digérer, en chauffant légèrement, de l'huile avec de la litharge, exprimer le liquide, délayer la pâte avec de l'éther, filtrer, ajouter au liquide de l'acide chlorhydrique ; chauffer un peu pour évaporer l'éther; puis décanter le liquide huileux qui surnage. — En opérant de même avec une huile siccative, on obtient l'acide *élaïdique*.

Il existe plusieurs autres acides gras, peu importants.

Blanc de baleine. (*Spermacéti*). Sorte de graisse blanche, dure, qu'on peut pulvériser, et dont on extrait, par l'alcool bouillant, la *cétine*, qui cristallise. On emploie le spermacéti pour faire les bougies *diaphanes*, ordinairement colorées en rose ou en bleu. Le *cold-cream* se prépare en dissolvant à chaud 1 p. cire blanche et 2 p. blanc de baleine, dans 8 p. huile d'amandes douces ; on ajoute ensuite peu à peu 8 p. eau de rose, et on agite bien.

Cires. Beaucoup de végétaux produisent des cires. Nous ne parlerons ici que de la cire d'abeilles. On presse les rayons enlevés des ruches pour séparer le miel de la cire ; puis on met les gâteaux dans l'eau bouillante ; après le refroidissement, on enlève la cire qui surnage, on la fond, et lorsqu'elle est solide, on coupe la partie inférieure du pain, qui contient les impuretés ; le reste est la cire *vierge*, ou *jaune*, qui fond vers + 65°. Pour obtenir la *cire blanche*, on expose au soleil la cire brute, étalée en rubans minces, qu'on mouille un peu de temps en temps. — La cire blanche fond vers + 70°. La cire est insoluble dans l'eau, mais très-soluble dans les graisses, les huiles, les essences, la benzine, le sulfure de carbone, etc. — Traitée par l'alcool froid, on extrait de la cire blanche une substance grasse, très-molle, la *céroléine*. L'alcool bouillant sépare la cire en deux principes, l'un insoluble, la *myricine*, l'autre soluble, la *cérine*, qui se précipite par le refroidissement. — La cire est surtout employée à la fabrication des cierges. — Le *cérat* des pharmaciens est un mélange de 1 p. cire blanche et 4 p. huile d'amandes ou d'olives, chauffées ensemble, puis bien battues dans un mortier. — Pour préparer l'*encaustique*, employé au frottement des parquets, on dissout 2 p. savon dans 80 p. eau, on ajoute 8 p. cire jaune, on chauffe, puis on ajoute 1 p. carbonate de potasse, et on laisse refroidir, en remuant fréquemment.

HUILES VOLATILES OU ESSENCES.

On fait ordinairement macérer dans un peu d'eau, quelquefois saturée de sel marin, les substances qui produisent les huiles essentielles, soit fleurs, feuilles, fruits, graines, racines, écorces, etc. On distille, et on obtient un liquide trouble qu'on reçoit ordinairement dans un *récipient florentin*, où l'essence se rassemble dans le col, tandis que l'eau s'écoule par le bec. Nous le remplaçons par un gros tube terminé par un plus petit, qui est recourbé. Bien que les essences soient à peu près insolubles dans l'eau, ce liquide filtré conserve encore l'odeur et la saveur de l'essence avec laquelle il a été en contact. C'est ainsi qu'on obtient accessoirement certaines *eaux de senteurs*. Il faut toujours opérer au bain-marie, et non à feu nu. Pour donner plus de parfum aux eaux de senteur, on peut distiller plusieurs fois avec la même eau, en ajoutant de nouvelles matières. Pour certaines fleurs, telles que le jasmin, la violette, le lis, la tubéreuse, l'iris, etc., la chaleur ne peut être employée, il faut opérer autrement. On met dans un vase des couches alternatives de fleurs fraîches et de coton imprégné de glycérine, d'huile d'olive ou d'œillette. On renouvelle plusieurs fois les fleurs, puis on exprime le liquide, qui a conservé l'odeur, et on l'emploie ainsi dans la parfumerie. On peut aussi faire digérer le coton dans l'alcool, et distiller.

Le parfum des fleurs paraît être distinct des essences. Pour l'extraire, on met des fleurs et de l'éther dans un appareil de déplacement ou une pipette ; après quelques minutes de contact, on laisse écouler l'éther, puis on le distille ou on l'évapore, et il reste une matière d'abord pâteuse, puis sèche, qui se conserve à l'air sans s'altérer, et peut se dissoudre dans l'alcool, les huiles, les graisses, en leur donnant l'odeur de la fleur originaire.

La propriété des essences de se dissoudre dans l'alcool est utilisée pour fabriquer certaines liqueurs sans distillation, et à froid. Pour cela, on dissout 1 p. sucre dans 2 p. eau ; puis on ajoute à 2 p. alcool quelques gouttes d'une essence de menthe, anis, orange, rose, cumin, etc., et on mélange le tout. Certaines eaux de toilette, spiritueuses, sont aussi préparées avec des essences et de l'alcool, comme nous l'avons vu pour l'*eau de Cologne*. En général, les essences se dissolvent aussi dans l'éther, les huiles, la glycérine, l'acide acétique, et sont fort employées dans la parfumerie. L'acide azotique exerce sur la plupart des essences une action très-vive, et détermine souvent leur inflammation.

Essence de térébenthine. $C^{20}H^{16}$. Distiller aux 3/4 1 p. térébenthine, ou galipot, avec 4 p. eau, et recueillir la couche supérieure du liquide distillé. Si on verse dans l'eau froide le restant du mélange chauffé, on obtient une résine, la *colophane*, ou *arcanson*, qui se solidifie. Pour purifier l'essence, on la fait digérer avec de la chaux vive, puis on décante et on distille. — Si on fait passer lentement un courant de gaz acide chlorhydrique sec, dans un vase refroidi, contenant de l'essence de térébenthine, il se forme deux *camphres artificiels*, l'un solide, le *camphilène*, l'autre liquide, le *térébylène*. — Lorsqu'on distille un mélange de 15 p. essence de térébenthine et 1 p. acide sulfurique, le produit volatil obtenu est le *térébène*, et il reste dans la cornue du *colophène*. Si on verse de l'acide azotique dans l'essence de térébenthine, elle s'enflamme. L'essence de térébenthine est très-employée pour la peinture. Elle dissout les résines, les matières grasses, le soufre, le phosphore, etc.

Essences de citron, d'orange, de cédrat. $C^{10}H^{8}$. Râper la superficie du fruit, puis, la comprimer dans une toile, et distiller le liquide ; ces essences sont très-employées par les confiseurs ; mais souvent les bonbons parfumés se fabriquent en broyant le zeste de citron ou d'orange avec du sucre, et en le faisant fondre à chaud.

Essence de néroli. Distiller des fleurs d'oranger avec de l'eau salée ; recueillir l'essence qui surnage le produit distillé, et le reste est de l'*eau de fleurs d'oranger*.

On opère de même pour obtenir les essences de rose, lavande, camomille, mélilot, reine-des-prés, sureau, giroflée, acacia, seringa, muguet, tilleul, etc. — D'autres fois on distille les feuilles ou les tiges, comme pour obtenir les essences de menthe, mélisse, romarin, thym, feuilles d'oranger, basilic, sauge, marjolaine, absinthe, rue, cannelle, cajeput, etc. On extrait encore des fruits et graines écrasées et distillées avec de l'eau, les essences d'anis, cumin, fenouil, genièvre, girofle, persil, moutarde, poivre, ail, raifort, ciguë, etc. Quelquefois le même végétal donne des produits différents, suivant qu'on distille la feuille, le fruit, la racine, le bois ou l'écorce, par exemple l'eucalyptus.

Essence d'amandes amères. $C^{14}H^6O^2$. Faire macérer, avec de l'eau, des amandes amères écrasées, dont on a retiré l'huile fixe par la pression, et distiller. L'essence gagne le fond de l'eau ; décanter, mélanger avec de la chaux et du sulfate de fer, puis distiller, en faisant passer à travers du chlorure de calcium, qui retient l'eau. — On peut aussi distiller avec de l'eau les feuilles de laurier-cerise. — L'essence d'amandes amères contient de l'acide cyanhydrique ; elle est, par conséquent, très-vénéneuse. On la remplace dans la parfumerie par la nitrobenzine, ou *essence de Mirbane*.

Camphre. $C^{22}H^{16}O^2$. S'extrait, par la distillation, de certains lauriers. On peut aussi le tirer de différentes plantes, menthe, lavande, etc. Pour le purifier, on le mélange avec un peu de chaux et de charbon animal, puis on le sublime. — Le camphre est blanc, solide, odorant, volatil. Il se pulvérise facilement avec un pilon humecté d'alcool. Il brûle avec une flamme fumeuse. Le camphre est très-soluble dans l'alcool, l'éther, les huiles, les essences, divers acides, mais très peu dans l'eau. Dissout dans l'alcool, le camphre s'en précipite en poudre, lorsqu'on vient à y ajouter de l'eau. Le camphre déposé en fragments sur l'eau, sans avoir été touché avec les doigts, est animé d'un mouvement de rotation, qui cesse aussitôt qu'on touche le liquide avec le doigt. Si on met du camphre dans une soucoupe recouverte d'un verre, et qu'on chauffe légèrement par-dessous, le camphre se volatilise, et cristallise sur les parois du verre. Lorsqu'on distille 1 p. camphre avec 5 p. argile, on obtient le camphre à l'état huileux. Le camphre est surtout employé en médecine. Traité à chaud par l'acide azotique, puis par le carbonate de potasse, il produit l'*acide camphorique*.

RÉSINES, BAUMES, GOMMES-RÉSINES.

Sucs qui s'écoulent naturellement, ou par incisions faites à certains végétaux, et qui se solidifient plus ou moins. On les extrait quelquefois par la chaleur.

RÉSINES. Lorsqu'on enflamme l'extrémité d'un morceau de bois résineux, la chaleur fait couler une partie de la résine, qu'on peut condenser dans l'eau froide. Les résines sont ordinairement mélangées avec des essences, qu'on en sépare par la distillation ; ce sont les *térébenthines*. La plus commune est le *galipot*, qui s'écoule des pins, sapins, mélèzes, etc. — Pour extraire certaines résines rares, on fait digérer le bois dans l'alcool ; la résine se dissout, et il suffit d'ajouter de l'eau pour la précipiter. — Les résines sont insolubles dans l'eau, solubles dans l'alcool, l'éther, les essences, souvent dans les huiles et les alcalis ; elles ne s'altèrent pas à l'air, et brûlent avec une flamme fumeuse. Elles s'électrisent par le frottement. Chauffées avec l'acide sulfurique ou azotique, elles produisent le *tannin artificiel*. Dissoutes dans l'alcool, froid, chaud, concentré, étendu, dans l'éther, les essences, la benzine, le sulfure de carbone, les acides, etc., les résines se décomposent en plusieurs substances différentes ; on peut donc les considérer comme des mélanges.

Résine des conifères. $C^{40}H^{30}O^{4}$. (*Colophane, résine, brai sec, arcanson.*) Substance solide, qui reste après l'extraction de l'essence de térébenthine. En Russie où cette substance abonde, on l'emploie pour produire du gaz d'éclairage, en faisant arriver peu à peu la résine fondue sur du charbon ou du coke chauffés au rouge. — Le *savon de résine* n'étant pas précipité par le sel marin, peut être employé avec l'eau de mer. On fait une lessive avec 1 p. de soude caustique et 7 p. eau ; on ajoute 4 p. suif, 2 p. huile, et 1 p. arcanson ; puis on fait bouillir. — Lorsqu'on fait brûler l'arcanson pendant quelques temps, on obtient, après l'avoir éteint, une substance noire, très-tenace, la *poix*, qu'on emploie à divers usages. On peut aussi l'obtenir en chauffant le goudron de bois. Si on surmonte d'un cone en papier, ouvert en haut et posé obliquement, le vase où brûle de la résine, on obtient du *noir de fumée*, qui se produit en grand d'une manière analogue. — Lorsqu'on distille à sec la résine, il se produit d'abord des gaz combustibles, puis une huile volatile, la *vive essence*, qui remplace l'essence de térébenthine dans certaines applications ; ensuite une *huile lourde*, qu'on emploie dans la peinture, et il reste, dans le récipient, un mélange de goudron et de matière grasse. La substance qui bout vers 240° s'emploie pour faire des encres d'imprimerie. Mélangée avec de la chaux, elle produit la *graisse noire* du commerce, qu'on emploie pour graisser les roues et les machines.

Laque. (*Gomme-laque.*) Se trouve dans le commerce, en bâtons, en grains et en écaille. Cette dernière est la plus pure. Elle sert surtout pour fabriquer la belle *cire à cacheter*. On fond ensemble 10 p. gomme-laque, 5 p. térébenthine, et on ajoute, en mélangeant, 5 p. vermillon et 3 p. craie en poudre fine. On peut encore employer 4 p. gomme-laque, 1 p. térébenthine, 3 p. vermillon, et un peu de baume du Pérou. On coule dans des moules, ou sur une plaque, sur laquelle on a disposé des règles humides, pour obtenir des bâtons carrés, et on leur donne du brillant en les approchant du feu. On peut aussi colorer la cire avec du noir de fumée, de l'ocre rouge, de l'outremer, du vert-de-gris, du jaune de chrome, etc. — Les cires communes sont formées de parties égales de colophane et de craie. — La gomme-laque sert à recoller les fragments de faïence et de porcelaine préalablement chauffés.

Copal. On en compte plusieurs variétés, entre autres

les résines *animé* et *courbaril*. Le copal est un peu soluble dans l'alcool ; mais il se dissout dans l'éther, les essences de térébenthine et de cajeput. — S'emploie pour la fabrication des vernis.

Succin. (*Ambre*, *karabé*, *électrum*.) Résine fossile, d'un beau jaune, possédant à un haut point le pouvoir d'attirer les corps légers, lorsqu'elle a été électrisée par frottement sur une étoffe de laine. On taille l'ambre pour fabriquer divers objets, colliers, bracelets, etc. Le succin naturel, qui est peu soluble dans l'alcool et l'éther, le devient davantage après avoir été fondu, et se dissout aussi dans l'huile. L'ambre a de l'analogie avec le copal ; mais il ne se dissout pas dans l'huile de cajeput. — Par la distillation, on obtient l'*huile de succin*, volatile, à odeur désagréable, et qu'on emploie en médecine. — Le succin traité par l'acide azotique, ou distillé avec de la potasse et un peu d'eau, produit du camphre. Chauffé avec de l'acide sulfurique, on obtient l'*acide succinique*, qui est volatil.

Nous mentionnerons encore la *sandaraque* et le *mastic*, qui servent à fabriquer des vernis ; le *gaïac* et le *jalap*, qu'on emploie en médecine ; l'*élémi*, le *brai*, le *sang-dragon*, la *résine Dammar*.

BAUMES. Composés odorants qu'on peut regarder comme des solutions de résines dans des essences.

Baume de copahu. Liquide jaune, transparent, à odeur et saveur désagréables. Il se dissout dans l'alcool, et s'emploie en médecine.

Baume du Pérou. Se trouve sous deux états, liquide et solide, et possède une odeur forte et suave.

Baume de tolu. Substance jaune, d'une odeur agréable.

Benjoin. Contient diverses résines. Son odeur ressemble à celle de la vanille, ce qui le fait employer dans la parfumerie. Dissout dans l'alcool, il forme le *lait virginal*, qui se colore en blanc par l'addition de l'eau. — Nous avons parlé ailleurs de l'acide benzoïque. (V. p. 248.)

GOMMES-RÉSINES. Sucs desséchés, extraits de diverses plantes, et formés d'un mélange de gommes et de résines. L'eau ni l'alcool ne les dissolvent complètement, l'eau n'agissant que sur la substance gommeuse, et l'alcool que sur la résine. Il est donc facile d'en séparer deux principes, en les traitant d'abord par l'eau, puis par l'alcool.

Oliban. (*Encens.*) Substance qui répand une odeur très-agréable, lorsqu'on la brûle ; c'est ce qui la fait employer pour parfumer les églises.

Gomme-gutte. Cette substance délayée dans l'eau produit une matière colorante jaune, qu'on emploie en peinture. Elle colore l'alcool en rouge.

Opium. S'extrait des têtes de pavot. Ses propriétés narcotiques le font employer en médecine. (V. p. 250.)

Nous mentionnerons encore l'*assa-fœtida*, l'*aloès*, la *myrrhe*, le *galbanum*, l'*oppoponax*, le *lactucarium*, la *scamonée*, le *sagapenum*, etc.

Vernis. Dissolutions de matières résineuses dans un liquide volatil ; étendues en couches minces, le liquide s'évapore, et il reste sur les objets une couche de résine transparente, qui les rend imperméables à l'air et à l'eau. Avant de vernir les corps perméables, le bois, le plâtre, par exemple, on les couvre ordinairement d'une couche de peinture, ou d'huile de lin, qui empêche la substance poreuse d'absorber le vernis. Les papiers doivent être couverts d'une solution de gomme ou de gélatine, avant l'application du vernis. — On fabrique facilement, à froid, un vernis, en mettant dans un flacon 16 p. alcool ou essence de térébenthine, 4 p. colophane, sandaraque, copal, ou autre résine, en poudre, et 1 p. sable fin, verre ou grès, pulvérisés, dont on a enlevé les poussières. On maintient quelque temps une température modérée, en agitant de temps n temps, et au bout de quelques jours, la résine st dissoute, et le vernis prêt à être employé. Le able, grès, ou verre pilés, sont destinés à empêcher l'agglomération de la résine. Le plus ordinairement les vernis se font à chaud. Les vernis *gras* contiennent de l'huile de lin cuite. Nous allons indiquer la composition de quelques vernis. Il faudra ajouter le grès ou verre pilé, pour faciliter la dissolution.

Vernis pour meubles. Gomme-laque 1 p., alcool 4, et un peu d'huile de lin. — *Vernis des peintres.* Térébenthine 3, essence 8 ; ou galipot 1, essence 2. —*Pour tableaux.* Essence de térébenthine 24, mastic 8, térébenthine 1. — *Pour bois et métaux.* Essence 25, succin 4, élémi 2, colophane 1. — *Pour graver sur verre.* Essence 1, térébenthine 2, mastic 4. — *Pour graver sur cuivre.* Cire 3, mastic 2, asphalte 1.

Caoutchouc. C^8H^7. Suc desséché de certains arbres exotiques. Pur, il est incolore, transparent, très-élastique, surtout lorsqu'il a été amolli par une légère chaleur. Si on distille le caoutchouc à sec, on obtient une huile complexe, qui peut être employée à le dissoudre. Beaucoup d'autres substances ont la même propriété. Ainsi, l'éther, les essences, le chloroforme, la benzine, et surtout le sulfure de carbone, sont employés à faire des dissolutions de caoutchouc, pour rendre les étoffes imperméables. Le caoutchouc qui a séjourné dans le pétrole, s'y gonfle, et peut ensuite être pétri. Si alors on le fond avec de la gomme-laque, on obtient la *glu marine,* colle très-adhésive, qu'on emploie à chaud. On peut employer 1 p. caoutchouc, 8 p. pétrole, et 16 p. gomme-laque. — Le caoutchouc fondu devient noir et gluant ; mélangé avec de l'huile, il peut servir à graisser les machines. — Nous avons vu comment on fabrique les tubes. L'élasticité du caoutchouc naturel varie beaucoup avec la température ; elle est presque nulle par le froid. On obvie à cet inconvénient par la *vulcanisation* ou *sulfuration.* On plonge le caoutchouc dans du soufre en fusion, ou dans une solution de polysulfure de potassium dans l'eau, ou encore dans du bromure ou du chlorure de soufre dissout par le sulfure de carbone. — 5 p. de caoutchouc et 1 p. de soufre, chauffés à 150°, produisent le *caoutchouc durci*, qui a de l'analogie avec la corne, et sert à faire des peignes et différents objets. On durcit aussi le caoutchouc en le mélangeant avec de la magnésie, du brai sec, de la chaux, etc.

Gutta-percha. C^8H^7. Suc desséché, qui a beaucoup d'analogie avec le caoutchouc ; mais la gutta est plus dure et peu élastique. Elle se ramollit dans l'eau chaude, sans s'y dissoudre, et forme alors une pâte, qu'on peut mouler de toutes manières, et qui durcit par le refroidissement. La gutta-percha n'est pas attaquée par les alcalis ni par les acides, excepté les acides azotique, sulfurique et chlorhydrique concentrés. Elle se dissout dans les mêmes liquides que le caoutchouc. Lorsqu'on verse la dissolution sur une plaque de verre, le dissolvant s'évapore, et il reste une feuille mince de gutta. — En distillant la gutta-percha, on obtient des huiles très-inflammables. — Soumise à l'action de l'alcool bouillant, puis froid, la gutta se sépare en trois principes, qu'on a nommés : *gutta*, *fluavile*, *albane*. La gutta-percha durcit par l'addition du soufre. Nous avons déjà indiqué l'emploi de la gutta-percha pour les ustensiles de chimie (v. p. 75).

PRODUITS PYROGÉNÉS.

L'action de la chaleur sur le bois et la houille, à l'abri de l'air, produit de nombreuses substances, dont nous mentionnerons les plus intéressantes. — Lorsqu'on distille des copeaux de bois sec, il se produit un mélange gazeux qui peut être enflammé, du goudron de bois, de l'acide pyroligneux, de l'esprit de bois, de la créosote, de la paraffine, etc. Dans la distillation de la houille, on obtient aussi du goudron ou *coaltar*, et divers produits : benzine, naphtaline, aniline, acide phénique, de l'eau de goudron, dont on extrait les sels ammoniacaux, etc.

Goudron. Insoluble dans l'eau, qui peut servir à l'isoler. On l'emploie dans certaines peintures. Le mélange de 1 p. goudron et 5 p. plâtre sert à panser les plaies, à conserver les peaux, etc. Lorsqu'on distille le goudron, on obtient une huile volatile, et il reste pour résidu du *brai gras*, et de la *poix*, sorte de bitume. Le goudron et la poix ont de l'analogie avec les résines.

Créosote. $C^8H^{16}O^4$. Agiter avec de la potasse le produit le plus lourd de la distillation du goudron de bois; décanter le produit jaune qui surnage, puis distiller. — La créosote dégage une forte odeur de fumée ; c'est un caustique puissant, qu'on affaiblit avec de l'alcool pour traiter les ulcères, les maux de dents et arrêter les hémorrhagies. La créosote empêche les fermentations.

Paraffine. C^4H^4. Se dépose dans l'huile de goudron très-refroidie. — Chauffer à 100° 4 p. huile lourde de goudron avec 1 p. acide sulfurique; et recueillir le produit solide qui surnage après refroidissement. Pour purifier, traiter à chaud, par l'alcool, et laisser cristalliser. Il reste dans l'alcool un produit huileux, l'*eupione*. — La paraffine est une substance blanche, nacrée, translucide, qui a de l'analogie avec la cire. Elle est soluble dans l'éther, la benzine, les essences, et inattaquable par l'eau, le chlore, les acides, les alcalis. La paraffine fond à + 43° et peut être chauffée à + 300°, sans s'altérer. Elle sert, comme le blanc de baleine, à fabriquer des bougies de luxe, translucides, quelquefois colorées en rose ou en bleu.

Acide phénique. $C^{12}H^6O^2$. (*Phénol, acide carbolique, huile légère de houille.*) Distiller de l'huile brute de goudron de houille, et ne recueillir que ce qui passe entre + 150° et 200°. Ajouter de la potasse; séparer le produit solide (*phénate de potasse*), qu'on dissout dans l'eau ; enlever la couche huileuse, qui surnage ; neutraliser le reste du liquide avec l'acide chlorhydrique ; il s'en sépare alors une autre couche huileuse, qui est l'acide phénique ; décanter et distiller avec du chlorure de calcium. — Agiter de l'huile de goudron avec une dissolution de soude concentrée, il se forme du *phénate de soude* (*phénol sodique*), dont on sépare l'huile non dissoute ; puis opérer comme précédemment. — L'acide phénique est solide, blanc, cristallin, soluble dans l'alcool, l'éther et l'acide acétique, peu soluble dans l'eau. Il fond à + 35° et bout à 190°. Il brûle avec une flamme fumeuse. On l'emploie en médecine.

BITUMES. Substances combustibles très-riches en carbone et en hydrogène. Le plus important est l'*asphalte*, ou *bitume de Judée*, qu'on trouve en quantité considérable, mélangé avec du sable ou du calcaire. Dans cet état, il est surtout employé pour le pavage. Traité par l'eau bouillante, la partie qui surnage est une sorte de résine, *le brai gras*. Lorsqu'on distille les schistes bitumineux, on obtient du goudron et des essences, dont les unes peuvent servir à graisser les machines, et les autres sont employées pour l'éclairage, sous le nom d'*huile de schiste*.

Naphte et pétrole. Liquides d'une composition très-complexe, et qui diffère suivant les lieux d'extraction. Par la distillation, on en extrait des produits qui sont connus sous diverses désignations, suivant leurs points d'ébullition et d'inflammation ; les éthers, les esprits, les essences, les huiles légères, les huiles d'éclairage, les huiles lourdes. L'*huile de pétrole*, pour l'éclairage, peut être purifiée et épurée, en foulant dans le liquide de l'air à forte pression, qui fait évaporer les parties odorantes et légères, trop facilement inflammables. La bonne huile d'éclairage ne doit pas s'enflammer à l'approche d'une allumette embrasée. Employé en frictions, le pétrole guérit la gale.

Naphtaline. $C^{20}H^{8}$. Distiller du goudron de gaz ; les premiers produits refroidis donnent des cristaux, qu'on purifie par sublimation, dans un creuset ou une capsule couverte d'une toile et surmontée d'un cône en carton ou d'un entonnoir, comme lorsqu'on opère avec l'acide benzoïque. Chauffer ensuite le sublimé avec de l'alcool, et laisser cristalliser. — On trouve beaucoup de naphtaline dans les tuyaux de condensation des usines à gaz ; il suffit de la purifier comme précédemment. — La naphtaline a quelque analogie avec le camphre. Elle fond à + 79° et bout à 217°. Elle se dissout dans l'alcool, l'éther, les essences, et brûle avec une flamme fumeuse.

Benzine. $C^{12}H^{6}$ (*Benzole, benzène, phène, essence de goudron.*) Distiller l'huile de goudron, et recueillir ce qui passe entre 80° et 90° ; sous l'action d'un réfrigérant, on sépare des autres produits la benzine congelée, et on la distille avec de la chaux vive. — Agiter l'huile de goudron avec de l'acide sulfurique étendu, puis avec une faible dissolution de potasse ; laver à l'eau, décanter, puis distiller comme précédemment. — On obtient la benzine pure, en faisant passer des vapeurs d'acide benzoïque dans un tube de fer rougi, ou bien en distillant un mélange de 3 p. chaux éteinte avec 1 p. acide benzoïque. — La benzine pure est un liquide incolore, à odeur éthérée et saveur sucrée, insoluble dans l'eau, soluble dans l'éther, l'alcool, l'esprit de bois, l'acide sulfurique concentré. Elle bout à + 85°, se congèle à 0°, et brûle avec fumée. La benzine dissout le soufre, le phosphore, l'iode, le caoutchouc, la gutta-percha, la cire, les corps gras, etc. Elle fait périr les insectes et guérit la gale. On l'emploie en peinture. Le produit qu'on trouve dans le commerce, sous le nom de benzine pour enlever les taches, est un mélange qui ne contient parfois pas de benzine véritable.

Nitrobenzine. $C^{12}H^{5}(AzO^{4})$. (*Nitrobenzole, essence de mirbane, essence d'amandes amères.*) Chauffer de l'acide azotique fumant ; ajouter peu à peu de la benzine en volume égal ; laisser reposer, puis ajouter de l'eau, décanter, et le produit huileux, qu'on trouve au fond du vase, est lavé au carbonate de soude étendu, puis à l'eau. — Mettre 1 p. benzine pure dans une capsule, plongée dans l'eau froide ; ajouter peu à peu 2 p. acide azotique fumant, et terminer comme précédemment. — Verser en même temps, par petits filets, des volumes égaux de benzine et d'acide azotique concentré, qui viennent se réunir dans un tube refroidi par un courant d'eau. — La nitrobenzine est un liquide jaune, d'une saveur sucrée ; son odeur forte d'essence d'amandes amères la fait employer dans la parfumerie. Elle distille à + 213°. Afin d'éviter les détonations, il est bon alors de la mélanger avec de la chaux. A + 3° elle cristallise en aiguilles. Elle est peu soluble dans l'eau, mais se dissout bien dans l'éther, l'alcool, les acides sulfurique et azotique concentrés.

Aniline. $C^{12}H^{7}Az$. (*Phénylamine*). Dissoudre de la nitrobenzine dans l'alcool ; faire passer dans le liquide un courant de gaz ammoniaque et un courant d'acide sulfhydrique ; l'aniline vient surnager. — Chauffer à 160° de la nitrobenzine avec du sulfure de carbone. — Chauffer de l'acide phénique saturé d'ammoniaque. — Distiller à sec de l'indigo traité par la potasse caustique. — L'aniline pure est incolore ; mais le produit ordinaire est brun, d'une odeur vineuse, peu soluble dans l'eau, très-soluble dans l'alcool et l'éther. Elle sert à préparer un grand nombre de matières colorantes, dont nous parlerons plus loin.

MATIÈRES COLORANTES OU TINCTORIALES.

Les matières *tinctoriales* sont celles qui peuvent se fixer sur les tissus ou les fibres textiles. L'eau dissout beaucoup de matières colorantes. Quelques-unes ne se dissolvent que dans l'alcool, l'éther, les essences ; aucune ne résiste à l'action d'un mélange de parties égales d'acide sulfurique et d'alcool. On peut donc par ce moyen enlever les principes colorants des matières qui les contiennent. La glycérine, la gélatine, les gommes, les mucilages, la saponaire, le savon, la dextrine, le glucose, etc., permettent de dissoudre dans l'eau bouillante des substances colorantes pour l'extraction desquelles on emploie ordinairement l'alcool. Les substances colorantes organiques, filtrées à travers le charbon animal, sont absorbées, mais non détruites. Le liquide passe incolore, mais on peut reprendre la matière colorante au charbon, en le soumettant à l'action d'un liquide alcalin, de l'alcool, ou d'un mélange d'ammoniaque et d'alcool. Nous avons déjà parlé de l'action du chlore et de l'acide sulfureux sur les matières colorantes organiques. Elles peuvent être modifiées fortement par divers agents chimiques. Le sel marin précipite les matières colorantes. — Les *laques* sont des couleurs insolubles qu'on obtient de la manière suivante : faire bouillir 1 p. garance, campêche, cochenille, etc., dans 15 p. eau ; ajouter de l'alun, puis du carbonate de soude, jusqu'à cessation du précipité, et l'alumine entraîne avec elle la substance colorante.

Indigo. $C^{16}H^{5}AzO^{2}$. S'extrait de diverses plantes exotiques. On en obtient aussi au moyen du pastel.

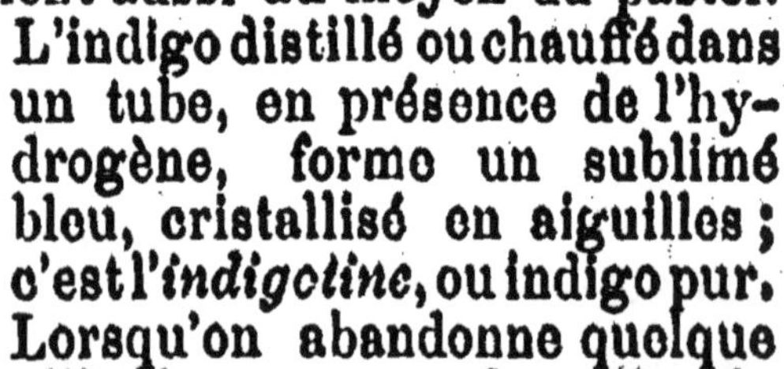

L'indigo distillé ou chauffé dans un tube, en présence de l'hydrogène, forme un sublimé bleu, cristallisé en aiguilles ; c'est l'*indigotine*, ou indigo pur. Lorsqu'on abandonne quelque temps parties égales d'indigo en poudre, d'acide sulfurique de Nordhausen et d'acide sulfurique ordinaire, on obtient le *sulfate d'indigo*, qui est ensuite chauffé au bain-marie, et étendu d'eau. En ajoutant de la potasse on obtient le *sulfindigotate de*

potasse, ou *carmin d'indigo*, qui se dissout dans l'eau. — Lorsqu'on mélange 1 p. indigo, 2 p. sulfate de fer, 6 p. chaux éteinte, et qu'on maintient le tout dans un flacon rempli d'eau et bien bouché, l'indigo se décolore et se transforme en *indigo blanc*, qui est soluble dans l'eau. La solution décolorée, exposée à l'air, reprend sa couleur bleue, et si, dans le liquide décoloré, on plonge un morceau d'étoffe, il se colore ensuite à l'air. — L'indigo traité par l'acide azotique produit l'*isatine*, substance cristalline rouge. — Par divers traitements, on a pu isoler de l'indigo plusieurs autres produits.

Orseille, tournesol. S'obtiennent en faisant macérer certains lichens dans un mélange d'urine et de chaux ou d'ammoniaque. On fait ainsi une pâte dont on obtient diverses couleurs. Nous avons vu (p. 59) que le tournesol se colore en bleu par les alcalis et en rouge par les acides, ce qui le fait employer fréquemment en chimie comme réactif.

Campêche. L'*extrait de campêche*, comme la plupart des extraits colorants, se prépare en faisant bouillir le bois dans l'eau ; on filtre, et on évapore à sec le résidu. Lorsqu'on agite cet extrait avec de l'éther ou de l'alcool chaud, on obtient, par le refroidissement, des cristaux d'*hématine*, ou *hématoxyline*, qui colorent l'eau chaude en jaune, et que l'ammoniaque fait passer au rouge intense. Avec le campêche, on teint en noir, bleu, violet, rouge.

Garance. On a extrait plusieurs substances de la racine de garance pulvérisée. L'eau froide en dissout une matière jaune, la *xanthine*. Lorsqu'on fait bouillir 2 p. poudre de garance avec 1 p. acide sulfurique, on obtient la *garancine*, qu'il faut bien laver. On l'emploie dans la teinture. — Si on fait bouillir la garancine avec de l'alcool, et qu'on filtre à chaud, l'*alizarine* cristallise en aiguilles par le refroidissement. L'extrait alcoolique de garancine, en poudre fine, peut aussi être étendu sur un papier à filtre, et placé sur une plaque de tôle chauffée légèrement, sans altérer le papier, qui s'imprègne d'une substance brune, et il reste dessus de l'alizarine orangée. Elle se dissout dans l'alcool et l'éther, en les colorant en jaune. Dissoute dans les alcalis, on obtient une couleur pourpre foncée. — Lorsqu'on fait bouillir avec une dissolution concentrée d'alun, de la garance, d'abord lavée à l'eau froide, et qu'on ajoute de l'acide sulfurique au liquide filtré à froid, il se forme un précipité de *purpurine*, qu'on fait cristalliser dans l'alcool.

Bois de Brésil, Fernambouc, Sainte-Marthe. Contiennent une substance rouge, la *brésiline*, qui devient pourpre sous l'influence de l'air et de l'ammoniaque.

Cochenille, kermès. Insectes desséchés, qui ont entre eux une certaine analogie. — Si on fait plusieurs fois passer de l'éther sur de la cochenille pulvérisée, et qu'on la traite ensuite par l'alcool bouillant, on obtient la *carmine*, qui cristallise. Lorsqu'on fait bouillir 10 p. cochenille dans 500 p. eau, et qu'on y ajoute ensuite 1 p. alun, le liquide filtré à chaud laisse déposer au bout de quelque temps du *carmin*, qui se dissout bien dans l'ammoniaque. Si on verse dans une dissolution de cochenille filtrée de l'alun et du carbonate de soude, on obtient la *laque carminée.*

Gaude. Réséda sauvage. Lorsqu'on traite cette substance par l'alcool, et qu'on ajoute de l'eau à la solution, on précipite la *lutéoline*, qu'on peut faire cristalliser par sublimation.

Bois jaune. Traité par l'eau, on en extrait la *morine*, qui peut cristalliser.

Curcuma. En traitant cette racine par l'alcool, et reprenant l'extrait par l'éther, on obtient la *curcumine*, résine jaune, qui brunit au contact des alcalis et redevient jaune par les acides. Elle se fixe sur les tissus sans mordants. Le papier teint au curcuma remplace quelquefois le tournesol.

Rocou. Lorsqu'on fait bouillir le rocou dans l'eau, on dissout l'*orelline*, substance jaune ; mais si le rocou est bouilli dans une faible solution de carbonate de soude, il se dissout une matière rouge, la *bixine*, qu'on peut précipiter en ajoutant de l'acide acétique. La bixine est colorée en bleu par l'acide sulfurique concentré.

Safran. En traitant les étamines du safran par l'eau chaude, et en reprenant l'extrait par l'alcool, on dissout une matière rouge, la *safranine*, qui est très-soluble dans l'eau.

Lo-kao ou vert de Chine. Verser de l'eau de chaux limpide dans une décoction froide de nerprun. Exposé à l'air et à la lumière le liquide verdit.

Nous mentionnerons encore le *carthame* ou *safranum*, substance colorante rouge ; le *fustet*, le *quercitron*, les *graines de Perse* et d'*Avignon*, qui produisent des matières colorantes jaunes.

MATIÈRES COLORANTES ARTIFICIELLES.

Rouge d'aniline, fuchsine. (*Solférino*, *roséine*, *azaléine*.) Chauffer 10 p. aniline avec 7 p. azotate de mercure pulvérisé. Il se précipite du mercure, et il se produit de la fuchsine en pâte, qui se dissout dans l'eau bouillante, l'alcool, l'esprit de bois et l'ammoniaque.

Violet d'aniline. (*Indisine*, *violine*, *rosalane*, *magenta*, etc.) Faire bouillir 1 p. aniline, 2 p. acide sulfurique et 20 p. eau ; ajouter de l'acide plombique humide, et filtrer à chaud, après ébullition. — On peut encore traiter l'aniline par le chlore, les chlorures, le chlorate de potasse, l'acide azotique, le permanganate de potasse. — L'indisine se dissout dans l'alcool, l'esprit de bois, la glycérine, l'acide acétique et l'eau bouillante.

Bleu d'aniline. (*Azuline, cyaniline, bleu-lumière.*) Traiter la fuchsine par l'aldéhyde à froid.

On a encore obtenu, au moyen de l'aniline, des couleurs jaune, brune, verte, noire, etc.

Acide rosolique. (*Coralline.*) Chauffer un mélange de 3 p. acide phénique, 2 p. acide sulfurique et 2 p. acide oxalique ; verser dans l'eau froide, puis laver la matière à l'eau bouillante. Refroidie, desséchée et pulvérisée, la coralline rouge, est très-soluble dans l'alcool, l'éther, les alcalis, peu soluble dans l'eau.

Acide picrique. (*Acide carbazotique, amer de Welter.*) Chauffer 7 p. acide azotique avec 1 p. huile de goudron de houille. Lorsqu'il ne se dégage plus de vapeurs rouges, laisser refroidir, et recueillir des cristaux jaunes. — L'acide picrique est volatil, soluble dans l'eau, l'alcool et l'éther. Il précipite en jaune les sels de potasse, en formant du picrate de potasse, substance très-explosible, comme la plupart des picrates. Ceux de plomb et de mercure s'emploient comme fulminates. — La dissolution jaune d'acide picrique devient rouge foncé, lorsqu'on la chauffe avec du cyanure de potassium,

Alloxane. Dans un vase entouré d'eau froide, verser 1 p. d'acide azotique, et y ajouter peu à peu, en remuant, 16 p. acide urique sec. Abandonner au frais 24 heures ; dissoudre les cristaux dans l'eau chaude, et laisser cristalliser. — La dissolution d'alloxane colore la laine en rouge pourpre. Un peu de sulfate de fer produit une teinte bleue.

Murexide. (*Acide purpurique.*) Verser peu à peu, du carbonate d'ammoniaque dans une solution bouillante d'alloxane, jusqu'à ce que le liquide ait une odeur ammoniacale. Alors, il se colore en rouge, et cristallise. — La murexide est insoluble dans l'alcool et l'éther. On l'emploie en teinture, mais elle donne des couleurs peu solides.

On a obtenu, au moyen de la naphtaline, des

couleurs jaunes, rouges, violettes, bleues, brunes, etc., qui sont peu employées dans l'industrie.

TEINTURE. En général, pour que les étoffes ou les fibres soient aptes à s'unir aux matières colorantes, il faut qu'elles soient dépouillées des substances étrangères qui y adhèrent. Les étoffes neuves de lin, chanvre et coton sont lavées à l'eau, puis bouillies dans un lait de chaux, lavées avec une faible dissolution de soude, et ensuite à l'eau. Pour blanchir les tissus, on les expose parfois à l'action lente du soleil ; mais, pour opérer plus rapidement, on les plonge dans une dissolution d'hypochlorite de chaux, puis on lave à l'eau. La laine brute, qui contient les 2/3 de son poids de matières étrangères, doit être *désuintée ;* elle est d'abord lavée à l'eau froide, puis à chaud avec de l'urine putréfiée ou de la soude, et ensuite savonnée. — La soie brute peut être seulement lavée à l'eau de savon chaude. C'est ce qu'on nomme *décreuser*. — Le chlore attaquant la laine et la soie, on les blanchit avec l'acide sulfureux, le plus souvent en exposant les tissus humides aux vapeurs du soufre brûlé.

La plupart des matières colorantes ne peuvent se combiner avec les fibres qu'au moyen de *mordants*, qui servent à fixer les couleurs. Les uns ne modifient pas les teintes, comme l'alun, l'acétate d'alumine, les chlorures d'étain ; d'autres, comme la noix de galle, l'acétate et le sulfate de fer, les sels de cuivre, plomb, chrome, manganèse, produisent des couleurs particulières. Le mordant le plus employé est l'alun. — Pour *aluner* les étoffes de coton, lin ou chanvre, on les tient plongées quelque temps dans une dissolution un peu chaude d'alun, 1 p. et eau 40 à 60 p. La soie s'alune à froid, et pour la laine, on emploie la dissolution bouillante. Pour teindre la soie et la laine, souvent le mordant est mêlé à la dissolution colorante. Après le mordançage, les tissus de coton, lin, chanvre, sont égouttés, plongés dans des dissolutions de matières colorantes, à des températures variées, suivant les cas : puis égouttés, et lavés à l'eau. Quelquefois on *avive* la teinte, au moyen de certains bains, avant de laver. Les procédés et les substances employés sont très-variés, et on divise les teintes, suivant leur solidité, en grand teint, bon teint et petit teint. Nous allons indiquer quelques couleurs.

Noirs. On mordance à l'acétate de fer, puis on plonge dans un bain de galle et de campêche ou de sumac. — On passe successivement dans l'indigo, le sumac et campêche, et le sulfate de fer. Un dernier bain faible, tiède, de bichromate de potasse donne de la solidité.

Bleus. L'indigo est seul bon teint. Le *bleu de France* s'obtient en trempant l'étoffe dans un bain de fer, puis de prussiate jaune de potasse. — Le prussiate rouge et le perchlorure de fer produisent le *bleu Raymond*. — Bain de sufate de cuivre, puis de campêche, etc.

Rouges. La garance est très-solide et produit *le rouge turc* ou d'*Andrinople*. — La cochenille produit l'*écarlate*. — Kermès, carthame, campêche, orseille, santal, etc.

Jaunes. Gaude, quercitron, bois jaune, fustet, graine d'Avignon, rocou, etc. — Le *jaune au chromate* s'obtient en plongeant dans l'acétate ou l'azotate de plomb, puis dans le chromate ou bichromate de potasse, et quelquefois ensuite dans l'acide acétique étendu. — Pour teindre à l'accide picrique, on plonge la soie ou la laine, et on sèche, sans laver. Pour le coton, il faut aluner à l'avance.

Les violets, amaranthe, lilas, verts, bruns, marron, etc., s'obtiennent par des combinaisons de teintes.

Aux diverses couleurs que nous venons de mentionner, il faut ajouter celles provenant de l'aniline. Il suffit généralement d'y plonger à chaud la laine et la soie, sans mordancer ; le coton doit être d'abord trempé dans une dissolution de 1 p. albumine dans 20 p. eau. On reproche à ces couleurs de s'altérer au soleil.

SUBSTANCES D'ORIGINE ANIMALE.

Corps humain. En moyenne le corps d'un homme contient 50 kilog. d'eau, 7 kilog. d'osséine ou gélatine, 6 kilog. graisse, 4 kilog. fibrine et albumine, 3 kilog. 500 gr. phosphate et carbonate de chaux, ainsi que divers sels. Le tout est composé des éléments suivants ; environ 50 kilog. ou 35 mètres cubes d'oxygène, 6 kilog. ou 70 mètres cubes d'hydrogène, 2 kilog. 150 gr. ou 1 mètre 1/2 d'azote, 10 kilog. carbone, 1 kilog. calcium, 670 gr. phosphore, 30 gr. chlore, soufre, fluor, silicium, sodium, magnésium, fer.

Chair musculaire ou viande. Principalement formée de fibres qui sont entourées d'un tissu cellulaire gélatineux, de nerfs, de veines, etc. 100 p. de chair humaine contiennent en moyenne 73 p. eau, 17 p. fibres musculaires, 4 p. graisse ; le tout desséché se réduit à 25 p. et par la combustion à 6 p. de cendres, principalement formées de phosphates alcalins.

Lorsqu'on pétrit avec de l'eau de la viande hachée, et qu'on l'exprime ensuite dans un linge, on obtient un liquide rougeâtre, contenant les parties solubles de la viande. Si on chauffe un peu, il se forme à la surface une écume d'*albumine*, qu'on peut séparer. En chauffant davantage, le liquide se trouble, par suite de la coagulation de la *fibrine* et des *globules du sang*. Après filtration, on a un liquide acide, contenant un grand nombre de corps en dissolution ; acides lactique, phosphorique, phosphates de potasse, de soude, de magnésie, etc. ; puis, diverses substances cristallisables ; la *créatine*, la *créatinine*, l'*inosite*. — Si on évapore le liquide à sec, on obtient une matière brune qu'il suffit de chauffer avec de l'eau, pour obtenir du bouillon.

Sang. Le sang des insectes et des mollusques est diversement coloré. Il est rouge chez les autres animaux et chez l'homme. Le corps humain contient en moyenne 15 kilog. de sang, dans lequel se trouvent 2 gr. de fer. Le sang des artères est plus clair que celui des veines. Examiné au microscope, à l'état frais, il a l'apparence d'un liquide jaunâtre, dans lequel nagent des *globules* rouges applatis. Le sang a une odeur fade et une saveur un peu salée. Il contient de 7 à 8/10es d'eau. Exposé à l'air, il s'altère promptement, et se divise alors en deux parties, le *serum*, formé d'eau et d'*albumine*, qu'on peut faire coaguler par la chaleur ; puis le *caillot*, qui comprend la *fibrine*, matière fibreuse qui se coagule spontanément, et les *globules sanguins*, composés de *globuline*, qui a de l'analogie avec l'albumine, d'*hématosine*, substance colorante du sang, contenant elle-même du fer. Le sang contient, en outre, des acides, des bases, des sels, et, entre autres du sel marin, puis une matière grasse, du *chyle*, de l'*urée*, etc. — Lorsqu'on bat fortement le sang frais, il ne se coagule plus ; mais la *fibrine* se sépare à l'état de filaments, qu'on peut isoler, puis laver. Si on lave le caillot sur un linge, les globules sont entraînés par l'eau; il reste la fibrine. — Pour extraire l'albumine du sang, on le laisse reposer de 12 à 15 heures ; on décante le serum et on l'expose à l'air ; puis on sépare du dépôt et on dessèche le liquide à une température de 30 à 40°.

Os. Principalement formés d'environ 2/3 de phosphate et de carbonate de chaux, 1/3 d'osséine et de matière grasse. Les *cornes de cerf*, les *dents* et l'*ivoire* ont une composition analogue. Les *coquillages*, le *corail*, sont surtout formés de carbonate de chaux. Les os, étant soumis à la combustion, au contact de l'air, produisent une substance blanche, friable, principalement formée de phosphate de chaux, et contenant un peu de carbonate de chaux, de sel marin, de phosphate de magnésie et de fluorure de calcium. — Les os chauffés à l'abri de l'air, par exemple, dans un creuset couvert, donnent un produit noir, le *charbon d'os*, ou *noir animal*, qu'on emploie pour décolorer les liquides. Si on le fait digérer dans l'acide chlorhydrique étendu, l'acide dissout les sels minéraux, et, après l'avoir lavé sur un filtre, il ne reste guère que le 10e du volume primitif ; mais le charbon qui reste a une puissance décolorante dix fois plus grande. (V. p. 137.)

Gélatine. Les os qu'on fait séjourner dans l'acide chlorhydrique étendu conservent leur forme, mais ils deviennent mous, flexibles, translucides ; les sels minéraux sont dissous, et il ne reste que l'*osséine*, cartilage qui devient cassant, lorsqu'on le fait dessécher. Si, au contraire, on le lave et on le fait bouillir dans l'eau, on obtient la *gélatine* ou *colle-forte*. — On peut aussi faire bouillir dans l'eau des peaux, cartilages, tendons, etc. ; on laisse refroidir, puis on coupe la masse en tranches qu'on fait sécher à l'air. — La gélatine se gonfle dans l'eau froide et se dissout dans l'eau chaude. On l'emploie dans cet état pour coller les objets. Si on ajoute du tannin dans une dissolution de gélatine, elle se précipite. C'est sur cette propriété qu'est basé le tannage des peaux. (V. p. 247.) — La gélatine, bouillie avec la potasse produit le *glycocolle*, ou *sucre de gélatine*. — La matière gélatineuse provenant des cartilages naturels est la *chondrine*. — L'*ichthyocolle*, ou *colle de poisson*, se tire de la vésicule aérienne de certains poissons.

Tissus cornés. La *peau*, les *cheveux*, la *laine*, les *poils*, *plumes*, *ongles*, *cornes*, *sabots*, *écailles de reptiles*, etc., sont des substances azotées contenant un peu de soufre et beaucoup d'autres corps. Elles se dissolvent dans les alcalis concentrés. — La matière fibreuse de la soie est la *fibroïne*, ou *séricine*, qu'on trouve aussi dans les *fils de la*

Vierge et les *toiles d'araignée*. Les éponges contiennent aussi une sorte de fibroïne, la *spongine*. La soie se dissout dans le chlorure de zinc et l'ammoniure de cuivre. — Les écailles de poissons se rapprochent des os par leur composition. Les écailles d'ablette contiennent une matière à éclat métallique, qui, étant traitée par l'ammoniaque, sert à fabriquer les perles fausses.

Œufs. La coquille est formée presque exclusivement de carbonate de chaux, qui se dissout dans l'acide chlorhydrique. Le *blanc d'œuf* forme les 2/3 du contenu ; c'est de l'*albumine* étendue d'eau ; qui se trouve aussi dans le sang ; elle se coagule par la chaleur. On l'emploie pour la clarification des liquides, parce qu'elle entraîne les matières en suspension. Le *jaune d'œuf* est formé d'eau, d'albumine et de graisse phosphorée.

Lait. Sorte d'émulsion naturelle. Abandonné pendant quelque temps, il se forme à la surface du lait une couche de *crème*. Si on ajoute au lait écrémé un peu de vinaigre, il se coagule, en le chauffant légèrement ; c'est ce qu'on nomme le *lait caillé ;* en le versant alors sur un filtre, le *petit-lait*, ou *serum*, s'écoule, et il reste le *caseum*, ce qui constitue les fromages maigres, lorsque le lait a été écrémé, et les fromages gras, dans le cas contraire. Le lait contient 8 à 9/10es d'eau. Il arrive souvent, surtout en été, que le lait *tourne* ou se coagule, lorsqu'on le chauffe. On empêche ce résultat en ajoutant au lait, avant l'ébullition, 1 à 3/100 de bicarbonate de soude, ce qui n'a aucun inconvénient. En ajoutant une plus grande proportion de ce sel, on peut même rétablir à l'état liquide le lait tout à fait caillé. — Lorsqu'on lave sur un filtre le *caseum* ou *caillé*, d'abord à l'eau, puis à l'alcool, on obtient la *caséine*, qui a de l'analogie avec l'albumine coagulée. Dissoute dans de l'eau saturée de borax, elle forme une colle très-adhésive. — La crème, fortement agitée, à 14° ou 15°, perd peu à peu son aspect ; il s'y forme des grumeaux de *beurre*, qui s'agglomèrent, et il reste un liquide qu'on nomme *babeurre*, ou lait de beurre. Lorsqu'on chauffe le lait, il se forme à la surface une pellicule, principalement formée de caséine, qui se reproduit à mesure qu'on l'enlève. Elle sert à former la *frangipane*, en y ajoutant des amandes écrasées, du sucre, et de l'eau de fleurs d'oranger. — Nous avons parlé ailleurs du *sucre de lait* (V. p. 234).

Acide lactique. $C^{10}H^{10}O^{10},2HO$. Mélanger 40 p. lait écrémé, 5 p. amidon, sucre ou glucose, et 4 p. craie. Après quelques jours, faire concentrer et laisser cristalliser. Le lactate de chaux obtenu étant dissout dans l'eau chaude, ajouter de l'acide oxalique, filtrer et évaporer. — Exposer à l'air chaud de l'empois d'amidon, qui se liquéfie, et il s'y forme de l'acide lactique. — C'est un liquide sirupeux, incolore. — Le *lactate de fer* s'emploie pour guérir la chlorose.

Acide butyrique. $C^{8}H^{7},3HO$. Laisser fermenter un mélange de sucre, de fécule, de fromage blanc et de craie. — C'est un liquide incolore, très-acide, et qui produit des ampoules sur la peau.

Bile. Liquide sécrété par le foie. La bile est plus pesante que l'eau, mais elle peut s'y mélanger par l'agitation, et la rend mousseuse. Elle a la propriété de dissoudre les graisses ; c'est ce qui fait employer le *fiel de bœuf* pour dégraisser les étoffes que le savon pourrait altérer. Dissoute dans l'eau avec un peu d'acide sulfurique, elle se colore en violet par l'addition de quelques traces de sucre ou d'amidon. La bile contient 9/10es d'eau, un grand nombre de sels, et diverses substances, parmi lesquelles une graisse particulière, la *cholestérine*. C'est cette matière qui constitue principalement les *calculs*, ou pierres, qu'on trouve souvent dans la vésicule du fiel. Les *bézoards* sont des calculs provenant de l'estomac de certains ruminants.

Urine. Liquide sécrété par les reins. Certains aliments, notamment les asperges, donnent à l'urine une odeur très-désagréable. Par contre, la térébenthine, et certaines résines, lui communiquent une odeur de violette. L'urine humaine, fraîche et normale, est jaune, transparente, salée, et rougit le tournesol. Elle le bleuit au bout de quelques jours. L'urine est composée d'environ 9/10es d'eau et de divers sels et substances solides, notamment l'*urée*. Exposée à l'air, l'urine se putréfie, par suite de la transformation de l'urée en carbonate d'ammoniaque. C'est la présence des sels ammoniacaux qui fait employer l'urine putréfiée dans l'industrie, pour le dégraissage des laines, la teinture, etc. — Les personnes atteintes de la diabète produisent une grande quantité d'urine, quelquefois plus de 30 litres par jour. Ces urines ne contiennent ni sels, ni urée, et ne se putréfient pas ; mais elles peuvent fermenter, par suite du sucre qu'elles renferment, et produire de l'alcool par la distillation. Nous avons vu comment on extrait le sucre de ces urines. — L'urine des herbivores est alcaline, et contient de l'acide *hippurique*. — Certaines maladies développent dans la vessie des *calculs*, *pierres* ou *gravellès*, dont la composition est variable. Les plus nombreux sont formés d'acide urique et de certains phosphates,

Urée. $C^2H^4Az^2O^2$. (*Cyanate d'ammoniaque.*) Lorsqu'on verse de l'acide azotique dans de l'urine fraîche, concentrée et filtrée, il se forme de l'azotate d'urée, qui se dissout dans l'eau chaude. Agiter avec du noir animal, filtrer, neutraliser avec du carbonate de potasse ou de baryte, évaporer ; puis traiter par l'alcool chaud, qui ne dissout que l'urée et évaporer. — On obtient aussi de l'urée artificielle. Chauffer au rouge sombre, sur une plaque de fer 14 p. prussiate jaune de potasse, et 7 p. peroxyde de manganèse, en remuant pendant que le mélange brûle. Après extinction, traiter par l'eau froide, con centrer, ajouter 10 p. sulfate d'ammoniaque sec, décanter, évaporer à sec et traiter par l'alcool. — L'urée, très-soluble dans l'éther et l'alcool bouillant, peut se combiner avec les acides, les oxydes et les sels.

Acide urique. $C^{10}H^4Az^4O^6$. Verser dans l'urine de l'acide acétique, et recueillir le précipité après quelque temps. — L'urine contient 1/2000e d'acide urique, qui ne se dissout que dans 4700 fois son poids d'eau. — Faire bouillir la partie blanche des déjections d'oiseaux avec de l'eau et de la potasse, puis ajouter de l'acide sulfurique étendu, et laver le précipité. — On peut traiter de même le guano, et ajouter au liquide de l'acide chlorhydrique. — L'acide urique est solide. Il forme des *urates* avec les métaux. On l'emploie pour produire l'alloxane et la murexide, dont nous avons parlé. (V. p. 276.)

Acide hyppurique. C^{18},H^8AzO^5,HO. Evaporer aux 9/10es de l'urine d'un animal herbivore, cheval, bœuf, etc. ; filtrer, ajouter de l'acide chlorhydrique, et recueillir les cristaux en aiguilles.

Excréments. Résultat de la transformation que subissent les aliments par l'action de la digestion. Les excréments humains contiennent en moyenne 3/4 d'eau ; le reste est composé d'aliments non digérés, graisse, bile, mucilage, phosphate de chaux, etc. On trouve aussi dans les excréments humains un principe particulier l'*excrétine*, qui contient du soufre. — Après la combustion des excréments, les cendres contiennent principalement de la potasse, de l'acide phosphorique, de la chaux, de l'acide sulfurique, de la magnésie, etc. — Les excréments des herbivores contiennent aussi 3/4 d'eau ; le reste est principalement de la cellulose. — Les *gaz intestinaux* sont formés surtout d'azote, d'hydrogène, d'acide carbonique, et un peu d'acide sulfhydrique. On peut désinfecter les fosses d'aisances par divers moyens. 2 à 3 kil. de sulfate de fer ou sulfate de zinc mélangés à 100 kil. de matières ; 12 à 15 kil.

de plâtre cuit, mêlé à 2 kil. de charbon ; de l'acide chlorhydrique avec du silicate de soude, de la suie, etc. Ces divers modes peuvent être combinés, et les matières traitées forment un excellent engrais.

Sécrétions diverses. La *salive*, les *larmes*, la *sueur*, sont des liquides formés d'eau, de *mucus* et de divers sels. Le *suc gastrique* de l'estomac contient la *pepsine*, *gastérase* ou *chymosine*, qui est le principe digestif des aliments azotés. Le *suc pancréatique*, sécrété par le pancréas, est un liquide alcalin, qui dissout la graisse des aliments, afin qu'elle puisse passer dans la circulation. Le *suc intestinal* a de l'analogie avec les précédents ; il transforme l'amidon en sucre. Le *chyle* est alcalin et se coagule comme le sang. La *lymphe* a du rapport avec le chyle. La *synovie*, qui entoure les articulations, contient de la graisse, de l'albumine, et divers sels.

Digestion. Elle a pour effet de séparer dans les aliments les substances qui peuvent se transformer en sang, de celles qui ne le peuvent pas. C'est une action à la fois chimique et physiologique. Les aliments broyés avec les dents, et délayés par la salive, forment le *bol alimentaire*. Ils traversent l'*œsophage*, arrivent dans l'estomac, qui les digère en partie, par l'action du suc gastrique et de la *pepsine* ; puis se rendent dans le *duodenum*, où ils trouvent le suc pancréatique, qui agit sur les corps gras, et la bile, dont l'action est peu connue. Les aliments se trouvent alors à l'état de *chyme* ; ils arrivent dans l'*intestin grêle*, et, sous l'influence du suc intestinal, les matières féculentes sont transformées en sucre. Les vaisseaux *chylifères* extraient alors du chyme un liquide blanc, le *chyle*, qui est transmis au système veineux. Le chyme, dépouillé de ses parties nutritives, pénètre ensuite dans le gros intestin, puis il est expulsé par le *rectum*.

Putréfaction. Les substances végétales et animales s'altèrent spontanément, en certaines circonstances, au contact de l'air, de l'humidité et d'une température moyenne. Les matières en putréfaction dégagent une odeur fétide, surtout lorsqu'elles sont azotées. Il se forme alors de l'eau, de l'acide carbonique, de l'ammoniaque. On attribue surtout l'odeur des cadavres à des composés sulfurés et phosphorés. Les *feux follets* paraissent être formés principalement d'hydrogène phosphoré. Les produits de la putréfaction retournent tous à la terre ; même ceux qui sont gazeux, car ils sont entraînés par les pluies. On nomme *humus*, ou *terreau*, le résultat de la décomposition des matières végétales à la surface du sol. Il contient un principe particulier, l'*ulmine*, *acide humique* ou *ulmique*. Mais lorsque cette décomposition a lieu sous terre, elle produit les *lignites*, la *houille*, l'*anthracite*, les *bitumes*, etc. La putréfaction sous l'eau produit la *tourbe*, qui renferme beaucoup d'acide *ulmique*.

Conservation des substances organiques. Nous avons vu que les matières organiques ne peuvent s'altérer qu'avec la présence de l'air, de l'eau, d'un ferment et d'une certaine chaleur. Il suffit donc, pour conserver les substances alimentaires, de les soustraire à une ou plusieurs de ces causes de décomposition. On peut y parvenir par différents procédés ; les mettre à l'abri de l'air, les dessécher, les garder dans une glacière, les soumettre à l'action de divers agents *anti-septiques* : le sel marin, l'acide acétique, l'oxyde de carbone, la fumée, l'acétate de soude, le sucre, l'alcool, le charbon, etc., qui détruisent les ferments. — La viande peut se conserver dans l'eau contenant 1/100 d'acide sulfurique. Il faut la bien laver avant de la faire cuire. Les cadavres et les pièces anatomiques peuvent se conserver avec les bichlorures de mercure et d'étain, l'acide arsénieux, les sels d'alumine, le chlorure de zinc, les sulfates de fer, de zinc, de soude, l'acide cyanhydrique ; le sulfite de soude, l'éther, le chloroforme, le tannin, etc. — Il est bon de dire que toutes ces substances n'ont pas toutes la même efficacité pour l'*embaumement*.

ANALYSE CHIMIQUE

On nomme *analyse qualitative* l'opération qui a pour but de reconnaître la nature des corps qui constituent une substance, et *analyse quantitative*, celle qui détermine la quantité de chaque composant. L'*analyse inorganique* a rapport aux substances minérales, et l'*analyse organique* aux substances végétales et animales. L'analyse organique se divise en *analyse immédiate*, qui sépare les corps en composés moins compliqués, et en *analyse élémentaire*, qui recherche les éléments. On opère soit par la chaleur, ou *voie sèche*, soit par les réactifs, ou *voie humide*. L'analyse se fait en séparant les corps les uns des autres, ou en formant des combinaisons nouvelles. Ainsi, le cuivre peut être reconnu, soit en le précipitant à l'état métallique, au moyen d'une lame de fer plongée dans sa dissolution, soit en y versant de l'ammoniaque qui la colore en bleu. — En général, les analyses sont des opérations difficiles, nécessitant des connaissances chimiques assez étendues, et l'habitude des manipulations. Il faut employer des réactifs aussi purs que possible, et de l'eau distillée ; ne perdre aucune parcelle des corps étudiés ; les peser exactement, les examiner, et généralement les diviser avant de les dissoudre. — On étudie les caractères des sels pour reconnaître d'abord le genre, constitué par l'acide, ensuite, l'espèce, déterminée par la base. Il est bon de s'exercer d'abord sur des corps dont la composition est connue à l'avance. Nous ne pourrons donner que des généralités, et indiquer quelques exemples.

On examine d'abord si le corps est cristallisé, dur, compact, pulvérulent, etc. Beaucoup de corps sont reconnaissables à la couleur ; les sels de cuivre sont verts ou bleus, ceux de cobalt sont rouges ou roses, etc. L'odeur est caractéristique pour l'arsenic, le phosphore, l'ammoniaque, le chlore, le cyanogène, l'alcool, l'éther, le camphre, etc. La saveur doit être consultée avec prudence, le plus grand nombre des sels métalliques étant vénéneux. Les sels de plomb sont sucrés, ceux de magnésie amers, etc. En chauffant le corps on voit s'il est volatil, fusible, odorant, inflammable; s'il dégage de l'eau, on l'examine avec le papier de tournesol. Si le corps noircit, en chauffant, il contient des matières organiques. Les oxalates et les formiates sont les seuls sels organiques qui ne noircissent pas.

S'il est soluble dans l'eau, on n'a pas à chercher sa nature parmi les sels insolubles. Traités par l'acide sulfurique, chaud, froid, concentré, étendu, les carbonates font effervescence; on reconnaît, aux vapeurs qui se dégagent, les azotates, azotites, acétates, chlorures, cyanures, bromures, iodures, fluorures, chlorates, etc. — Parmi les sels inorganiques, les azotites, chlorates, iodates, bromates, etc., déflagrent sur les charbons ardents. D'autres sont sans action, les carbonates, chlorures, bromures, iodures, fluorures, cyanures, sulfites, borates, sulfates, phosphates, chromates, etc. Quelques-uns décrépitent par suite de l'eau interposée entre les cristaux, quoiqu'ils soient anhydres.

Chauffés au chalumeau, les sulfures dégagent de l'acide sulfureux ; les composés arsénieux répandent une odeur d'ail ; les azotates fusent sur le charbon, et dégagent des vapeurs rouges, lorsqu'on les chauffe avec du cuivre ; les sulfates, chauffés avec du carbonate de soude, se changent en sulfures, etc. — Au chalumeau, ou mélangés avec l'alcool enflammé, on obtient des flammes colorées, très-diversement, avec différents sels. Potasse, flamme violette ; soude, jaune ; strontiane, chaux, magnésie, rouge ; baryte, vert-bleu ; cuivre, vert ; antimoine, plomb, arsenic, bleu ; etc. — Le borax, fondu au chalumeau, forme un verre bleu, lorsqu'on le mélange avec du cobalt ou du cuivre ; jaune, avec le plomb, le chrome, l'antimoine, le fer, le nickel, l'urane ; violet, avec le manganèse ; vert, avec le chrome, etc. — Les colorations ont souvent des teintes très-différentes, suivant qu'on opère à la flamme d'oxydation ou de réduction (v. p. 41), suivant aussi que les sels sont à base de protoxyde ou de bioxyde, et les moindres traces de certains corps suffisent pour modifier les teintes. Nous regrettons de ne pouvoir entrer ici dans l'étude des essais au chamuleau, qui nécessiterait d'assez longs détails.

L'examen préliminaire est souvent suffisant pour caractériser le corps. Dans le cas contraire, on le dissout dans l'eau, ou, s'il ne se peut, dans un acide, pour l'amener à l'état de sel (v. p. 148). Nous rappellerons que les sels insolubles deviennent solubles en les faisant bouillir avec du carbonate de soude. — Lorsque la substance est liquide, on l'examine avec le papier de tournesol, et on en fait évaporer quelques gouttes pour voir si elle contient des corps fixes. Le tournesol bleuit, ou reste neutre, s'il n'y a que des sels alcalins ; il rougit avec les autres bases. La dissolution doit être soumise à l'action des réactifs d'une manière méthodique. On divise le liquide en deux parties, l'une pour rechercher les bases, l'autre les acides. Ces deux parties sont elles-mêmes divisées dans plusieurs verres, ou, plus économiquement, sur des lames de verre, comme nous l'avons indiqué (p. 61), pour être mises en contact avec les réactifs.

On peut réunir les principaux genres salins en 6 groupes, qu'on classe avec 4 réactifs : 1° arséniates, arsénites, borates, carbonates, chromates, fluorures, oxalates, phosphates, silicates, sulfates ; — 2° bromures, chlorures, cyanures, iodures, sulfures ; — 3° azotates, chlorates ; — 4° citrates, malates, tartrates ; — 5° benzoates, succinates ; — 6° acétates, formiates.

Le *chlorure de baryum* précipite les premiers sels, et non les deuxièmes et troisièmes. — L'*azotate d'argent* précipite les deuxièmes, et non les troisièmes. — Le *chlorure de calcium* précipite les quatrièmes. — Le *perchlorure de fer* précipite les cinquièmes, et non les sixièmes. — L'essai par l'azotate d'argent doit être fait dans un liquide acide, les autres dans des liquides neutres (v. p. 59).

Les bases, ou oxydes, peuvent aussi se diviser en 6 groupes, caractérisés par 4 réactifs : 1° ammoniaque, potassium, sodium ; — 2° baryum, calcium, magnésium, strontium ; — 3° aluminium, chrome ; — 4° cobalt, fer, manganèse, nickel, zinc ; — 5° argent, bismuth, cadmium, cuivre, mercure, plomb ; — 6° antimoine, arsenic, étain, or, platine.

Le *sulfhydrate d'ammoniaque*, en petite quantité, ne précipite pas les premiers et deuxièmes sels ; il précipite les autres. — Le *carbonate de soude* précipite les deuxièmes et non les premiers. — Le *cyanoferrure de potassium*, précipite de suite les quatrièmes, et, après quelque temps, les troisièmes. — L'*acide sulfhydrique*, dans le liquide acidulé, précipite les cinquièmes et sixièmes. — Le précipité des sixièmes est insoluble dans le *sulfhydrate d'ammoniaque*, et non celui des cinquièmes.

Lorsqu'on est arrivé à classer les sels, on détermine leur nature spéciale par les caractères particuliers des acides et des bases.

Voici quelques caractères pour déterminer la nature de l'acide dans les principaux genres de sels en dissolution, et les réactifs qu'on emploie :

Acétates, acide sulfurique chaud, dégagent l'odeur du vinaigre.

Arséniates, azotate d'argent, précipité rouge; brûlé, odeur d'ail.
Arsénites, id. jaune clair.
Azotates, sulfate de fer et acide sulfurique, coloration rouge.
Azotites, acide sulfurique, vapeurs rouges.
Borates, azotate d'argent, précipité blanc, soluble dans l'eau.
Bromates, chauffés avec acide sulfurique, odeur de brome.
Bromures, azotate d'argent, préc. blanc; chlore, dég. de brome.
Carbonates, efferves. avec tous les acides, sans dég. de vapeurs.
Chlorates, acide sulfurique, vapeurs jaunes de chlore.
Chlorites, azotate d'argent, précipité jaune pâle.
Chromates, azotate de plomb, précipité jaune.
Chlorures, azotate d'argent, pr. blanc, sol. dans l'ammoniaque.
Cyanures, acide sulfurique, odeur d'amandes amères.
Fluorures, acide sulfurique concentré, vapeurs attaquant le verre.
Formiates, acide sulfurique étendu, dégag. d'acide formique.
Hypochlorites, avec les acides, dégag. d'acide hypochloreux.
Hyposulfites, ac. sulfurique, dég. d'ac. sulfureux, dépôt de soufre.
Iodures, acide azotique et empois d'amidon, coloration bleue.
Oxalates, précipité blanc par les sels de chaux, zinc, plomb.
Phosphates, sels de baryte, pr. blanc; azotate d'argent, pr. jaune.
Phosphites, acétate de plomb, pr. blanc, sol. dans l'ac. acétique.
Sulfates, sels de baryte, pr. blanc, insoluble dans l'acide azotique.
Sulfites, acide sulfurique, dégagement d'acide sulfureux.
Sulfures, ac. chlor., dég. d'ac. sulfhyd.; sels de plomb, pr. noir.
Tannates, gélatine, précipité blanc; sels de fer, précipité noir.
Tartrates, potasse pr. blanc; carbonisés, odeur de pain grillé.

Pour la recherche des bases ou oxydes, on acidule un peu la dissolution avant l'addition des réactifs.

Alumine, ammoniaque, précipité blanc insoluble.
Sels alcalins, pas de précipité par l'acide sulfhydrique.
— *ammoniacaux*, triturés avec la chaux, dég. d'ammoniaque.
Antimoine, acide sulfhydrique, pr. orangé, sol. dans ac. chlorhyd.
Argent, acide chlorhydrique, pr. blanc, insol. dans ac. azotique.
Baryte, acide sulfurique, précipité blanc, insol. dans ac. azotique.
Bismuth, carbonate d'ammoniaque ou eau en excès, pr. blanc.
Cadmium, ac. sulfhyd., pr. jaune; potasse et ammon. pr. blanc.
Chaux, ac. oxal., pr. blanc; alcool et ac. sulfurique, pr. blanc.
Chrome, sels de baryte et de plomb, pr. jaune; d'argent, pr. rouge.
Cobalt, potasse, ammon., pr. bleu; cyanofer. de potas., pr. vert.
Cuivre, ac. sulfhyd., pr. noir; ammon., pr. ou coloration bleue.
Etain, ac. sulfhyd., pr. brun ou jaune; lame de zinc, pr. d'ét.
Fer, cyanoferrure de potassium, pr. bleu; potasse pr. brun.

Magnésie, potasse, pr. blanc ; acide oxalique, pas de précipité.
Manganèse, potasse sulfhydrate d'ammon., préc. rose chair.
Mercure, acide sulfhydrique, pr. noir ; cuivre, pr. de mercure.
Nickel, potasse, ammoniaque, carbonates alcalins, pr. vert.
Or, ammon., pr. jaune; pot., pr. rouge; sulfate de fer, pr. d'or.
Platine, potasse et amm., pr. vert ou jaune; ac. sulfhyd., pr. noir.
Plomb, ac. sulfurique, pr. blanc ; ac. sulfhyd., pr. noir ; chromate de potasse, pr. jaune.
Potasse, ac. tartrique, pr. blanc; bichlorure de platine, p. jaune.
Soude, acides sulfhydrique, tartrique, pas de précipité.
Strontiane, potasse, acide sulfurique, sulfate de chaux, pr. blanc.
Urane, ammoniaque ou carbonates alcalins, précipité jaune.
Zinc, potasse, soude, ammoniaque, pr. blanc gélatineux.

Les précipités ne se forment parfois qu'après quelque temps, et les colorations diffèrent, le plus souvent, suivant que les sels sont formés par le protoxyde ou le bioxyde du métal. Souvent un seul réactif ne suffit pas pour caractériser un sel, les précipités produits étant analogues. Ainsi, la potasse précipite en blanc les sels d'étain, antimoine, plomb, bismuth, cadmium, manganèse, zinc, alumine ; en jaune, platine, bioxyde de mercure, urane ; en bleu, cuivre, cobalt ; en rouge, or ; en brun, argent. L'acide sulfhydrique précipite en noir : or, platine, plomb, argent, cobalt, nickel, fer, bismuth; en jaune, étain, antimoine, cadmium, urane. L'ammoniaque précipite en blanc : étain, antimoine, plomb, cadmium, zinc, protoxyde de mercure. Le prussiate jaune précipite en blanc : plomb, argent, zinc ; en brun-rouge, cuivre, urane ; en bleu, fer ; en rose, manganèse. Il est donc souvent nécessaire de reconnaître les caractères d'un sel au moyen de plusieurs réactifs, afin de ne pas commettre d'erreur.

Analyse des gaz. Recueillis comme nous l'avons indiqué (p. 64), les gaz peuvent être d'abord facilement séparés en deux classes : les gaz incombustibles et les gaz combustibles.

Gaz incombustibles. Agités avec une dissolution de potasse, elle ne dissout pas ; oxygène, azote, protoxyde et bioxyde d'azote. — Elle dissout : *gaz incolores* : ammoniaque, acide carbonique, acide sulfureux ; *gaz colorés* : chlore et ses combinaisons oxygénées ; *gaz fumants* : tous acides, chlorhydrique, iodhydrique, bromhydrique, fluoborique, hydrofluosilicique.

Gaz combustibles, insolubles dans la potasse : hydrogène, phosphure d'hydrogène, hydrogène arsénié, protocarboné, bicarboné, oxyde de carbone ; — solubles dans la potasse : acide sulfhydrique, cyanogène.

Par ce simple essai, et en examinant ensuite les propriétés spéciales des gaz, on les reconnait facilement, s'ils sont isolés, par la nature de leur flamme, leur odeur, leur action sur la combustion, sur le tournesol, l'eau de chaux, etc. Mais s'il y un mélange de gaz, il faut les séparer, en les mettant en contact avec diverses substances, qui ont la propriété d'absorber les uns, et d'être sans action sur les autres. Ainsi l'oxygène est absorbé par le phosphore, le chlore et l'acide carbonique par la potasse, l'acide sulfureux par le borax, l'acide sulfhydrique par l'azotate de plomb, l'ammoniaque par le chlorure de calcium fondu, le protoxyde d'azote par l'alcool, etc.

Résultat d'une analyse. Divers corps ne pouvant se trouver en présence sans se décomposer, la constatation des uns indique l'absence des autres. Ainsi, dans une dissolution, la présence de l'acide sulfurique indique l'absence de la baryte et du plomb ; l'acide chlorhydrique, celle de l'argent ; l'acide oxalique, celle de la chaux, etc. Dans un mélange gazeux, l'oxygène indique l'absence du bioxyde d'azote, de l'hydrogène phosphoré et arsénié, des acides sulfureux, sulfhydrique, bromhydrique, iodhydrique, et, réciproquement, l'oxygène n'existe pas si on trouve un de ces corps ; l'ammoniaque indique l'absence du cyanogène et des gaz acides ; le chlore, celle de tous les hydracides, excepté l'acide chlorhydrique ; l'acide sulfureux, celle de l'hydrogène phosphoré, arsénié, de l'acide sulfhydrique, etc.

Si, dans la substance analysée, on n'a découvert que des métaux, c'est que cette substance était un alliage. Si on a trouvé une base et un acide, c'était un sel ; par exemple, de l'acide sulfurique et du cuivre indiquent du sulfate de cuivre. Si on a trouvé un métalloïde et un métal, par exemple, du soufre et du fer, cela indique du sulfure de fer. Mais lorsqu'on a reconnu plusieurs bases et plusieurs acides, il est le plus souvent difficile, sinon impossible, de déterminer positivement quelles étaient les combinaisons. Cela n'empêche pas la plupart des chimistes de les indiquer dans les analyses les plus compliquées ; mais il ne faut apporter qu'une foi restreinte à ces affirmations. Dans les mélanges très-compliqués, non-seulement on ne peut doser exactement, mais encore plusieurs corps peuvent échapper à l'analyse.

DOSAGE. La nature d'un sel étant connue, on peut déterminer la quantité de chaque composant. Le plus souvent, on se borne à chercher le poids de la base métallique.

Potasse. Verser du chlorure de platine dans la dissolution concentrée ; laver et chauffer au rouge le précipité ; puis le dissoudre dans l'eau chaude ; filtrer, évaporer, chauffer au rouge sombre, et peser. Le chlorure obtenu contient 52/100 de potassium.

Baryte. Verser de l'acide sulfurique dans la dissolution ; le précipité de sulfate de baryte, lavé, calciné et pesé, représente 59/100 de baryum.

Chaux. Verser de l'oxalate d'ammoniaque; le précipité d'oxalate de chaux, lavé et séché, contient 71/100 de calcium.

Magnésie. Verser de la potasse dans la dissolution ; le précipité est lavé, dissout dans l'acide sulfurique étendu, saturé par un excès d'ammoniaque. On ajoute du phosphate de soude ; le précipité calciné contient 22/100 de magnésium.

Alumine. L'ammoniaque en excès forme dans la dissolution un précipité d'alumine, qui après calcination, contient 53/100 d'aluminium.

Nickel. L'acide sulfhydrique forme, dans la dissolution, un précipité, qu'on réduit en métal, en le chauffant dans un courant d'hydrogène.

Cobalt. Précipiter par la potasse, et opérer comme pour le nickel.

Chrome. Dans la dissolution concentrée, verser de l'acide azotique ; évaporer à sec ; dissoudre dans l'eau bouillante ; ajouter de l'ammoniaque ; le précipité calciné est l'oxyde contenant 68/100 de chrome.

Zinc. Le précipité formé par le carbonate de soude étant calciné, est l'oxyde contenant 80/100 de zinc.

Etain. Le sel dissout dans l'acide chlorhydrique, précipité par l'acide sulfhydrique gazeux, puis chauffé avec de l'acide azotique, forme l'acide stannique, qui contient 78/100 d'étain.

Antimoine. Mettre dans la dissolution une lame d'étain, qui précipite l'antimoine métallique.

Cuivre. Verser de la potasse caustique, et calciner le précipité qui contient 80/100 de cuivre.

Plomb. Verser du carbonate de soude, et le précipité contient 93/100 de plomb.

Mercure. Les composés étant pesés et calcinés, le mercure évaporé est dosé par la différence de poids.

Bismuth. Verser du carbonate d'ammoniaque dans la dissolution chaude. Le précipité calciné est de l'oxyde, contenant 90/100 de bismuth.

Argent. Le précipité formé par l'acide chlorhydrique, étant lavé et desséché, contient 75/100 d'argent.

Platine. Verser dans la dissolution du chlorhydrate d'ammoniaque, et le précipité contient 44/100 de platine.

Or. Versé dans la dissolution un peu acide, le sulfate de fer précipite l'or métallique.

ANALYSES ET ESSAIS. Nous avons eu pour but d'indiquer les méthodes d'opérer les plus simples, sinon les plus précises, qui sont rarement nécessaires.

Terre arable. Peser 300 gr. de terre desséchée à l'air, et criblée dans une passoire à larges trous, pour séparer les graviers et fibres végétales. On dessèche la terre à une chaleur qui ne noircisse pas une baguette avec laquelle on la remue. On pèse, et la différence indique l'eau d'absorption. — La terre sèche est chauffée au rouge jusqu'à ce qu'elle ne fume plus. L'odeur de laine brûlée indique des matières animales azotées ; les flammes bleues, des substances végétales. La terre pesée indique par différence l'*humus*. — On agite la terre avec de l'eau de pluie ; le sable gagne le fond du vase. On filtre de suite sur un linge fin, qui retient la terre. Le sable est lavé, desséché et pesé. On le délaie dans de l'acide chlorhydrique, jusqu'à cessation d'effervescence, s'il est calcaire. Ce qui n'est pas attaqué est la silice. — On lave et on chauffe assez fortement ; on pèse et la différence de poids indique la chaux qui a été dissoute. — Le gravier, séparé à l'avance, est traité de même. — La terre séparée du sable, est séchée, pesée, puis délayée avec de l'acide chlorhydrique et de l'eau, jusqu'à cessation d'effervescence. On ajoute de l'eau, on filtre, et le résidu, desséché et pesé, est de l'argile, formée de silice et d'alumine. La diminution de poids indique la chaux qui a été dissoute. — On fait bouillir l'argile avec 4 p. eau et 1 p. acide sulfurique ; l'alumine se dissout, et il reste la silice.

Poudre. Dessécher 10 gr. de poudre dans un tube un peu chauffé, et dans lequel on fait passer de l'air avec un soufflet. Peser et la différence de poids indique la quantité d'eau. Traiter la poudre par l'eau, filtrer, évaporer et peser le salpêtre qui a été dissout. — Ce qui est resté sur le filtre est traité par un mélange d'éther et de sulfure de carbone. Filtrer, évaporer lentement, et peser le soufre qui cristallise. — Le charbon, resté sur le filtre, est séché et pesé.

Bronze. Dissoudre dans l'eau régale faible ; ajouter du carbonate de soude ; faire bouillir ; mettre de l'acide azotique, et recevoir sur un filtre l'acide stannique. Ensuite, précipiter le cuivre par la potasse.

Laiton, chrysocale, similor. Dissoudre l'alliage dans l'acide chlorhydrique ; précipiter le cuivre par l'acide sulfhydrique ; filtrer, et précipiter le zinc par le carbonate de soude. — Par la voie sèche, on chauffe l'alliage dans un creuset brasqué, le zinc s'évapore à travers le charbon, et le cuivre reste.

Cuivre doré. Traiter par l'acide azotique, qui dissout le cuivre, et l'or reste à l'état métallique.

Antimoine et étain. Dissoudre l'alliage dans l'eau régale. Plonger dans la dissolution une lame d'étain, qui précipite l'antimoine ; on le pèse, et, par différence, on a le poids de l'étain.

Or, argent, cuivre. Faire bouillir l'alliage avec de l'acide sulfurique, dans un vase de fer, qui fait précipiter l'or. Décanter, et plonger dans la dissolution une lame de cuivre, qui précipite l'argent. Le sulfate de cuivre restant est ensuite décomposé par une lame de fer, qui précipite le cuivre.

Cuivre et argent. Dissoudre l'alliage dans l'acide azotique, ajouter de l'acide chlorhydrique, qui précipite l'argent à l'état de chlorure. Après filtration, le cuivre peut être précipité par une lame de fer.

Fonte. Traiter par l'acide chlorhydrique, qui dissout le fer, et le carbone, recueilli sur un filtre, donne sensiblement, par différence, le poids du fer.

Minerai de fer. Mélanger avec du borax, le minerai pulvérisé, et le chauffer fortement dans un creuset brasqué. Il reste un culot de fer.

Houilles. En chauffer 20 gr. dans un creuset fermé, et peser le coke qui reste. Le chauffer dans un creuset ouvert, et peser les cendres. La quantité varie de 1 1/2 à 10/100. Les cendres rouges indiquent la présence du sulfure de fer. Dans ce cas, la houille, en brûlant, dégage de l'acide sulfureux.

Pierres calcaires. Dissoudre 10 gr. de pierre dans l'acide chlorhydrique. Etendre d'eau, filtrer ; peser le résidu sec, qui est ordinairement de la silice et de l'alumine ; la différence est le poids de la chaux.

Monnaies. Pour reconnaître le titre, on procède comme pour les autres matières d'or ou d'argent. Mais c'est principalement des fausses monnaies dont nous voulons parler. Celles qui sont d'un titre trop bas se reconnaissent à leur teinte, qui est différente, et si elles sont argentées ou dorées à la surface, en grattant un peu on reconnaît la fraude. — La fausse monnaie d'argent laisse sur la pierre de touche un trait blanc, qui disparaît au contact d'une goutte d'eau régale. — Une fausse pièce d'or laisse un trait rouge, qui disparaît par l'action de l'acide azotique. — Les monnaies d'étain et de plomb, seuls ou alliés, ne sont pas sonores et se ploient facilement. L'alliage d'étain et d'antimoine est brillant, assez sonore. Il se dissout dans l'eau régale, et l'antimoine peut être précipité par une lame d'étain. — Les fausses monnaies d'or sont plus légères que les bonnes. Chauffées avec de l'acide sulfurique, elles s'y dissolvent, tandis que l'or reste intact.

Empoisonnements. En cas de soupçon d'empoisonnement par les composés de cuivre, plomb, étain, bismuth, zinc, argent, etc., traiter par l'acide sulfurique les déjections et les matières animales ; les faire brûler ; reprendre les cendres par l'acide azotique, ou l'eau régale ; filtrer, et, dans le liquide éclairci, on peut reconnaître la présence de différents sels, au moyen des réactifs ordinaires. — Pour la recherche de l'arsenic on emploie l'*appareil de Marsh*, dont nous avons parlé (page 132). Dans les cas d'empoisonnement par les alcaloïdes, chauffer le cœur, le foie et les poumons avec de l'alcool et et un peu d'acide tartrique ; laisser refroidir, filtrer, laver le précipité à l'alcool et évaporer à froid, dans le vide. Il reste un liquide acide qu'il faut traiter successivement avec du carbonate de soude en excès, puis avec de l'éther, du carbonate de potasse, et enfin, de l'alcool absolu, qui laisse l'alcaloïde après évaporation.

Dyalyse. Méthode très utile pour séparer certaines substances très difficiles à isoler. On se sert d'un appareil en gutta-percha ayant la forme d'un tamis dont la toile est remplacée par une feuille de papier parchemin, ou même de papier à lettres, qui laisse traverser seulement les substances suceptibles de cristalliser. On met le mélange liquide à analyser dans l'appareil qu'on plonge dans l'eau distillée jusqu'un peu au-dessus du diaphragme de papier, et au bout de quelque temps la séparation a lieu. En opérant sur du sucre et de la gomme, le sucre passe, et la gomme reste. Ce procédé peut remplacer l'appareil de Marsh, pour les recherches de l'arsenic dans les cas d'empoisonnement. Après avoir fait bouillir les matières, on place le liquide dans l'appareil, et l'acide arsénieux qui passe au travers peut être recueilli par évaporation de l'eau extérieure. La même méthode peut être employée pour la recherche des substances vénéneuses solubles qui cristallisent pour la plupart, comme l'émétine, la strychnine, la digitaline.

FALSIFICATIONS. Le mélange de substances non malfaisantes, mais d'un prix moindre que la chose vendue, est une fraude. Si les substances introduites sont malfaisantes, c'est non-seulement une fraude, mais une sorte d'empoisonnement. Les consommateurs pourraient souvent se prémunir contre cette plaie du commerce. S'ils le faisaient, les commerçants consciencieux verraient rapidement cesser les concurrences déloyales, qu'ils ne peuvent pas toujours soutenir, en livrant des marchandises de bonne qualité. On verra, par les exemples qui suivent, que la vérification peut se faire, le plus souvent, par des opérations très-simples. — Il est bon, d'ailleurs, dans les expériences, d'agir comparativement avec une substance similaire, connue et pure. Deux substances qui se comportent d'une manière analogue, dans toutes les réactions, peuvent être regardées comme identiques.

Farines, pain. Le plâtre, la craie, l'argile, qui sont parfois ajoutés, se précipitent au fond du vase, lorsqu'on jette dans l'eau la farine falsifiée. Jetée sur une pelle rougie, la farine se carbonise, les substances minérales restent blanches. Calcinée dans un creuset ouvert, la farine ne doit pas laisser plus de 1/100e de cendres. Les matières minérales se séparent du pain lorsqu'on fait bouillir la mie avec de l'eau.

Son. Souvent mélangé de matières terreuses, ajoutées à dessein, ou provenant de la mouture des criblures de moulin. En mettant le son dans l'eau, ces matières plus pesantes gagnent le fond. La sciure de bois, souvent ajoutée, se reconnait au microscope.

Fécule. L'addition de craie, plâtre, argile, se reconnait en faisant brûler quelques grammes de fécule ; on retrouve ces substances dans les cendres. Au contact du vinaigre, la craie fait effervescence. Lorsqu'on délaie dans l'eau un peu de fécule, les matières minérales tombent rapidement au fond du vase. Examinés au microscope, les grains de fécule sont arrondis et transparents, les substances minérales sont opaques et de formes irrégulières, anguleuses.

Amidon. Parfois falsifié avec de la craie ou du plâtre. Au contact d'un acide, l'amidon contenant de la craie fait effervescence. Le plâtre se retrouve dans les cendres de l'amidon brûlé. L'amidon est souvent rendu humide pour augmenter son poids ; on reconnait la fraude en le pesant avant et après la dessication.

Pois. Des pois secs bouillis dans une dissolution d'un sel de cuivre, ont été vendus pour des pois de primeur. On reconnaîtrait la fraude en laissant quelque temps une aiguille piquée dans quelques pois humides. Elle se couvre d'une couche de cuivre.

Lait. Les divers instruments nommés pèse-lait devraient être bannis de la pratique ; car s'ils peuvent déceler, en certains cas, la simple addition de l'eau, ils peuvent aussi indiquer les qualités d'un bon lait pour un liquide contenant des substances nuisibles. — L'addition d'eau fait bleuir le lait et diminue sa densité. On y ajoute parfois de la farine ou de l'amidon, pour masquer la fraude. Dans ce cas, le lait épaissit en chauffant, et le dépôt qui s'attache aux bords du vase bleuit au contact de l'iode. L'émulsion d'amandes ou de chenevis produit, par la chaleur, des taches huileuses à la surface du lait. Le blanc d'œuf y forme des grumeaux et des filaments. On a trouvé du lait additionné de craie et de terre de pipe, qu'on peut facilement séparer par filtration ou évaporation.

L'analyse du lait peut se faire de la manière suivante. Evaporer 100 gr. de lait ; peser le résidu sec, le traiter, par l'éther, pour dissoudre le beurre, qu'on pèse, après évaporation de l'éther. Le reste du résidu est traité par l'eau, qui dissout la lactine ; la partie insoluble représente la caséine (v. p. 282).

Beurre. Placé dans l'eau, il doit surnager. Il contient souvent beaucoup d'eau, qu'on y a mélangée en le pétrissant. — L'addition de pommes de terre cuites, de fromage, de farine, de craie, de sable, etc., se reconnaît lorsqu'on fait fondre le beurre dans un tube ou un flacon plongé dans l'eau chaude ; toutes ces subtances tombent au fond du vase. — Le beurre fond à 36° ; mais s'il contient du suif de veau, il ne fond qu'à une température bien plus élevée, et qui peut arriver à 60°, suivant les proportions de substance ajoutée.

Café. Lorsqu'il est mélangé avec de la chicorée, il se pétrit facilement en pâte, avec un peu d'eau. —

Projeté dans un verre d'eau, le liquide se colore de suite en jaune, et la chicorée tombe au fond du verre. — Le mélange de farines torréfiées d'orge, d'avoine, de maïs, donne une infusion trouble, qui prend une teinte bleue au contact de l'iode, après avoir été décolorée par le charbon animal. — On a trouvé des grains moulés en argile, mélangés au café non torréfié. Ces grains ne brunissent pas par l'effet de la chaleur. — On a aussi trouvé des grains moulés formés de café épuisé ; ils s'écrasent facilement sous la dent.

Chocolat. L'addition la plus ordinaire est celle des farines, qui rendent le chocolat épais et pâteux, lorsqu'elles n'ont pas été torréfiées, et, dans le cas contraire, se reconnaissent avec l'iode dans la dissolution filtrée. — Les graisses, qui remplacent parfois le beurre de cacao, se reconnaissent à l'odeur rance que le chocolat pulvérisé contracte à l'air, au bout de quelques jours. — Pulvérisé et jeté dans un verre d'eau froide, le chocolat pur forme lentement un léger dépôt. L'argile, la craie, etc., s'il en a été ajouté, se précipitent rapidement. Le chocolat pur, inciné, donne des cendres blanches.

Cassonnade. La terre, le sable, la fécule, la farine, se précipitent lorsqu'on fait dissoudre la cassonnade dans l'eau froide. La teinture d'iode colore le liquide en bleu, s'il s'y trouve de la farine ou de la fécule.

Sirop. Le sirop de sucre porté à l'ébullition, jaunit légèrement. Le sirop de glucose prend une teinte foncée, et dégage une odeur de caramel. Dans les mélanges, la couleur sera d'autant plus foncée que la proportion de glucose sera plus abondante. — Dans le sirop de gomme au sucre, si on verse de l'alcool, la gomme se précipite en filaments, et le sirop devient laiteux. L'alcool versé dans le sirop de glucose forme un précipité sirupeux transparent. On a trouvé des sirops contenant de la gélatine au lieu de gomme. On peut la précipiter par le tannin ou l'infusion de noix de galle.

Vin. Les falsifications sont nombreuses, et souvent très-difficiles à reconnaître. — Les vins aigres, adoucis par le plomb, précipitent en noir par l'acide sulfhydrique. L'addition d'eau est fort difficile à constater. Cependant, s'il n'a pas été ajouté d'autres substances, le résidu sec, qui reste après évaporation, serait moindre de 1/5e, résidu normal du vin naturel. Lorsqu'on retourne sur l'eau un flacon rempli de vin, s'il est naturel, il ne se mélange pas à l'eau. — L'évaporation décèle l'addition du cidre et du poiré, très-reconnaissables à l'odeur et à la saveur. Il reste alors une sorte de sirop, tandis que le vin donne un résidu acide. — S'il a été ajouté au vin, pour masquer certains défauts, de la mélasse, de l'acide tartrique, des carbonates de potasse, soude ou chaux, de l'alun, du sulfate de fer, etc., toutes ces matières se trouvent en résidu par l'évaporation du vin. — La coloration factice de Campêche, Fernambouc, betterave, sureau, troëne, mûrier, etc., ne disparaît pas en ajoutant au vin du tannin et de la gélatine ; tandis que, dans ce cas, le vin naturel serait décoloré. — Lorsqu'on agite pendant plusieurs minutes 20 gr. de vin avec 3 gr. de peroxyde de manganèse, le vin étant filtré, devient incolore, s'il est naturel, et conserve sa couleur, s'il est artificiel.

Le vin coloré avec la fuchsine laisse sur la peau une tache rouge, qui ne disparaît pas par un lavage à l'eau. — Les vins de liqueurs factices, abandonnés quelque temps à l'air, perdent leur alcool, et il ne reste qu'un liquide sucré, ce qui n'arrive pas avec les vins naturels.

Vinaigre. On reconnaît les vinaigres de vin à l'odeur, à la saveur, ainsi qu'au peu de résidu qu'ils laissent par l'évaporation. — Dosés, comme nous l'avons indiqué (p. 244), ils ont plus de force que les vinaigres naturels de bière et de cidre. Mais des falsifications très-nombreuses peuvent altérer ces caractères. Les mélanges de moutarde, poivre, etc., donnent un résidu à saveur âcre ou amère ; les sels de chaux, de soude, d'alumine, les acides tartrique, oxalique, se retrouvent dans le résidu, qui se colore en noir, s'il contient de l'acide sulfurique. Les dents deviennent rugueuses au contact du vinaigre contenant de l'acide sulfurique, qui se décèle encore par le chlorure de baryum, en formant un précipité blanc. — On reconnait aussi, par leurs réactifs spéciaux, les acides chlorhydrique, azotique, oxalique, etc.

Eau-de-vie. En frottant les mains avec un peu d'eau-de-vie, l'alcool s'évapore, et on reconnait à l'odeur, si elle provient du vin, des grains, des pommes de terre, des betteraves, etc. La coloration jaune-brun est naturelle, lorsqu'elle forme dans l'eau-de-vie un précipité noir, au contact du sulfate de fer. — Le plus souvent, la coloration est due à l'addition du caramel. Pour conserver à l'eau-de-vie une apparence de force, tout en y ajoutant de l'eau, on y met parfois du poivre ou du gingembre, ce qu'on reconnait par l'évaporation.

Miel. Il se dissout dans l'eau froide, et la plupart des matières ajoutées se précipitent. Le sable fin se reconnait au contact, et peut se recueillir sur un filtre ; la fécule, la pomme de terre, etc., font épaissir le miel lorsqu'on le chauffe, et l'iode alors le colore en bleu.

Cire. On a trouvé des cires contenant les 3/4 de matières étrangères. — L'alcool froid dissout les résines ; après évaporation, on peut reconnaitre leur proportion et leur nature, en les faisant brûler ou autrement. — L'alcool bouillant dissout l'acide stéarique, qui cristallise par le refroidissement. — Le suif rend la cire moins tenace, et se décèle par l'odeur, surtout en brûlant. — La fleur de soufre dégage du gaz acide sulfureux, lorsqu'on brûle la cire. — Traitée par l'essence de térébenthine ou la benzine, la cire se dissout; l'ocre, l'argile, la sciure de bois, la cendre, la fécule, etc., forment résidu. — Fondue dans l'eau bouillante, la cire, après refroidissement, se réunit en croûte à la surface du liquide, qu'on peut soumettre à l'action de l'iode, pour reconnaître les matières féculentes, par la coloration bleue.

Sel de cuisine. Dissout dans l'eau, on en sépare, avec le filtre, la terre, les cendres, le plâtre, le sable, etc. Le sel ne doit pas laisser 2/100 de résidu. Les sels dits *de morue* conservent l'odeur de poisson, et dégagent de l'ammoniaque au contact de la potasse.

Poivre. Le poivre en poudre est souvent falsifié avec des cendres, du plâtre, de la craie, de l'argile, ce qui se reconnaît facilement en brûlant le poivre. Lorsqu'il est pur, il reste à peine quelques traces de cendres. Les matières précédentes en augmentent plus ou moins la proportion. L'addition de fécule se reconnaît par la coloration bleue, au contact de l'iode, certaines autres substances à l'odeur qui se dégage lorsqu'on brûle le poivre. En grains, il est souvent mélangé de diverses graines, ou d'argile moulée.

Huiles. Pour comparer entre deux échantillons, on colore l'un légèrement avec de l'orcanette ; puis, avec une pipette, on en introduit une goutte dans l'intérieur de l'autre échantillon, et, s'ils ne sont pas de même nature, la goutte montera ou descendra dans le liquide. L'acide sulfurique, en contact avec les huiles, les colore de diverses teintes : olives et œillette, jaune gris ; colza et navette, blanc-verdâtre, chamois, vert; lin, brun ; poisson, violet.

Tissus. Examinés au microscope, les brins de laine sont transparents, cylindriques, d'un diamètre inégal, avec des raies transversales. Les brins de soie sont ronds, pleins, égaux ; ils sont parfois applatis dans certains tissus. Le coton apparaît en brins plats, rubannés, tortillés, irréguliers, transparents. Le lin et le chanvre ont des fibres inégales, avec des nœuds, des renflements, des applatissements. — La laine et la soie se dissolvent rapidement dans une lessive bouillante de potasse caustique. Si le tissu est mélangé de coton, lin ou chanvre, ces matières ne sont pas dissoutes, et, après les avoir bien lavées, séchées et pesées, on connaîtra les proportions du mélange. — L'acide chlorhydrique détruit le coton, le lin, le chanvre, sans attaquer la laine. — La soie se dissout à une légère chaleur dans les acides chlorhydrique et azotique; la laine n'est pas attaquée. — Trempés dans l'acide picrique, les tissus se colorent en jaune; mais un lavage à l'eau fait disparaître la teinte sur les fils de coton, lin et chanvre; elle résiste sur la laine et la soie. — La soie se dissout dans le chlorure de zinc chaud, et dans l'ammoniure de cuivre. Ce dernier liquide dissout aussi le coton, le chanvre et le lin. — Chauffées dans un tube, la laine et la soie dégagent de l'ammoniaque; les fils végétaux traités de même, produisent une réaction acide sur le tournesol.

Papiers. Les papiers collés, qui sont fabriqués à la mécanique, bleuissent au contact de la teinture d'iode, parce qu'ils contiennent de la fécule; cela ne se produit pas pour les papiers à la forme, qui sont collés à la gélatine. — Diverses matières minérales sont parfois introduites dans la pâte du papier, pour détruire sa transparence; le plus souvent pour augmenter son poids. On retrouve ces matières dans les cendres, qui, sans ses additions, ne doivent guère dépasser 2/100 du poids du papier. Les matières ajoutées se retrouvent dans les cendres, au moyen des réactifs; ce sont ordinairement des sels de plomb ou de baryte.

Soufre. Très-souvent falsifié, lorsqu'il est en poudre, au moyen de plâtre, argile, cendres, craie, etc.

En peser quelques grammes, et chauffer dans un creuset. Le soufre se volatilise, et on pèse le résidu, dont on peut ensuite déterminer la nature, soit à l'aspect, soit au moyen des réactifs.

Camphre. Le produit naturel se volatilise complètement par une légère chaleur. Le camphre artificiel ne se volatilise qu'en partie ; en chauffant un peu plus, il se décompose et dégage des vapeurs d'acide chlorhydrique.

Blanc de céruse. Peut contenir des sulfates de baryte, de plomb ou du carbonate de chaux. Lorsque la céruse ne se dissout pas complètement dans l'acide azotique étendu, le résidu est ordinairement formé par du sulfate de baryte ou de plomb. Lorsqu'elle se dissout, on peut retrouver dans la dissolution la chaux au moyen de l'acide oxalique.

Carmin. Se dissout complètement dans l'ammoniaque, lorsqu'il est pur. Dans le cas contraire, les substances étrangères ne se dissolvent pas. On le mélange parfois avec de l'amidon, de l'alumine ou du vermillon.

Vermillon. Pur, il se volatilise complètement par la chaleur. Le réalgar, ou sulfure d'arsenic, qu'il peut contenir se volatilise aussi par la chaleur, mais il dégage alors une fumée blanche, et une odeur d'ail caractéristique. Après volatilisation partielle, le résidu peut contenir du minium, que l'acide azotique colore en brun, de l'oxyde de fer, qui se dissout aussi dans l'acide azotique, et en est précipité par l'ammoniaque. La partie insoluble dans l'acide est la silice de la brique pilée, parfois ajoutée.

FIN.

Roanne, — Imprimerie FERLAY.

www.ingramcontent.com/pod-product-compliance
Ingram Content Group UK Ltd.
Pitfield, Milton Keynes, MK11 3LW, UK
UKHW020602230726
13926UKWH00005B/2145

9 782016 197745